U0162444

HZ BOOKS

华 章 图 书

一本打开的书，一扇开启的门，
通向科学殿堂的阶梯，托起一流人才的基石。

www.hzbook.com

智能科学与技术丛书

A Practical Guide to Hybrid Natural Language Processing

Combining Neural Models and Knowledge Graphs for NLP

基于混合方法的自然语言处理

神经网络模型与知识图谱的结合

何塞·曼努埃尔·戈麦斯-佩雷斯 (Jose Manuel Gomez-Perez)

[西] 罗纳德·德诺 (Ronald Denaux) ◎ 著

安德烈·加西亚-席尔瓦 (Andres Garcia-Silva)

曹洪伟 石涛声 ◎ 译

机械工业出版社
China Machine Press

图书在版编目（CIP）数据

基于混合方法的自然语言处理：神经网络模型与知识图谱的结合 /（西）何塞·曼努埃尔·戈麦斯－佩雷斯，（西）罗纳德·德诺（Ronald Denaux），（西）安德烈·加西亚－席尔瓦著；曹洪伟，石涛声译 . -- 北京：机械工业出版社，2021.9
（智能科学与技术丛书）

书名原文：A Practical Guide to Hybrid Natural Language Processing: Combining Neural Models and Knowledge Graphs for NLP

ISBN 978-7-111-69069-6

I. ① 基… II. ① 何… ② 罗… ③ 安… ④ 曹… ⑤ 石… III. ① 自然语言处理 IV. ① TP391

中国版本图书馆 CIP 数据核字（2021）第 177602 号

本书版权登记号：图字 01-2021-3033

First published in English under the title

A Practical Guide to Hybrid Natural Language Processing: Combining Neural Models and Knowledge Graphs for NLP

by Jose Manuel Gomez-Perez, Ronald Denaux and Andres Garcia-Silva

Copyright © Springer Nature Switzerland AG, 2020

This edition has been translated and published under license from Springer Nature Switzerland AG.

本书中文简体字版由 Springer 授权机械工业出版社独家出版。未经出版者书面许可，不得以任何方式复制或抄袭本书内容。

本书提供了一个指导读者使用自然语言处理（NLP）的混合方法（包括神经网络和知识图谱的结合）的实践指南。为此，本书首先介绍了主要的构建模块，然后描述了如何将它们集成起来以支持现实世界 NLP 应用的有效实现。为了说明所描述的想法，本书还包括一套全面的实验和练习，涵盖各种各样的自然语言处理任务在选定的领域和语料库中使用的不同的算法。本书面向语言学、计算机科学和数学专业的学生，也适合自然语言处理、人工智能、机器学习和深度学习领域的读者阅读。

出版发行：机械工业出版社（北京市西城区百万庄大街 22 号 邮政编码：100037）

责任编辑：王春华 刘 锋 责任校对：殷 虹

印 刷：北京市荣盛彩色印刷有限公司 版 次：2021 年 9 月第 1 版第 1 次印刷

开 本：185mm×260mm 1/16 印 张：16.75

书 号：ISBN 978-7-111-69069-6 定 价：99.00 元

客服电话：(010) 88361066 88379833 68326294 投稿热线：(010) 88379604

华章网站：www.hzbook.com 读者信箱：hzjsj@hzbook.com

版权所有·侵权必究

封底无防伪标均为盗版

本书法律顾问：北京大成律师事务所 韩光 / 邹晓东

从基于知识的语言理解和基于统计的自然语言处理（NLP）这两个方向出现以来，我们就一直在为它们的混合使用而战。"基于统计的自然语言处理是肤浅的！统计不是真正的理解。它只能实现从文本中学习常见模式的小把戏。"但是，"过于看重知识的方法是脆弱的！它们依赖于权威的、昂贵的、人工编码的规则，这些规则不够灵活，无法处理真实世界文本中极其复杂的多样性。否则，你可以用 BERT（Bidirectional Encoder Representations from Transformers，Transformer 的双向编码器表示）做任何事情。"

上述两种观点都有点儿夸张，但也都包含了一些事实。无论如何，它们阻碍了对所有可用工具的探索，而这些工具对完成某些特定任务是很有帮助的。如果过于关注符号方法或数据驱动方法各自的局限性，我们有可能失去每种方法所能提供的独特优势，以及将它们结合起来的强大威力。

本书并不属于这两个阵营的任何一方。它没有专门讨论由来已久的论战，也不打算讨好那些对旧论点感兴趣的读者。本书面向那些具有符号人工智能背景的读者，以及那些一直在关注统计和神经网络 NLP 当前取得的巨大成就，但尚未涉足嵌入（Embedding）、语言模型、Transformer 和 Muppet 的读者。本书也是为那些统计自然语言处理的从业人员编写的，现代技术对数据的需求非常大，这些读者正在与此进行斗争。这些统计自然语言处理的从业人员认为，如果有一种有效的方法将知识纳入，就可以通过更少的样本完成学习。更直白地说，对于那些想要构建一些有用的东西，需要获得文本和语言的含义，但并不想要为此去获得一个逻辑学博士学位或者准备在 Google 上的 GPU 时间上花费大量金钱的读者而言，本书是一个理想的选择。

作者已经确保对构建混合 NLP 系统的所有基本组件进行了深入研究，混合 NLP 系统将知识图谱的能力与现代的神经网络技术相结合。但这并不是说，本书是面向数据驱动或者符号人工智能的技术百科全书。本书也不是一本把读者拖入一条固定的教育路径的教材。本书分为 3 个部分：预备知识和构建模块部分，神经网络与知识图谱的结合部分，应用部分。在这 3 个部分中，主题通常是独立的，以帮助读者快速、轻松地阅读所需的信息。但这本书最有价值的两个特点是实用性和前沿性。书中准确地演示了如何创建和使用上下文表示，对意义嵌入和知识图谱嵌入有明确的处理方法，并解释了使用它们的语言模型和 Transformer 架构，本书还展示了如何评估使用了这些技术的系统的性能。最有用的是，本书引领读者从理论到代码，尽可能通过实验和练习的方式在真实的业务领域和真实的语料库上处理真实的自然语言处理任务。本书包含可运行的代码和每一步骤的解释，书中使用了 Jupyter Notebook 和 pandas，读者可以从 GitHub 中下载。

我的建议是：不要只是读这本书，还要使用它！完成书中的实验和练习，单步调试 Jupyter Notebook 并看看会发生什么，然后利用这些代码构建所需的 NLP 系统。

Ken Barker

IBM Research

于美国纽约州约克敦高地，2020 年 2 月在 2005 年，维基百科还是一个年轻的网站，大多数公众才刚刚意识到它的存在。维基百科社区发起了第一次全球贡献者会议，名为维基年会（Wikimania）。Markus Krotzsch 和我都是早期的贡献者，那时我还是致力于语义网方向的一个博士生。我们想去维基年会，去认识那些我们之前只在网上认识的人。

我们坐下来思考可以在维基年会上提出什么样的想法。最突出的一个是将维基百科与语义网技术结合起来。但这意味着什么呢？

维基百科的力量在于很容易编辑，以及任何人都可以为之贡献的理念。这种力量存在于维基百科的社区中，也存在于社区建立的规则和流程中。而语义网的力量则是在 Web 上发布机器可读的数据，并允许智能体把许多不同来源的数据组合起来。我们的想法是让维基百科社区能够创建更具有机器可读性的内容，并且可以参与到语义网中。

我们的演讲安排在第一天的第一个，我们用这次演讲开始了一场持续数年的讨论。这次演讲促使了 Semantic MediaWiki 的创建，Semantic MediaWiki 是对支持维基百科以及其他维基的 MediaWiki 软件的一个扩展，已经在很多地方得到了应用，比如美国国家航空航天局、现代艺术博物馆、美国情报机构、通用电气等。这场演讲最终也促成了维基数据（Wikidata）的创建，但那是很多年之后的事情了。

在那次演讲中，我们提出了一个系统，让我们可以使用维基百科的内容回答问题。我们的问题是：世界上有女市长的大城市有哪些？

那时候，维基百科已经有了所有相关的数据，但这些数据分散在许多文章中。如果有足够的时间，人们可以梳理所有大城市的文章，看看市长是谁，然后开始保存一份含答案在内的电子表格，最后进行清理并得出最终结果。

如今，有了维基数据，我们可以在几秒钟内得到这个问题以及许多其他问题的答案。维基数据是一个任何人都可以编辑的大型知识库，截至 2020 年年初，其中收集了近 10 亿条报告，涉及 7500 多万个有趣的主题。

但是，尽管我们最终有了一个系统，可以让我们所有人都能提出这类问题并得到漂亮的可视化答案，但要让广大民众真正从这些数据中获益，仍然有一个很高的门槛。它需要用 SPARQL 查询语言来编写查询，会的人并不多。我们能做得更好吗？

世界上大多数的知识都是用自然语言而不是用知识图谱编码的。自然语言也是我们所知道的最强大的用户接口。

自 2010 年以来，通过深度学习创建的神经网络模型在自然语言处理任务上的应用变得非常流行。无论是生成、总结、问答还是翻译（这些都是典型应用），毫无疑问，神经网络模型已经从一个有趣的研究想法转变成了一个数十亿美元市场的基础。

与此同时，大型知识图谱也得到了广泛的应用和发展，如 DBpedia、Freebase 和维基数据等公共项目得到了广泛的使用，同时也有越来越多的公司构建了内部知识图谱。最值得一提的是 Google，它使知识图谱这个名字流行起来，如今许多跨不同行业的大公司都有内部知识图谱，只是使用这些图谱的方式不同。

在过去的几年里，机器学习和知识图谱这两种技术都有了很大的发展。它们的融合带来的机遇还没有得到充分的探索，但前景十分广阔。自然语言处理有助于确保维基数据的内容得到维基百科和其他参考来源的内容支持，而且自然语言处理可以使更多的人从类似维基数据这样的知识库中获得丰富的知识。

这就是本书发挥作用的地方。Jose、Ronald 和 Andres 是各自领域的专家，他们之间已经相互分享了数十年的经验。但是，为了写这本书，他们必须解决如何统一术语，以及如何在一个面向所有类型读者的统一框架中表达各自观点的问题。他们将资源慷慨地放到了网上，让读者可以尝试书中描述的技术。本书的内容已经在教学中经过了验证，并且经过了数月的完善。

毫无疑问，自然语言是未来最重要的用户接口模式之一。我们看到越来越多的设备都开始用自然语言与人类交谈，但这仅仅是一场大规模革命的开始。自然语言接口提供了非常强大和直观的方法来访问不断增长的计算机系统的功能。即便是今天，计算机已经提供的服务也还远远落后于其实际可以向用户提供的服务。用户可以通过它们来做的事情还有很多，但是我们不知道如何为这些强大的功能来构建用户接口。

知识图谱提供了最具解释性和最有效的方法来存储我们如今所知道的异构知识。知识图谱允许人工进行解释和编辑的功能。在基于知识图谱的系统中，读者可以深入研究并进行更改，确保将此更改传播给用户。在许多行业（如金融或医药）中，这不仅是一个好东西，而且绝对至关重要。而在其他行业，这样的要求也开始变得越来越重要。知识图谱提供了一种易于维护和内省的方法，比许多其他方法都要容易。

自然语言处理会解锁用自然语言表达的知识，这些知识随后可以用于更新和检查以确定知识图谱的一致性，知识图谱进而又可以用于通过自然语言进行查询和答案生成。这两种技术相互支持、相互促进。本书展示了将它们结合起来并开发新能力以吸引并赋能用户的实用方法。

好好享受这本书吧，明智地运用你新学到的知识！

Denny Vrandecic

Google Knowledge Graph

于美国加利福尼亚州旧金山，2020 年 1 月随着智能音箱走进千家万户，基于人工智能的产品与服务切实地来到了我们的身边。我们对智能音箱说话、问天气，利用它们定闹钟、听音乐，与之交流十分自然。这就是人工智能给我们带来的便利。

自然语言处理是人工智能皇冠上的那颗明珠，智能音箱则是自然语言处理的诸多应用之一。智能音箱背后的技术包括自然语言处理中的语音识别（ASR）、自然语言理解（NLU）、自然语言生成（NLG）、语音合成（TTS）等。自然语言处理技术有很多流派，面向知识表示的方法和基于数据驱动的方法是其中的两种主要代表。

在面向知识表示的方法中，知识图谱的应用相当广泛。知识图谱的概念诞生于2012年，由Google公司首先提出，最早应用于搜索引擎，是为了准确地阐述人、事、物之间的关系。

我们可以从不同的视角去审视知识图谱的概念。从Web应用来看，知识图谱就像简单直接的超链接一样，通过建立数据之间的语义链接，支持语义搜索；对于数据库来说，知识图谱是利用图的方式去存储知识的方法；从知识表示来看，知识图谱是采用计算机符号表示和处理知识的方法；对于人工智能来说，知识图谱是利用知识库来辅助理解人类语言的工具。在自然语言处理视角下，知识图谱就是从文本中抽取语义和结构化的数据。一般来说，知识图谱是为了描述文本语义，在自然界建立实体关系的知识数据库。

自然语言处理中基于数据驱动的方法主要包括传统的机器学习以及当前广受关注的深度学习。传统机器学习可以理解为手工特征＋机器学习模型，而深度学习是从数据中自动学习特征，进而提高机器学习模型的性能。深度学习的成功依赖于3个条件，即算法模型、计算资源和足够的数据。大数据时代的来临，GPU的发展，尤其是神经网络相关工程理论的改进，使得深度学习在自然语言处理领域发挥着巨大的作用。其中，神经网络结构非常适用于逐层进行数据的抽象表达，也就是我们平常说的深度学习，即深度神经网络。

对于工程师而言，妄议不同流派而进行口舌之争是没有意义的。我们需要解决现实研究领域中的问题，包括文本分类与聚类、文章标签与摘要提取、文本审核与舆情分析、机器翻译、阅读理解、问答系统与聊天机器人、搜索引擎、知识图谱、自然语言生成等。无论是知识图谱还是深度神经网络，都在不同领域表现出了其强大的能力。

那么，知识图谱与神经网络的融合会是怎样的呢？进而有了以下问题：

- 神经网络方法如何扩展预先捕获的知识，明确表示为知识图谱呢？
- 基于知识的表示与基于神经网络的表示如何实现无缝集成呢？
- 如何检查和评估混合方法特征表示的质量？
- 混合方法如何能够比单独的方案产生更高质量的结构化表示和神经网络表示呢？

……

我们很荣幸得到这样一个特殊的学习机会，负责翻译了本书。本书不仅为两个流派探索了融合的方向，而且还建立了一个混合自然语言处理的开放实验环境。数据、代码、实现的部署方式都很符合工程师的口味，将自底向上的数据驱动模型和自顶向下的结构化知识图谱结合在一起，形成了一系列有趣的实践指南。

本书的翻译源自几个不同的有趣灵魂和人生轨迹的碰撞。首先感谢机械工业出版社华章分社刘锋老师的信任，把这样一个前沿技术领域的翻译工作交给了我们。感谢家人对我们的支持，让我们把有限的时间更多地投入到翻译工作中。特别感谢百度的徐蒒老师在百忙之中审阅全稿，并提出了很多建设性的意见和建议。翻译是一项特殊的学习和创作过程，字里行间包含了译者的理解和选择。尽管小心谨慎如履薄冰，终因译者水平有限，本书翻译错漏之处在所难免，望诸位读者海涵并指正。

对于自然语言处理而言，基于神经网络和基于知识图谱这两种方法各有千秋。神经网络方法非常强大，并一直处于当前 NLP 排行榜的顶端位置。然而，它们也有软肋，比如训练数据的数量和质量，模型与人类如何使用语言以及人类对世界的理解之间的联系等。另外，基于结构化知识表示的自然语言处理系统虽然不能完全解决这些问题，但往往比较适合解决其中的一些问题。然而，它们可能需要相当多的知识工程工作，以持续组织这样的结构化表示。

本书的主要前提是，数据驱动的方法和基于知识图谱的方法可以相得益彰，取长补短。尽管许多人提倡在 NLP 和人工智能的许多其他领域结合应用这两种范式，但事实是，直到现在，这种结合还不常见，原因可能是缺乏实现这一目标的原则性方法和指导方针，也可能是缺乏令人信服的成功案例。

而人工智能的研究，特别是在自然语言处理和知识图谱领域，已经达到了成熟的水平，并渗透到其他领域，引起了深刻的社会和商业变革。因此，本书特别侧重于讨论实践方面的主题，旨在为感兴趣的读者提供必要的手段，使读者能够掌握将神经网络方法和基于知识图谱的方法结合到自然语言处理中的实践方法，建立弥合两者之间差距的桥梁。

总的来说，对于对神经网络和基于知识图谱的方法在自然语言处理领域的结合感兴趣的读者而言，本书非常有用。有结构化知识表示背景的读者，例如有语义网、知识获取、知识表示和推理社区方面的背景，总的来说也就是那些基于逻辑方法研究人工智能的读者，可以在本书中找到实用指南。同样，我们希望本书对那些主要背景在机器学习和深度学习领域的读者同样有用，他们可能正在寻找利用结构化知识库优化 NLP 下游结果的方法。

因此，来自上述领域的工业界和学术界的读者将在本书中找到混合自然语言处理的实用资源。在本书中，我们将展示如何利用互补表示，这些表示源于对非结构化文本语料库以及知识图谱中明确描述的实体和关系的分析，整合这些表示，并使用由此产生的特征来有效地解决不同领域的自然语言处理任务。在本书中，读者可以在示例、练习以及关键领域的实际应用（如虚假信息分析和科学文献的机器阅读理解）上使用实际的可执行代码。

在本书中，对于无论是基于知识图谱、神经网络还是基于其他形式的机器学习的自然语言处理方法、技术和工具箱，我们并没有提供详尽的说明。我们认为这些内容已经在参考文献中得到了充分的阐述。相反，我们专注于读者真正需要掌握的主要构建模块，以便读者能够吸收和应用本书的主要思想。事实上，本书所有章节都是独立的，一般读者在理解时不会遇到太大困难。因此，本书可以作为一本简洁而富有洞察力的手册，专注于协调基于知识图谱的方法和神经网络方法在自然语言处理中应用的主要挑战上。我们希望你会喜欢。

本书目标

本书为读者提供了一个自然语言处理的混合方法的原则性实用指南，主要涉及神经网络方法和知识图谱的结合。本书解决了一些与混合自然语言处理系统相关的问题，包括：

- 神经网络方法如何以具有成本效益和可实践的方式扩展像知识图谱一样预先捕获显式表示的知识？反过来又如何呢？
- 结合神经网络和基于知识图谱的方法的自然语言处理混合方法的主要构建模块和技术是什么？
- 如何将神经网络表示与结构化的、基于知识图谱的表示无缝集成？
- 这种混合方法能否产生更好的知识图谱和神经网络表示？
- 如何检查和评估混合方法所产生的混合表示的质量？
- 混合方法对 NLP 任务的性能有什么影响？对其他数据形式（比如图像或图表）的处理有什么影响以及其相互作用有什么影响？

基于以上问题，本书首先介绍了主要的构建模块，然后描述了它们如何相互紧密地关联，进而支持实际自然语言处理应用程序的有效实现。为了说明本书描述的思想，我们包含了一套全面的实验和练习，涉及可以根据任务领域和语料库进行选择的不同算法。

本书各章概述

接下来，我们介绍本书的章节结构安排：

第 1 章介绍本书的创作灵感及在当前的自然语言处理学科背景下本书的总体目标。

第 2 章介绍单词、语义 / 概念和知识图谱嵌入，它们是生成混合自然语言处理系统的主要构建模块。我们探讨各种不同的方法：简单的词嵌入学习、从语料库和语义网络中学习语义和概念嵌入，以及根本不使用语料库直接从知识图谱中学习概念嵌入的方法。

第 3 章重点研究词嵌入，并根据所使用的方法和语料库来分析其中包含的信息。除了预训练的静态嵌入，重点放在神经网络语言模型和上下文的嵌入上。

第 4 章引导读者通过一个可执行的 Jupyter Notebook，重点介绍一个特定的词嵌入算法，如 Swivel[164] 及其实现，以说明如何方便地从文本语料库中生成词嵌入。

第 5 章与第 4 章的方式类似，本章利用一个像 WordNet 这样的现有知识图谱，利用 HolE 等特定的知识图谱算法生成图谱嵌入，还提供了一个可执行的 Jupyter Notebook。

第 6 章提出一种利用知识图谱从文本语料库中联合学习单词和概念嵌入的方法 Vecsigrafo[39]。与第 5 章中描述的方法不同，Vecsigrafo 不仅从知识图谱中学习，也从训练语料库中学习。我们将看到这种方法的一些优点，并在随附的 Jupyter Notebook 中进行说明。在本章的后半部分，我们将进一步说明如何应用 Transformer 和神经网络语言模型来生成类似 Vecsigrafo 的表示，称为 Transigrafo。本章的这一部分也用 Jupyter Notebook 进行了说明。

第 7 章讨论几种评估方法，这些方法提供了对 Vecsigrafo 所学习的混合表示的质量的洞察。为此，我们将使用一个 Jupyter Notebook 来说明所需的不同技术。在本章中，我们还将研究这种表示如何与其他算法生成的词法和语义嵌入进行比较。

第 8 章将构建同时利用文本语料库和知识图谱的混合系统，需要为图谱中表示的项目（如概念）生成嵌入，这些项目通过某种标记化策略与语料库中选出的单词和表达式相链接。在这一章和相关的 Jupyter Notebook 中，我们研究了不同标记化策略的影响，以及这些策略如何影响 Vecsigrafo 中最终的词法、语法和语义嵌入。

第 9 章介绍对齐从不同来源（可能是不同语言）学习的向量空间的方法。我们会讨论各种各样的应用，如多语言和多模态，这些也在随附的 Jupyter Notebook 中进行了说明。向量空间对齐技术在混合环境中特别重要，因为它们可以为知识图谱的互链和跨语言应用提供基础。

第 10 章及相应的 Jupyter Notebook 开始研究如何在特定自然语言处理任务的上下文中应用混合表示，以及如何提高在这些任务上的性能。特别是，我们将了解如何使用和调整深度学习架构，以考虑混合知识源，并对可能包含错误信息的文档进行分类。

第 11 章及相应的 Jupyter Notebook 将介绍 NLP 混合方法在科学领域中的应用。本章会引导读者实现将文本信息和视觉信息联系起来的最新技术，通过预训练的知识图谱嵌入来丰富结果特征，并在一系列迁移学习任务中使用这些特征，这些任务包括从图例和题注的分类到六年级理科图文多选题的问答。

第 12 章为本书提供最终的思路和指导。本章还提出了混合自然语言处理的一些未来发展，以帮助专业人员和研究人员制定一条在研究领域和工业应用领域持续训练的路径。本章还包括本书相关领域的专家反馈，这些专家提出了他们的特定愿景、可预见的困难以及下一步行动。

相关资料

本书中涉及的所有示例和练习都可以在我们的 GitHub 仓库⊖中以可执行的 Jupyter Notebook 的格式下载。所有的 Jupyter Notebook 都可以在 Google Colaboratory 上运行，或者如果读者愿意，也可以在本地环境中运行。本书还集成了我们在 *Hybrid Techniques for Knowledge-based NLP* 教程⊜中获得的经验和反馈，该教程始于 K-CAP'17⊜，并在 ISWC'18⊛和 K-CAP'19⊛中有所延续。该教程的当前版本可以在线获取，我们鼓励读者将该教程结合本书使用，通过可执行的示例、练习和实际应用程序来巩固在不同章节中学到的知识。

与本领域相关的其他书籍

本书所涉及的领域是非常活跃的。过去几个月里，像神经网络语言模型等关键领域以及其他相关领域的图书和文献大量涌现，形成了一个蓬勃发展的态势，在我们撰写这些文字的时候，这个领域正在形成。因此，在本书的撰写过程中，预计会出现新的开创性贡献，这些贡献将被研究和吸收，也可能会出现在本书的新版本中。因此，像上面提到的 *Hybrid Techniques for Knowledge-based NLP*，以及 Graham Neubig 等人的 *Concepts in Neural Networks for NLP*®等资源尤其重要。

本书不寻求对自然语言处理领域的已有进展进行一个详尽调研。虽然我们在讨论的每个领域都提供了参考书目的必要提示，但我们有意识地保持了全书的简洁和专注。参考书籍将为读者提供本书相关领域的丰富背景，包括以下内容：

⊖　https://github.com/hybridnlp/tutorial。

⊜　http://hybridnlp.expertsystemlab.com/tutorial。

⊜　9th International Conference on Knowledge Capture (https://www.k-cap2017.org)。

⊛　17th International Semantic Web Conference (http://iswc2018.semanticweb.org)。

⊛　10th International Conference on Knowledge Capture (http://www.k-cap.org/2019)。

⊛　https://github.com/neulab/nn4nlp-concepts。

Manning 和 Schutze 的 *Foundations of Statistical Natural Language Processing* [114] 以及 Jurafsky 和 Martin 的 *Speech and Language Processing* [88] 为自然语言处理的统计方法及其应用提供了极好的覆盖，并介绍了如何实现（半）结构化的知识表示，以及 WordNet 和 FrameNet[12] 这样的资源如何在 NLP 流水线中发挥作用。

最近，有很多书籍都特别强调神经网络的方法。Eisenstein 的 *Introduction to Natural Language Processing*[51] 对理解、生成和操控人类语言所必需的计算方法进行了全面和最新的综述，涵盖了从经典表示法和算法到当代深度学习方法。对这一领域有兴趣深入理解的读者可以参考 Goldberg 的 *Neural Network Methods in Natural Language Processing*[67]。

我们也会关注自然语言处理学术谱系中基于知识图谱的书籍，如 Cimiano 等人的 *Ontology-Based Interpretation of Natural Language*[33] 和 Barriere 的 *Natural Language Understanding in a Semantic Web Context*[17]。Nickel 等人在文献 [129] 中对分布式表示在知识图谱中的应用进行了很好的综述。

关于知识图谱的相关书籍包括 Pan 等人的 *Exploiting Linked Data and Knowledge Graphs in Large Organisations*[135]，该书讨论了利用企业关联数据的主题，特别关注知识图谱的构建和可访问性。Kejriwal 的 *Domain-Specific Knowledge Graph Construction*[91] 也关注知识图谱的实际构建。最后，Asuncion Gomez-Perez 等人的 *Ontological Engineering*[68] 为知识工程中涉及的任务提供了关键原则和指导方针。

致谢

我们非常感谢 European Language Grid-825627 项目和 Co-inform-770302 EU Horizon 2020 计划的前期资助，包括 DANTE-700367、TRIVALENT-740934 和 GRESLADIX-IDI-20160805，它们在自然语言处理的不同领域所面临的研究挑战促使我们寻找基于知识图谱和神经网络模型相结合的解决方案。我们特别感谢 Flavio Merenda、Cristian Berrio 和 Raul Ortega 对本书的技术贡献。

目 录

第一部分

A Practical Guide to Hybrid Natural Language Processing: Combining Neural Models and Knowledge Graphs for NLP

预备知识和构建模块

混合自然语言处理简介

摘要： 知识图谱的快速发展和人工智能的最新进展使人们对符号方法和数据驱动方法在认知任务中的结合产生了极大的期望。这对于基于知识的自然语言处理方法来说更明显，因为近似人类的符号理解依赖于表达性的、结构化的知识表示。由人类设计的知识图谱经常被精心筛选且质量较高，但它们也可能是劳动密集型的工作，依赖于严格的形式化，并且有时会偏向于设计者的特定观点。本书旨在通过将自底向上的数据驱动模型和自顶向下的结构化知识图谱结合在一起，为读者提供解决上述局限性的方法。为了达到这个目的，本书探讨了如何调和这两种方法，使得结果表示更加丰富，并且超出了使用单一方法可能达到的效果。贯穿全书，我们深入探究这一思想，并展示如何在各种自然语言处理任务中高效地使用这种混合方法。

1.1 知识图谱、嵌入和语言模型简史

人工智能的历史可以被看作对准确推理能力和以机器可操作的格式获取知识的能力两者完美结合的追求。20 世纪 70 年代发展起来的早期人工智能系统（如 MYCIN[169]）已经证明了通过人工手段在分类或诊断等任务中有效仿真人类推理是可能的。然而，从人类身上获取专家知识很快就被证明是一项具有挑战性的任务，这导致了后来被称为知识获取瓶颈[58]的问题。

为了应对这个挑战，并在所谓的知识层次上工作[124]，知识获取最终成为一种建模活动，而不是专注于从专家的头脑中提取知识的任务。建模方法和在知识层次上的工作把抽象从实现细节中分离出来，有助于关注人工智能智能体知道什么，以及它的目标是什么。沿着知识层次的路径，出现了本体、语义网络，最终出现了知识图谱。知识图谱为特定领域提供了丰富的、可表达的和可操作的描述，并支持推理结果的逻辑解释。

正如 Chris Welty 在 *Exploiting Linked Data and Knowledge Graphs in Large Organizations*[135] 一书的前言中所说的那样："知识图谱无处不在！大多数主要的 IT 公司，或者更准确地说，大多数主要的信息公司，包括彭博、纽约时报、Google、微软、Facebook、Twitter 等，都有意义重大的知识图谱，并在组织知识图谱上进行了投资。不是因为这些知识图谱是他们的业务，而是因为使用这些知识图谱有助于他们的业务。"然而，由于需要大量训练有素的人力按照所需的格式来组织高质量的知识，知识图谱的生成和规模化的成本可能很高。此外，知识工程师所做的设计决策也会在深度、广度和重点方面产生影响，这可能会导致偏见或脆弱的知识表示，因此需要持续的监督。人工智能历史上雄心勃勃的研究项目，如 CYC[101] 和 Halo[72]⊖，投入了大量的精力来产生由知识工程师或主题专家精心组织的知识库，而他们都必须面对上述挑战。

与此同时，过去十年见证了一个显著的转变，从基于知识的人工工程方法转变到数据驱动的方法，特别是神经网络方法。由于原始数据可用性的增强和更高效分布式计算架构的出现，都有助于模型训练性能的日益提高。像计算机视觉这样的人工智能领域很快就利用了这个新场景带来的优势。自然语言处理社区也拥抱了这一趋势，并取得了非常好的成果。

最近在分布语义和词嵌入[16]领域上的突破已经证明了一种非常成功的方法，即可以将在文档语料库中捕获的单词意义作为一个密集的、低维空间中的向量。许多研究都在致力于开发越来越有效的产生词嵌入的方法，从 word2vec[121]、GloVe[138] 或 fastText[23] 这样的算法，到能够以前所未有的规模产生上下文特定的单词表示的神经网络语言模型，如 ELMo[139]、BERT[44] 和 XLNet[195]。借用 Welty 的话："嵌入无处不在！"在许多应用中，它们被证明在相似性、类比性和相关性以及大多数自然语言处理任务（包括例如分类[96]、问答[95, 137, 162] 或机器翻译[11, 32, 89, 175]）方面是有用的。

当然，词嵌入和语言模型正在以前所未有的速度突破自然语言处理的边界。然而，语言模型的复杂性和规模性⊖意味着训练通常需要大量的计算资源，这往往超出了大型公司实验室之外的大多数研究人员的能力范围。此外，毫无疑问，来自神经网络语言模型的上下文无关和上下文感知嵌入是现代自然语言处理架构中的一个强大的工具，但事实上，我们仍然不确定它们掌握了什么类型的知识。

Pre-BERT 的研究[18, 116, 139] 已经表明了这一点，通过语言模型和其他自然语言处理任务（如文本蕴涵），我们可以完全地从文本中学习实际的意义，因此，神经网络语言

⊖　Halo 最终推动了当前的 Aristo 项目（https://allenai.org/aristo）。
⊖　在撰写本书时，与 Salesforce 的 CTRL[94]（16 亿个参数）或 Google's Text-to-Text Transfer Transformer（T5）[149]（最大配置超过 110 亿个参数）等新的神经网络语言模型相比，拥有超过 2 亿个参数的 BERT 看起来是比较小的。

模型不仅捕获文本的低层次方面，例如句法信息，而且在可以使用的与上下文相关的词汇意义方面，也表现出了一定的抽象能力，例如词义消歧。最近发表的几篇论文也试图阐明语言模型实际学到的东西。在论文 [84] 中，作者着重研究了 BERT 对语言结构的学习。论文报告了 BERT 如何遵循一种组合树状结构，在底层捕获表面特征，在中间层捕获语法特征，在顶层捕获语义特征。其他文献 [35] 也得出了类似的结论，并表明 BERT 如何关注语法和共指（coreference）的语言学概念。在文献 [178] 中，Tenney 等人发现 BERT 以一种可解释、可本地化的方式表示传统 NLP 管道的步骤，并且负责每个步骤的区域按预期的顺序出现：词性标注、句法分析、NER、语义角色，然后是共指。然而，从语言模型中获取的知识仍然很难进行逻辑解释，更谈不上与现有概念和关系相匹配 [132]，而另一方面，这些恰好是知识图谱显式表示的主要信息构件。

1.2　自然语言处理中知识图谱和神经网络方法的结合

许多研究 [46, 166, 168] 认为，知识图谱可以提高机器学习架构的表达能力和推理能力，而且提倡一种混合方法，该方法充分地利用了这两个领域的优点。从实际的角度来看，特别是在缺乏足够训练数据的情况下，其优势尤其明显。例如，可以使用知识图谱扩展文本数据，方法是基于知识图谱中显式表示的上下位关系、同义词和其他关系来扩展语料库。

作为一个研究领域，神经网络与符号方法的集成 [10] 解决了在人工智能两种范式之间建立技术桥梁的基本问题。最近，在语义网 [78] 的背景下，这个讨论又被重新点燃了。在自然语言处理领域，一场类似的讨论也越来越有吸引力。结合了神经网络方法和基于知识图谱的方法的混合方法所带来的好处包括，对于像知识库补全这样的任务，就像在相同的连续的潜在空间中的关系那样，学习如何表示文本和知识库实体的模型，已经被证明能够以较高的准确性进行文本和知识库的联合推理 [151]。其他研究 [180] 则更进一步捕获文本关系的组合结构，并联合优化了实体、知识库和文本关系的表示。更普遍的是，知识图谱有助于训练表达能力更强的自然语言处理模型，这些模型能够通过将单词与知识图谱中明确表示的概念联系起来学习单词的含义 [29, 112]。此外，模型还能够在单个嵌入空间 [39] 中联合学习单词和概念的表示。

聚焦语言的语用学，文献 [6, 20] 的另一种研究认为，有效地捕获意义不仅需要考虑文本的形式，还要考虑其他方面，例如使用这种形式的特定语境或说话者的意图和认知状态，主张文本需要添加额外的信息才能真正传达所需要的意思。因此，要想使自然语言处理有超越局部的、特定于任务的解决方案，就必须了解人类如何使用语言以及他们对世界的理解。

通用知识图谱[7, 183]与领域特定的结构化资源和词汇数据库（如 WordNet[59]）结合在一起，似乎也很适合这样的用途。词汇数据库根据语义将单词分组并定义这些概念之间的关系。其他的资源，如 ConceptNet[173] 或 ATOMIC[156]，关注常识的建模，已经表明在知识图谱中捕获人类的理解并基于这些知识图谱来训练神经网络模型实际上是可能的，这些知识图谱在自然语言处理任务中展示了常识推理的能力。

在本书中，我们深入研究知识图谱和神经网络方法的结合（混合方法）在 NLP 方面的应用。要做到这一点，我们需要解决一系列问题。这类问题包括以下几个方面：（1）神经网络方法如何以具有成本效益和可实践的方式扩展像知识图谱一样预先捕获显式表示的知识，反过来又如何呢？（2）要把这种混合方法应用到自然语言处理，需要的主要构建模块和技术是什么？（3）基于知识的表示与基于神经网络的表示如何实现无缝集成？（4）如何检查和评估混合表示结果的质量？（5）混合方法如何能比单独的方案产生更高质量的结构化表示和神经网络表示？（6）在与机器理解相关的任务中，这种混合方法如何影响自然语言处理任务的效果，以及和其他模态数据（如视觉数据）的处理与相互作用？接下来，我们将尝试给出这些问题的答案。

A Practical Guide to Hybrid Natural Language Processing: Combining Neural Models and Knowledge Graphs for NLP

单词、意义和知识图谱嵌入

摘要： 密集向量形式的分布式单词表示，即词嵌入，是基于机器学习的自然语言处理的基本构件。这些嵌入在词性标注、组块分析、命名实体识别、语义角色标注以及下游任务（包括情绪分析和更多的一般文本分类等）中发挥着重要作用。然而，早期的词嵌入是与上下文无关的静态表示，无法捕获多义词的多重含义。本章概述了这种传统词嵌入，同时也介绍了使用消歧的语料库或直接从知识图谱中生成意义嵌入和概念嵌入的替代方法。因此，本章为本书其余部分提供了一个概念框架。

2.1 引言

正如前一章中所述，本书所讨论的主要问题之一是如何在共享向量空间中同时表示单词及其含义，以及这样做对自然语言处理有什么益处。在本章中，我们首先将在 2.2 节描述词嵌入作为分布式单词表示的起源。其次，在 2.3 节中，我们将描述学习词嵌入的各种方法，并简要描述它们尝试获取的知识类型（和它们的缺点），以及我们如何评估这些嵌入。再次，我们将以类似的方式在 2.4 节中简要描述从文本衍生的意义嵌入和概念嵌入。最后，在 2.5 节中，我们将描述从知识图谱派生的最后一种嵌入类型。

2.2 分布式单词表示

为了在机器学习方法中注入文本，就需要用数字格式表示这些文本。一种选择是使用 one-hot 编码，其中向量的维度与词汇表中的单词数量相同，每个单词都被表示为向量，其维数为 1，并且对应于词汇表中的单词。因此，对于文本，one-hot 编码的结果是一个非常大的稀疏矩阵，很难将其加载到内存中。另一种广泛使用的文本表示是在信息检索过程中广泛使用的词袋模型。词袋表示在文档级别工作，与 one-hot 编码类似，向量中的维数就是词汇表中的单词数。在词袋模型中，每个文档都用一个向量表示，向量中与文档单词对应的维度上的值不为零。TF-IDF 是一种广泛使用的加权方案，根据单词在同一文档以及在整个文档集合中的出现频率来确定单词在文档中的重要性。但是，除了在 one-hot 编码和词袋中使用的高多维向量外，这些表示在计算能力和内存方面都很难处理，主要的缺点还是它们不能代表单词的意思。它们只提供了基于 one-hot 编码的单词存在和不存在的表示，或者词袋模型中文档和集合级别的频率表示。

另一方面，分布式单词表示基于分布式假设，即在相似上下文中同时出现的单词被认为具有相似（或相关）的意义。词嵌入算法产生密集的向量，使得具有相似上下文分布的单词在嵌入空间中出现在同一区域[164]。

2.3　词嵌入

词嵌入⊖学习已经有相当长的历史了[16]。早期的研究集中在从共现矩阵中导出嵌入，最近的研究集中在基于上下文[15]预测单词的训练模型上。只要考虑设计选择和超参数优化，这两种方法是基本相同的[103]。

最近的研究主要集中在基于大型语料库的单个词嵌入的学习上。这些工作是由论文 [121] 中提出的 word2vec 算法引发的。该方法基于上下文词汇⊜和负采样来预测单词，提供了一种有效的词嵌入学习方法。对这类算法的最新改进[118]也考虑到了这一点：（1）通过学习 3 到 6 个 n-gram 的嵌入获得分词信息；（2）对语料库进行预处理，将互信息量高的 n-gram(如 New_York_City) 组合获得多词信息；（3）学习加权方案（而不是预先定义），根据与中心词的相对位置，给予上下文单词更高的权重⊜。这些改进可以通过 fastText 实现和预训练嵌入来获得。

基于词共现的算法也是可以使用的。GloVe[138] 和 Swivel[164] 是直接从可从语料库导出的稀疏共现矩阵学习嵌入的两种算法。这两种算法基于单词在语料库中的共现数和总数来计算单词之间的关系概率。

这些方法被证明可以学习词汇和语义的关系。然而，由于这些方法停留在单词的层次上，它们会受到单词歧义的困扰。因为大多数单词都是多义词，所以学习嵌入要么必须尝试捕获不同语义的意义，要么只编码最常见的意义。相反，由此生成的嵌入空间仅是为每个单词提供的嵌入，这使得我们很难根据可以用来指代这个概念的各种

⊖ 在文献中也称为向量空间模型。
⊜ 反之亦然，分别称为连续词袋（cbow）和 skip-gram 架构。
⊜ 在文献中有时也称为 "目标词" 或 "焦点词"。

单词来推导出这个概念嵌入。

Vecsigrafo（将在第6章详细描述）提供的扩展包可以应用到word2vec风格的算法和共现算法。在本书中，我们将关注Vecsigrafo扩展包并展示这样的扩展包如何应用到Swivel。我们选择Swivel是为了便于实现，它已经被证明在类似本书这样的实用手册中非常有用（用于演示说明）。不过，将Vecsigrafo方法应用到GloVe的方法和标准的word2vec实现很简单。将Vecsigrafo应用到其他的方法，比如fastText，显然更复杂，特别是要考虑子词模型信息的时候，因为单词可以细分为字符级的 *n*-gram，而概念不能。

最近提出的处理词嵌入多义性等问题的另一种方法是使用语言模型来学习上下文嵌入。在这种情况下，语料库用于训练一个模型，该模型可用于计算基于特定上下文（如句子或段落）的词嵌入。主要的区别在于，词嵌入不唯一，相反，单词的嵌入取决于其周围的单词。在第3章中，我们将探讨这种类型的词嵌入，包括当前流行的语言模型，如ELMo[107]、GPT[146]和BERT[44]。

词嵌入使用内在方法和外在方法来评估[158]，内在方法评估嵌入空间是否真的编码了单词的分布式上下文，外在方法则根据下游任务的表现来评估词嵌入。类比推理[121]和单词相似度[150]是常用的内在评估方法。类比任务⊖依赖于形式 a:a*:: b:b* 的单词关系（即a对a*就像b对b*一样），目标是通过操作对应的单词向量来预测其他给定的变量b*。单词相似度⊜则试图通过嵌入的相似度度量来匹配两个单词之间关联度的人工评分。

2.4 意义和概念嵌入

对于如何从语料库中产生意义和概念嵌入，有人已经提出了一些方法。其中一种方法是生成意义的嵌入[82]，通过这种方法，使用Babelfy对语料库消歧，然后在消歧之后的语料库上应用word2vec。由于使用了简单的word2vec，因此只生成用于意义的向量。单词与意义的联合学习是由Chen等人[31]和Rothe等人[153]提出的，采用了多步骤学习方法，系统首先学习词嵌入，然后应用基于WordNet的消歧，再学习关联嵌入。虽然这样可以解决单个单词的歧义，但结果导致的嵌入集中在同义的单词义项对上⊜，而不是知识图谱的概念上。

⊖   https://aclweb.org/aclwiki/Analogy_(State_of_the_art)。

⊜   https://aclweb.org/aclwiki/Similarity_(State_of_the_art)。

⊜   例如，单词义项对 $apple_2^N$ 和 $Malus\_pumila_1^N$ 有各自的嵌入，但它们代表的 *apple tree* 的概念没有嵌入。

另一种基于语料库学习概念嵌入而不需要单词义项消歧的方法是 NASARI[29]，它使用词汇特异性从 Wikipedia 子语料库中学习概念嵌入。这些嵌入具有子语料库中单词的词汇特异性，因此它们比低维嵌入（如 word2vec 生成的嵌入）要稀疏且更难应用。基于这个原因，NASARI 还提出了生成"嵌入向量"，即从传统的 word2vec 嵌入空间加权平均得到的向量。这种方法只适用于 Wikipedia 和 BabelNet，因为读者需要一种方法来创建与知识库中的实体相关的子语料库。

最后，SW2V（Senses and Words to vector）[112] 提出了一种轻量级的单词消歧算法，并扩展了 word2vec 的连续词袋架构，将单词和义项同时考虑在内。Vecsigrafo 采用了类似的方法，利用了各种不同之处，包括使用工业级消歧器——基于关联算法变体的一种学习算法来实现，并考虑了上下文单词和概念到中心词的距离。在评估方面，Mancini 等人[112] 公布了两个单词相似度数据集的结果，而 Vecsigrafo 通过对 14 个数据集和不同语料库大小的广泛分析得到了证实。Vecsigrafo 还考虑了不同向量空间之间的相互一致性，以基于一组词对之间的预测距离来衡量两个向量空间的相似程度，进而评估结果嵌入的质量。

2.5 知识图谱嵌入

知识图谱对于解决各种各样的自然语言处理任务是非常有用的，例如语义解析、命名实体消歧、信息提取和问题回答等。知识图谱是包含实体（节点）和一组关系类型（边）的多关系图。业内已经提出了几种直接从这些表示中创建概念嵌入的方法[129, 188]。

假设 $\mathbb{E}$ 是一个实体集合，$\mathbb{R}$ 是一个关系的集合，一种三元组形式的 h，r，t（head，relation，tail）表示一个事实，h，$t \in \mathbb{E}$ 和 $r \in \mathbb{R}$。事实以三元组集合 $\mathbb{D}\ += \{(h, r, t)\}$ 的形式存储在知识库中。嵌入允许将这些符号表示转换为一种格式，这种格式简化了操作，同时保留了固有的结构。通常，知识图谱遵循一些确定性规则，例如约束或传递性。然而，也有一些反映内部统计特性的潜在特征，如某些实体有相似的特征（同源性）或某些实体可划分为不同的分组（块结构）。这些潜在的特征可以通过应用统计关系的学习技术体现出来[129]。

一般而言，在典型的知识图谱嵌入模型中，实体通常用连续向量空间中的向量表示，关系作为同一空间中的操作，可以用向量、矩阵或张量等表示。业内已经提出许多试图学习这些表示的算法。由于知识图谱通常是不完整的，这种概念嵌入的主要应用之一通常是知识图谱的补全。知识图谱的补全（Knowledge Graph Completion，KGC）是一种通过填充其中缺失的连接来改进知识图谱的方法。

业内已经实现了几种算法来解决这一问题[125]。一般的方法如下：给定一个三元组（h, r, t），这些模型为它们的可信性分配一个函数$f(h, r, t)$。这个学习过程的目的是选择这样一个函数：正确的三元组的评分比错误的三元组的评分要高，错误的三元组通常是损坏的三元组。

一个知识图谱嵌入的算法家族是使用基于距离的评分函数的平移模型。这些模型基本上使用向量平移来表示关系。其中最具代表性的算法是 TransE 模型[25]，灵感来自 word2vec 的 skipgram。该模型将实体和关系以向量的形式表示在同一空间中。这里的关系 r 表示为嵌入空间中的平移，当（h, r, t）成立时，$h+r \approx t$ 或 $t+r \approx h$。由于 TransE 在处理两个以上实体之间的关系（如 1-to-N、N-to-1 或 N-to-N）时存在一些缺陷，因此有人提出了一些改进模型。TransH[190] 本质上是使用向量投影来表示关系。TransR[106] 使用投影并在单独的向量空间中表示关系。TransD[54] 简化了 TransR，为实体和关系分配两个向量，避免了矩阵向量的乘法操作。TransM[57] 根据每个三元组的关系映射属性，或者更确切地说，根据头和尾的不同数量，为每个三元组分配不同的权重。最后，最新且有效的平移模型包括，解决了 TransE 正则化问题的 TorusE[48]，使用了自适应稀疏矩阵的 TranSparse[30]，带有动态平移的 TranSparse 的扩展的 TranSparse-DT[85]。

另一类是双线性模型，利用双线性评分函数捕获实体向量的潜在语义。RESCAL[131] 是第一个实现双线性算法的模型，它将每个实体表示为一个向量，每个关系都是一个为潜在因子之间成对相互作用进行建模的矩阵。DISTMULT[193] 简化了 RESCAL 方法，将关系矩阵替换为对角矩阵，从而通过评分函数减少了每个关系的参数数量。当遇到头或尾的时候，SimplE[90] 允许为每个实体学习两个不同的嵌入。ComplEx[181] 扩展了 DISTMULT，其中嵌入被表示为复数值，以更好地建模不对称关系，h、r、t 值位于一个复数空间，评分函数不是对称的。ComplEx-N3[99] 使用核范数为 3 的加权扩展了 ComplEx，而 RotatE[174] 将实体表示为复向量，将关系表示为源实体和目标实体在复向量空间中的旋转关系。

也有各种各样的算法使用了神经网络的架构实现。采用递归神经网络来学习关系的模型有 IRN[165] 和 PTransE-RNN[105]，受到联想记忆的全息模型所启发的模型是 HolE[130]（全息嵌入，Holographic Embedding）。这些模型开发了一种接受全息技术启发的记忆系统，并使用卷积和互相关性来存储和检索信息[61]。HolE 试图将张量积的表现力（如 RESCAL）与 TransE 的轻盈和简单结合起来。它是一种考虑非对称关系的组合模型，并且利用了向量的循环相关性来表示实体。SME[24]（语义匹配能量）算法使用向量表示实体和关系，以相同的方式对关系类型和实体类型进行建模。然后，将一个关系分别与它的头和尾结合起来。最后，这些组合的点积返回一个事实的评分。NTN

模型[171]（神经张量网络）用能够关联实体向量的双线性张量层代替了标准的线性层。评分函数计算两个实体之间关系的可能性。NTN 的一个特殊情况是 SLM（单层模型），当张量被设为 0 时，它通过一个标准的单层神经网络的非线性隐式地连接实体向量。ProjE[167] 是由复合层和投影层构成的两层神经网络。它是 NTN 的简化版本，其中组合运算符作为对角矩阵，允许将实体嵌入矩阵与关系嵌入矩阵组合在一起。给定一个实体嵌入和一个关系嵌入，该模型的输出是一个候选实体矩阵，返回排名最高的候选对象来完成三元组。

也有一些基于卷积神经网络的模型。ConvE[43] 是一个神经网络链路预测模型，它对二维形状的嵌入采用了卷积运算，以提取更多的特征交互。相反，ConvKB[126] 可以看作是 TransE 的扩展，进一步对实体和关系嵌入的同一维度条目之间的全局关系建模。该模型中的每个三元组都表示为一个三列矩阵，它被反馈给一个卷积层，在这个卷积层中使用多个过滤器来生成不同的特征映射。Conv-TransE[163] 和 CapsE[128] 分别是 ConvE 和 ConvKB 的扩展。前者的设计考虑了实体之间和关系之间的转换特性，后者在卷积层的基础上增加了一个胶囊网络层。

最近的一些研究表明，用图中的附加信息来丰富三元组的知识可以提高模型的强度。实体和邻域信息之间的关系路径就是两个例子。第一种是指一系列的关联关系，第二种是对实体建模，作为图中其邻域的特定关系混合物。关系路径可以提高 TransE 和 SME 等模型的性能[110]。TransENMM[127] 中使用邻域信息来改进 TransE，R-GCN[157] 中也使用邻域信息处理高维多关系数据，其中，DISTMULT 解码器接受 R-GCN 编码器的输入，为图中的每条可能的边生成一个评分。

RDF2Vec[152] 和 KG-BERT[196] 中提出了尝试使语言模型适应知识图谱嵌入的研究。语言模型是一种概率模型，能够预测给定语言中的单词序列，并尝试编码语法和语义信息。在 RDF2Vec 中，该算法将图数据转换为实体序列，从而将其视为句子。为此，使用不同的技术将图划分为子图。最后，用这些句子来训练神经语言模型，将 RDF 图中的每个实体表示为潜在特征空间中的数值向量。在这个研究中使用的语言模型为 word2vec。相反，KG-BERT 使用 BERT 语言模型来表示信息，实体和关系作为它们的名称或描述文本序列。因此，除了三元组编码的文本信息外，该模型还能够考虑额外的文本信息。该算法将知识图谱不全问题转化为序列分类问题。

该研究领域的最新模型包括 CrossE[199]、GRank[49] 和 TuckER[14]。对于每个实体和关系，CrossE 创建了一个通用的嵌入，这个通用嵌入存储高级属性和多个交互嵌入。这些嵌入是由一个交互矩阵导出的，它编码了关于交叉作用的特定属性和信息，更确切地说，是实体和关系之间的双向效应。为了克服知识图谱嵌入编码信息的不可解释性，GRank 提出了一种利用图模式的不同方法。该模型为每个图模式构造了一个实体排序系统，并利用排序测度对其进行评价。相反，TuckER 是一个基于 Tucker 分解的二值张量表示的知识图谱三元组线性模型，该算法将实体和关系建模为两个不同的矩阵。

虽然这些方法都很有趣，但都有相同的缺点：它们对源知识图谱中明确包含的知识（包括偏差）进行编码，这些知识图谱通常已经是真实世界数据的压缩和过滤版本。尽管这些数据可以从原始数据集（如维基百科）和其他基于网络的文本语料库中收集到，即使是大型知识图谱也只能提供数据的一小部分，也就是说，这些嵌入不能从真实文档的原始数据中学习。另外，像 KnowBert[140] 和 Vecsigrafo[39] 方法，结合语料库和知识图谱，在关系提取、实体类型和词义消歧方面，显示出了改善困惑的证据，表现出了召回事实的能力和下游表现的提升。

表 2.1 和表 2.2 报告了科学界广泛使用的数据集上最常用 KGE 模型的结果。

表 2.1　KGE 模型基准（FB15K 和 WN18[25]）

模　型	架　构	基　准					
		FB15K			WN18		
		MR	@10	MMR	MR	@10	MMR
SME[110]	神经网络	154	40.8	–	533	74.1	–
TransH[190]	基于平移	87	64.4	–	303	86.7	–
TransR[106]	基于平移	77	68.7	–	225	92.0	–
TransD[54]	基于平移	91	77.3	–	212	92.2	–
TranSparse[30]	基于平移	82	79.5	–	211	93.2	–
TranSparse-DT[85]	基于平移	79	80.2	–	221	94.3	–
NTN[171]	神经网络	–	41.4	0.250	–	66.1	0.530
RESCAL[131]	双线性	–	58.7	0.354	–	92.8	0.890
TransE[25]	基于平移	–	74.9	0.463	–	94.3	0.495
HolE[130]	HAM(NN)	–	73.9	0.524	–	94.9	0.938
ComplEx[181]	双线性	–	84.0	0.692	–	94.7	0.941
SimplE[90]	双线性	–	83.8	0.727	–	94.7	0.942
TorusE[48]	基于平移	–	83.2	0.733	–	95.4	0.947
DISTMULT[193]	双线性	42	89.3	0.798	655	94.6	0.797
ConvE[43]	卷积神经网络	64	87.3	0.745	504	95.5	0.942
RotatE[174]	双线性	40	88.4	0.797	309	95.9	0.949
ComplEx-N3[99]	双线性	–	91.0	0.860	–	96.0	0.950
IRN[165]	神经网络	38	92.7	-	249	95.3	-
ProjE[167]	神经网络	34	88.4	–	–	–	–
PTransE-RNN[105]	递归神经网络	92	82.2	–	–	–	–
TransM[57]	基于平移	93	–	–	280	–	–
R-GCN[157]	卷积神经网络	–	84.2	0.696	–	96.4	0.819

（续）

模 型	架 构	基 准					
		FB15K			WN18		
		MR	@10	MMR	MR	@10	MMR
CrossE[199]	基于机器学习	–	87.5	0.728	–	95.0	0.830
GRank[49]	基于机器学习	–	89.1	0.842	–	95.8	0.950
TuckER[14]	基于机器学习	–	89.2	0.795	–	95.8	0.953

表 2.2 KGE 模型基准（FB15K-237[180] 和 WN18RR[43]）

模 型	架 构	基 准					
		FB15K-237			WN18RR		
		MR	@10	MMR	MR	@10	MMR
DISTMULT[193]	双线性	–	41.9	0.241	–	49.0	0.430
ComplEx[181]	双线性	–	42.8	0.247	–	51.0	0.440
ConvE[43]	卷积神经网络	–	50.1	0.325	–	50.2	0.430
RotatE[174]	双线性	–	48.0	0.297	–	–	–
R-GCN[157]	卷积神经网络	–	–	–	–	41.7	0.248
Conv-TransE[163]	卷积神经网络	–	51.0	0.330	–	52.0	0.460
ConvKB[126]	卷积神经网络	257	51.7	0.396	2554	52.5	0.248
CapsE[128]	卷积神经网络	303	59.3	0.523	719	56.0	0.415
CrossE[199]	基于机器学习	–	47.4	0.299	–	–	–
GRank[49]	基于机器学习	–	48.9	0.322	–	53.9	0.470
KG-BERT[196]	Transformer	153	42.0	–	97	52.4	–
TuckER[14]	基于机器学习	–	54.4	0.358	–	52.6	0.470

2.6 本章小结

本章提供了词嵌入的概述以及表示意义和概念的替代嵌入。我们看到了作为分布式表示的词嵌入起源，并探索了各种各样的算法来计算这样的嵌入，每一种都有自己的权衡。基于一系列评估方法，我们还看到嵌入似乎捕获了一些词法信息甚至语义信息。读完这一章后，读者应该对词嵌入（和概念）的历史有了一个宽泛的了解，感兴趣的读者可以参考科技论文中的嵌入学习算法和评估方法。对这些概念的理解将有助于理解后续章节，在后续章节中，我们将更详细地研究每一种嵌入类型，读者也将获得学习嵌入的实际经验，并且能够在自然语言处理任务中评估和应用它们。

理解词嵌入和语言模型

摘要：早期如 word2vec 和 GloVe 这样的词嵌入算法，不管单词在给定的句子中的意义和上下文是怎样的，都会为单词生成静态分布的表示，这对歧义词提供了糟糕的建模，并且无法覆盖词汇表外的单词。因此，业界提出基于训练语言模型（如 Open AI GPT 和 BERT）的新一波算法来生成基于上下文的词嵌入。这些嵌入通过组合单词片段作为输入词的成分，允许它们生成词汇表之外的单词表示。近来，在大型语料库上训练的微调预训练语言模型，不断提高了许多自然语言处理任务的技术水平。

3.1 引言

文献 [117] 提出的 word2vec 算法极大地激发了人们对词嵌入的兴趣，并一直持续到现在。word2vec 算法在单词上下文和负采样的基础上，提供了一种从大型语料库中学习词嵌入的有效方法。word2vec 算法最初是在文献 [16] 中提出的，之后，许多研究投入到开发越来越有效的方法来生成词嵌入，于是产生了 GloVe[138]、Swivel[164] 和 fastText[23] 等算法。这些算法类型表示的一个严重缺点与词汇表外（Out-Of-Vocabulary，OOV）的单词相关，即那些不在训练语料库中的单词没有相关嵌入。通常，像 fastText 这样的方法通过回溯到基于字符的表示来解决 OOV 问题，因为基于字符的表示可以组合起来学习 OOV 单词的嵌入。另一个严重的缺点是，上述算法生成了静态的、与上下文无关的嵌入。也就是说，无论这个词出现在哪个句子中，它的嵌入都是一样的。例如，"jaguar"无论是作为一个动物还是汽车品牌，它的词嵌入都是一样的。此外，它们忽略了多词表达、多单词法和词义信息，而这些信息对处理多义词和同义词可能是有用的。

为了克服这些限制，业界提出了新一代的算法，包括像 ELMo[139]，ULMFiT[81]，Open AI GPT[146] 或 BERT[44] 这样的很多其他系统。这种算法依赖于不同粒度的单词成分，并使用语言模型作为学习目标，来生成上下文词嵌入。自从语言模型出现以来，语言模型一直在不断地改进大多数 NLP 基准测试的技术水平。在本章中，我们将描述通过神经语言模型生成上下文词嵌入的主要方法。在此过程中，我们还将描述如何将语言模型的迁移学习应用到自然语言处理中。

3.2 语言模型

语言模型是一种概率模型，它预测一个单词序列在给定语言中出现的可能性。一个成功的语言模型估计了单词序列上的分布，不仅对语法结构进行编码，还对训练语料库可能包含的知识进行编码[87]。事实上，如果语法正确的句子在语料库中不太可能出现，那么它们出现的概率就很低。例如，赋予序列"fast car"比"rapid car"更高概率的语言模型可能有助于机器翻译。

语言模型已被应用于语音识别[119]和机器翻译[182]，最近还被应用于各种自然语言处理任务，如文本分类、问题回答或命名实体识别[44, 81, 146, 147]。如今，语言模型在通用语言理解评估 GLUE[186] 中的几个工作[149] 和 super GLUE 的扩展版本[185] 中都在推动着最新的发展。

接下来，我们将介绍参考书目中讨论的主要语言模型类型的定义：统计语言模型和神经语言模型。

3.2.1 统计语言模型

一个语言统计模型使用链式规则来计算单词序列的联合概率：

$$p(x_1, \cdots, x_n) = \prod_{i=1}^{n} p(x_i|x_1, \cdots, x_{i-1}) \tag{3.1}$$

然而，离散随机变量（如句子中单词）的联合分布建模受到维度诅咒的影响[21]。例如，要使用大小为 100 000 的词汇表计算三个连续单词的联合分布，大约有 100 000^3 个自由参数。为了简化联合概率的计算，采用马尔可夫假设可以将条件概率限定在 n 个前词窗口上。

$$p(x_1, \cdots, x_n) \approx \prod_{i=1}^{n} p(x_i|x_{i-k}, \cdots, x_{i-1}) \tag{3.2}$$

统计语言模型实现计算式（3.2），这种方法使用了基于 n-gram 的计数方法和平滑技术，以避免在语料库中没有表示的 n-gram 的条件概率为零。

3.2.2 神经语言模型

学习神经语言模型 [21] 是一项无监督的任务。在该任务中，模型被训练为给定之前的一些单词预测序列中的下一个单词，也就是说，该模型计算词汇表中每个单词成为序列中下一个单词的概率。神经语言模型在文献 [81，ULMFiT] 和文献 [139，ELMo] 中被实现为前馈网络 [21] 和 LSTM 架构。然而，包括 LSTM 在内的递归网络本质上是顺序的，这妨碍了训练数据的并行化，在更长的序列长度下，内存约束限制了样本的批处理，而并行化才是我们所期望的特性 [182]。因此，在文献 [146，Open AI GPT] 和文献 [44，BERT] 中，LSTM 被 Transformer 架构 [182] 所取代，这种结构不是递归的，而是依靠自注意力机制来提取输入和输出序列之间的全局依赖关系。

神经语言模型通常从高质量、语法正确且有组织的文本语料库中学习，如 Wikipedia（ULMFiT）、BookCorpus（Open AI GPT）、Wikipedia 和 BookCorpus（BERT）的组合或 News（ELMo）。为了克服 OOV 问题，这些方法使用基于字符（ELMo）、字节对编码 [160]（GPT）和字块 [159]（BERT）的不同表示。

3.3 NLP 迁移学习的预训练模型微调

使用迁移学习的主要目的 [136] 是利用之前通过训练另一个任务而获得的知识，避免从零开始构建特定任务的模型。虽然词嵌入是从大型语料库中学习的，但它们在神经网络模型中用于解决特定任务的应用仅限于输入层。因此，在实践中，一个特定于任务的神经网络模型几乎是从零开始构建的，因为其余的模型参数（通常是随机初始化的）需要针对手头的任务进行优化，这需要大量的数据来生成一个高性能的模型。

在 NLP 中迁移学习的一个进步是 ELMo 的上下文表示 [139]，通过调整模型内部表示的线性组合，它可以针对领域数据进行微调。然而，仍然需要特定的架构来解决不同的任务。最近，基于 Transformer 架构来学习语言模型的研究 [44, 146] 表明，将内部自注意力模块和浅层前馈网络相结合，足以提高不同评估任务的技术水平，而不再需要特定于任务的架构。

最近，现有的神经语言模型数量激增，可供选择的种类繁多。在这里，我们提供了 ELMo、GPT 和 BERT 的概述，它们在语言模型的历史和对自然语言处理的影响中具有特别重要的里程碑意义。

3.3.1 ELMo

ELMo[139]（来自语言模型的嵌入）将上下文词嵌入作为整个输入句子的一个函数来

学习。上下文嵌入支持处理传统词嵌入方法所不支持的特性（例如一词多义）。ELMo
训练了一个带有字符卷积的双层 BiLSTM，以便从大型文本语料库中学习双向语言模
型。然后，作为 BiLSTM 隐含状态的线性函数，深度语境化的词嵌入开始出现。

双向语言模型实际上是两种语言模型：一个前向语言模型，处理输入句子并预测下
一个单词；另一个是后向语言模型，反向运行输入序列，在给定未来标记的情况下预
测前一个标记。

通过将所有内部分层折叠成一个向量，可以在下游模型中使用 ELMo 嵌入。还可
以在下游任务中对模型进行微调，计算所有内部分层中特定任务的权重。

3.3.2　GPT

生成式预训练的 Transformer（Generative Pre-trained Transformer，GPT）[146]，以
及后续的 GPT-2（在更大的语料集上训练），是一种神经网络语言模型，通过对输入应
用任务依赖的转换，只需对模型架构进行最小的更改，就可以针对特定任务进行微调。
GPT 首先在无监督阶段进行预训练，在大型文本语料库上使用多层 Transformer 的解码
器来学习语言模型[107]。然后，在监督阶段，对模型进行微调，调整参数以适应目标任
务。GPT 从左到右处理文本序列，因此每个标记只能处理自注意力层中的前一个标记。
与使用特定于任务的架构相比，针对不同的评估任务对 GPT 进行微调可以获得更好的
结果，这表明不再需要使用特定于任务的架构。

在有监督的微调过程中，可以在 Transformer 的顶部添加一个线性层来学习一个分
类器。因此，假设任务数据集是一系列带有标签的输入标记。唯一的新参数是线性层
参数，而 Transformer 的参数只是调整。对于文本分类以外的任务，输入被转换为一个
有序的序列，以方便预训练模型的处理。

在成功应用于各种自然语言处理任务（如机器翻译和文档生成）之后，作者选择了
Transformer 架构。Transformer 架构另一个有趣的特性是它们的结构化内存，结构化的
内存允许在文本中处理长期依赖关系，而处理长期依赖关系对于像 LSTM 这样的递归
网络是有问题的。此外，因为 Transformer 不是像递归网络那样的顺序模型，所以支持
并行处理。为了学习语言模型，GPT 使用了一个多层 Transformer 的编码器，编码器在
输入标记上应用了多头自注意力机制，加上位置感知的前馈层，以产生目标标记上的
输出分布。

3.3.3　BERT

BERT[44]（来自 Transformer 的双向编码器表示）是一种神经语言模型，与 GPT 类

似，可以针对某个任务进行微调，而不需要特定于任务的架构。然而，在处理输入文本的方式、神经网络结构的本身以及用于预训练模型的学习目标方面，BERT 采用的方法是不同的。以前的语言模型的一个缺点是它们是单向的，将文本的处理限制在一个方向上，通常是从左到右。BERT 的目的是通过在各个层次上对左右上下文进行联合条件化来学习深层的双向表示。

为了学习双向表示，BERT 使用了一个掩码语言模型的目标，其中一些输入标记被随机掩码，其目标是仅依靠上下文来预测掩码词的原始词汇 id。掩码语言模型允许联合处理左右上下文。BERT 还有面向下一个句子的预测学习目标，使模型能够支持处理成对语句的任务。

BERT 模型的架构是一个多层双向 Transformer 的编码器。输入表示支持单个句子或句子对，例如蕴涵任务中的句子。BERT 使用单词块嵌入 [159] 和一个 30K 标记的词汇表。每个序列的第一个标记是特殊标记 [CLS]，表示分类。最终对应于 CLS 标记的嵌入被用作分类任务的句子表示。使用特殊标记 [SEP] 作为分隔符，将句子对连接在一个句子中。此外，一个学习后的嵌入被添加到每一个标记表示它所属的句子。因此，标记表示是记号、句子和位置嵌入的加法。

3.4　机器人检测中预训练语言模型的微调

在文献 [63] 中，我们提出了一个实验性的研究，使用词嵌入作为 CNN 架构和 BiLSTM 的输入来处理机器人检测任务，并将这些结果与预训练微调语言模型进行了比较。检测机器人可以作为一个二元分类任务，我们只关注推特的文本内容，而不考虑可能从推特中提取的其他特征，例如，一个账户的社交网络、用户元数据、基于关注者和跟随者关系的网络特性，以及发布推文和回复推文的活动。

数据集

为了生成由机器人或人类产生的推特数据集，我们依赖于 Gilani 等人生成的现有的机器人和人类账号数据集 [65]。进而我们创建一个平衡的数据集，包含了根据账号标签标记为机器人或人类的推特数据。我们的数据集总共包含 50 万条推文，其中 279 495 条推文是由 1208 个人类账户创建的，而 220 505 条推文是由 722 个机器人账户创建的。此外，我们使用 GloVe 团队发布的脚本对数据集进行预处理后，生成了数据集的另一个版本。这个脚本用相应的标签替换 URL、数字、用户的提及、哈希标签以及对应标签的一些 ASCII 表情符号。

对数据集的分析显示，机器人往往比人类更多产，因为每个账户平均有 305 条推文，而人类推特账户的平均发帖水平是 231 条。此外，相比人类（URL 和标签分别为 0.5781 和 0.2887），机器人在每条推特上往往使用更多的 URL（0.8313）和标签（0.4745）。这表明，机器人的目标是最大化可见性（哈希标签），并将流量重定向到其他来源（URL）。最后，我们发现机器人比人类更倾向于表现出以自我为中心的行为，因为它们在推文中提到其他用户的频率（每条推文中提到 0.4371 个用户）低于人类（每条推文中提到 0.5781 个用户）。

嵌入

为了训练分类器，我们使用了预训练嵌入和上下文嵌入的混合，并且允许神经网络在学习过程中调整嵌入。

预训练嵌入

我们使用预训练嵌入来训练分类器，而不是从零开始。我们使用从推特自身学习到的预训练嵌入，使用俚语词典的定义来适应在社交网络中经常使用的非正式词汇，把 Common Crawl 作为信息的一般来源：

- glove.twitter[⊖]：使用 GloVe 从推特生成 200 个维度嵌入（27B 个标记，120 万个词汇表）[138]。

- word2vec.urban：使用 word2vec 从俚语词典的定义中（56.8 万个词汇表）生成 100 个维度嵌入[117]。

- fastText.crawl[⊖]：使用 fastText 通过 Common Crawl 生成 300 个维度嵌入（600B 个标记，1.9 万个词汇表）[118]。

上下文嵌入

除了预训练的静态嵌入，我们使用 ELMo 来生成动态的嵌入信息。ELMo 嵌入是从我们的数据集生成的，但在此过程中，可训练参数（线性组合权重）均未被修改。鉴于这种嵌入的高维度（dim=1024）以及防止内存错误，我们将把分类器中使用的序列大小减小到 50。

学习和预训练嵌入

改进分类器的另一个选择是允许神经网络结构在学习过程中动态调整全部嵌入或部分嵌入。为此，我们生成了 300 个维度的随机初始化嵌入，并将它们设置为可训练的。此外，我们将这些随机、可训练嵌入连接到预训练嵌入和 ELMo 的嵌入中，这些

⊖　https://nlp.stanford.edu/projects/glove/。
⊖　https://fasttext.cc/docs/en/english-vectors.html。

嵌入在学习过程中没有被修改。在这一轮的实验中，我们总是使用预处理，因为在前几节中，这个选项总是能够改进结果。

特定于任务的神经网络架构

我们使用卷积神经网络和双向长短程记忆网络来训练文本二进制分类器。

卷积神经网络

对于机器人检测任务，我们使用卷积神经网络（Convolutional Neural Networks，CNN）。这里受到了一些工作的启发，首先 Kim 的工作[96]，Kim 展示了该架构如何在几个句子分类任务中取得良好的效果。其他报告如文献 [197] 在自然语言处理任务中也取得了同样好的效果。我们的架构使用了 3 个卷积层和 1 个全连接层。每个卷积层有 128 个大小为 5 的过滤器，使用 ReLu 作为激活函数，每层使用最大池化。全连接层使用 softmax 作为激活函数来预测每条消息是由机器人还是人类编写的概率。本书后面呈现的所有实验均使用词汇表大小为 2 万标记、序列大小为 200、学习率为 0.001、5 个训练周期、128 的批处理大小、静态嵌入（除非另有说明）和 10 倍交叉验证。

首先，我们使用预训练嵌入在数据集上训练 CNN 分类器，并将它们与随机生成的嵌入进行比较。此外，我们使用在学习 GloVe 推特嵌入时使用的预处理脚本对数据集进行预处理。

双向长短程记忆网络（BiLSTM）

除了 CNN，我们还测试了长短程记忆（Long Short-Term Memory，LSTM）网络[79]，这是一种经常用于 NLP 任务的神经网络结构[197]。LSTM 网络是能够学习长期依赖关系的序列网络。在我们的实验中，使用了双向 LSTM，它通过前向和后向的文本序列处理来学习模型。该 BiLSTM 的架构包括了嵌入层、50 个处理单元的 BiLSTM 层以及一个全连接层，它使用 softmax 作为激活函数来预测每条消息是由机器人还是人类编写的概率。其余的超参数设置与我们在 CNN 实验中使用的值相同。

预训练的语言模型

我们对以下语言模型进行了微调来完成机器人检测的分类任务：ULMFit，Open AI GPT$^\ominus$，BERT$^\ominus$。在所有情况下，我们使用缺省超参数：

- BERT base：3 个周期，批处理大小为 32，学习率为 2e-5。
- Open AI GPT：3 个周期，批处理大小为 8，学习率为 6.25e-5。

$\ominus$　https://github.com/tingkai-zhang/pytorch-openai-transformer_clas。

$\ominus$　https://github.com/google-research/bert#fine-tuning-with-bert。

- ULMFiT：语言模型的微调为 2 个周期，分类器为 3 个周期，批处理大小为 32，学习速率可变。

在本章的最后，我们将展示一个 Jupyter Notebook，在那里我们将对 BERT 微调以完成机器人检测任务。

3.4.1　实验结果与讨论

评估的结果如下图（图 3.1）所示。微调的语言模型总体上可以比训练特定的神经网络结构产出更好的结果，这些神经网络结构的混合包括：（1）预训练的上下文词嵌入（ELMo），（2）从 Common Crawl（fastText）、推特（GloVe）、俚语词典（word2vec）中学习的预训练的上下文无关的词嵌入，以及在学习过程中通过神经网络优化的嵌入。

对非预处理数据集进行 GPT 微调，是根据 f 度量得到的最佳分类器学习方式，其次是 BERT。对于这两种方法，尽管总体上这些分类器比所有其他测试的方法更好，但是预处理数据集学习分类器的 f 分数较低。ULMFit[81] 是另一种预训练语言模型的方法，通过对数据集进行预处理，是 GPT 和 BERT 之后的最佳分类器学习方式。

第二个是从预处理数据集学习到的 BiLSTM 分类器，该分类器使用了训练过程中动态调整的嵌入和由 ELMo 生成的上下文嵌入。这个分类器的另一个版本使用了来自 Common Crawl 的 fastText 嵌入，其效果稍微差一些。基于 CNN 的分类器的效果总体较低。与 BiLSTM 相似，最好的分类器是通过可训练嵌入和 ELMo 嵌入来学习的。添加其他预训练嵌入并没有提高效果。一般来说，预训练嵌入和它们的组合产生了性能最差的分类器。当预训练嵌入与可训练嵌入或上下文词嵌入一起使用时，效果会得到改善。下一节将介绍一种微调这些语言模型的实用方法。在本例中是 BERT，使用了当前可用的工具库。

3.4.2　使用 Transformer 库对 BERT 进行微调

微调 BERT 只需要加入一个额外的输出层。因此，需要从零开始学习最小数量的参数。为了对序列分类任务的 BERT 进行微调，CLS 标记的 Transformer 输出被用作序列的表示，并连接到预测分类标签的单层前馈网络（feed-forward network）。所有的 BERT 参数和前馈网络共同进行微调，使正确标签的对数概率最大化。

3.4.2.1　Transformer 的库

我们用的是 Huggingface 的 Transformer 库⊖。这个库用 100 多种语言提供了超过 32

⊖　Huggingface Transformer 的库：https://github.com/huggingface/transformers。

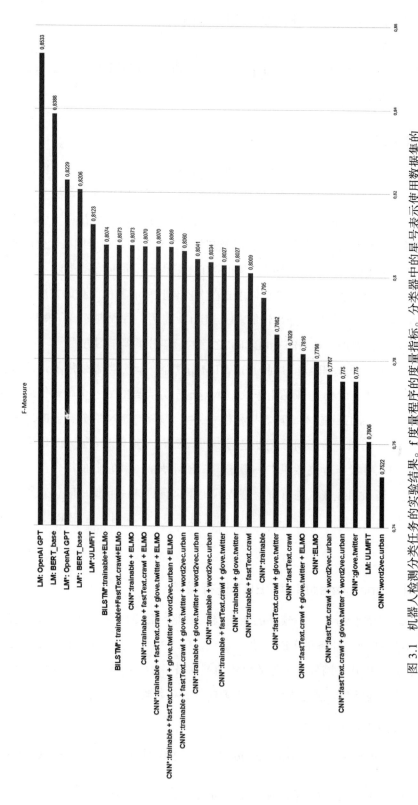

图 3.1 机器人检测分类任务的实验结果。f 度量框序的度量指标。分类器中的星号表示使用数据集的
预处理版本来本来学习或微调分类器。LM 代表语言模型

种预训练的语言模型，包括 BERT、GPT-2、RoBERTa、XLM、DistilBert 和 XLNet。另外，这个库可以与 Tensor-Flow 和 PyTorch 互操作。

```
In [1]: !pip install transformers
```

3.4.2.2　下载数据集

在 Jupyter Notebook 中，我们提供了数据集的完整版本（大数据集）和精简版本（小数据集），以便能够在一定时间内运行完这个 Jupyter Notebook 的代码，因为基于大数据集对 BERT 进行微调需要在标准 GPU 上花费超过 5 小时的时间。

- 大数据集：500K 训练数据和 100K 测试的推文标注数据，位于：./09_BERT/ Large_Dataset/
- 小数据集：1K 训练数据和 100 条测试的推文标注数据，位于：./09_BERT/ Small_Dataset/

让我们从 Google Drive 下载数据集和模型，然后解压该文件。

```
In [16]: !wget --load-cookies /tmp/cookies.txt
"https://docs.google.com/uc?export=download&confirm=$(
wget --quiet --save-cookies /tmp/cookies.txt
--keep-session-cookies --no-check-certificate
'https://docs.google.com/uc?export=download&id=12Hn0uGUHLjR2VDAV
-uWysBMJmaUjHasA' -O-| sed -rn
's/.*confirm=([0-9A-Za-z_]+).*/\1\n/p')
&id=12Hn0uGUHLjR2VDAV-uWysBMJmaUjHasA" -O BERT.tar
&& rm -rf /tmp/cookies.txt
```

环境变量 DATA_DIR 保存了数据集的路径，该路径将被用于 Jupyter Notebook 的其余部分。读者可以选择大数据集版本或小数据集版本。

```
In [20]: %env DATA_DIR=./09_BERT/Small_Dataset/

#Uncomment this line to use the large version
#%env DATA_DIR=./09_BERT/Large_Dataset/
```

数据集是 Transformer 库所需要的 tsv 格式。我们可以使用 pandas 库来加载数据和可视化数据集的节选：

```
In [21]: import os
import pandas as pd

test = pd.read_csv(os.environ["DATA_DIR"] + "dev.tsv", header=None, sep = '\t')
data = pd.DataFrame(test)
data.columns = ["index", "label", "mark", "tweet"]
%data

Out[21]: index  label mark tweet
      0       0    1    a  Now Playing: Dick...
      1       1    0    a  Not only are you co...
      2       2    1    a  Follow @iAmMySign !...
      3       3    0    a  These strawberry sa...
      4       4    0    a  Do These Two Lines ...
      ..     ...  ...  ...  ...
```

```
95    95    0    a   I'm sorry you hurt ...
96    96    1    a   #HometimeReading: ...
97    97    1    a   Miss_5_Thousand :...
98    98    0    a   A bunch of associat...
99    99    1    a     Chokehold - Under

[100 rows x 4 columns]
```

3.4.2.3　BERT 的标记化

最新的神经网络语言模型使用子词表示。ELMO 依赖于字符，Open AI GPT 依赖于字节对的编码，BERT 依赖于词块算法。**当训练中不可见的单词需要被处理时，这些子词表示被组合起来，因此避免了 OOV 的问题**。

BERT 使用了一个 30k 的 WordPieces 词汇表。让我们继续看看 BERT 标记器是如何工作的

```
In [6]: from transformers import *

tokenizer = BertTokenizer.from_pre-trained('bert-base-uncased')
text = input("Enter a word or a sentence: ")
print(tokenizer.tokenize(text))
print(tokenizer.encode(text))

Out[6]: Enter a word or a sentence:
Recent neural languages models use subword representations.
['recent', 'neural', 'languages', 'models', 'use', 'sub',
'##word', 'representations', '.']
[3522, 15756, 4155, 4275, 2224, 4942, 18351, 15066, 1012]
```

3.4.2.4　模型微调

运行以下脚本，可以对模型进行微调和评估。在评估时，将测试集上推文的分类保存在"predictions.txt"文件中，我们稍后会用到。

脚本的相关参数有：

- model type：模型类型，我们在本例中将要使用的模型类型是 BERT。
- model name 或 path：模型名称或者存储特定模型的路径。
- task name：任务名称，我们要执行的任务，在本例中是 CoLA，因为我们要进行分类。
- output dir：输出目录，存储优化模型的目录

读者可以尝试更改参数，看看这些参数是如何影响效果的。即使我们减小了数据集的大小，这个过程仍然很慢。当前配置中的预期持续时间大约是 1 分钟。

```
In [9]: !python /content/gdrive/My\ Drive/09_BERT/run_glue.py \
            --model_type bert \
            --model_name_or_path bert-base-uncased \
            --task_name CoLA \
            --do_train \
```

```
            --do_eval \
            --do_lower_case \
            --data_dir "$DATA_DIR" \
            --max_seq_length 128 \
            --per_gpu_eval_batch_size=8   \
            --per_gpu_train_batch_size=8   \
            --learning_rate 2e-5 \
            --num_train_epochs 1.0 \
            --save_steps 62500 \
            --overwrite_output_dir \
            --output_dir  ./Bert_Classifier/
```

　　二值分类器的评估使用的是 MCC 评分。这个评分衡量的是算法在正面和负面预测上的准确性。MCC 的取值范围从 –1 到 1，随机情况为 0，–1 为最坏值，1 为最优值。对于小数据集，预期的 MCC 是 0.24。另一方面，如果在更大的数据集上训练，MCC 将增加到 0.70 左右。

3.4.2.5　其他评估指标

　　让我们计算微调模型的传统评估指标（准确度、精确度、召回率和 f 度量），看看它在测试集上的表现如何。

```
In [10]: import numpy as np
from sklearn.metrics import classification_report
from sklearn.metrics import accuracy_score
from sklearn.metrics import matthews_corrcoef

preds = np.loadtxt("./Bert_Classifier/predictions.txt")
test = pd.read_csv(os.environ["DATA_DIR"] + "dev.tsv",
         header=None, sep = '\t')

print(classification_report(np.asarray(test[1]), preds))
print("Accuracy: ", accuracy_score(np.asarray(test[1]), preds))
print("MCC: ", matthews_corrcoef(test[1], preds))

Out[10]:
              precision    recall  f1-score   support

         0       0.63      0.70      0.67        54
         1       0.60      0.52      0.56        46

  accuracy                           0.62       100
 macro avg       0.62      0.61      0.61       100
weighted avg       0.62      0.62      0.62       100

Accuracy:  0.62
MCC:  0.22935415401872886
```

　　读者应该会看到 62% 的准确率（Accuracy）和 62% 的 f1 分数。考虑到 Jupyter Notebook 中使用的数据集的大小，这是一个很好的结果。基于完整数据集进行微调的完整模型可以得到以下的指标：

```
 - Accuracy = 0.85
 - Recall = 0.85
 - Precision = 0.86
 - Recall = 0.85
```

3.4.2.6 模型推理

我们使用测试集的一些随机样例，并使用模型来预测推文是否是由机器人生成的。

```
In [11]: # Let's use some tweets from the test dataset
os.mkdir("./Test_Dataset/")

test_evaluate = test[:4]
print(test_evaluate)
test_evaluate.to_csv("./Test_Dataset/dev.tsv", sep='\t',
                index=False, header=False)

Out[11]:
   0  1  2                                                        3
0  0  1  a  Now Playing:Dick Curless - Evil Hearted Me ...
1  1  0  a  Not only are you comfortably swaddled in secur...
2  2  1  a  Follow @iAmMySign !!!  Follow @iAmMySign our o...
3  3  0  a  These strawberry sandwich cookies are so easy ...
```

为了对更大的模型执行推理，我们提供了一个已经训练好的版本，将模型名称或路径中的参数从 Bert_Classifier_small 更改为 Bert_Classifier_Large 即可使用该版本。

```
In [12]: %env MODEL_PATH=./Bert_Classifier/

         #Uncomment to use the large mode
         #%env MODEL_PATH=./09_BERT/Bert_Classifier_Large/

         !python /content/gdrive/My\ Drive/09_BERT/run_glue.py \
         --model_type bert \
         --model_name_or_path "$MODEL_PATH" \
         --task_name CoLA \
         --do_eval \
         --do_lower_case \
         --data_dir ./Test_Dataset/ \
         --max_seq_length 128 \
         --per_gpu_eval_batch_size=8    \
         --per_gpu_train_batch_size=8    \
         --learning_rate 2e-5 \
         --num_train_epochs 1.0 \
         --save_steps 62500 \
         --output_dir   "$MODEL_PATH"

Out[12]:
...
./Test_Dataset/cached_dev_Bert_Classifier_Large_128_cola
... - INFO - __main__ -   ***** Running evaluation  *****
... - INFO - __main__ -      Num examples = 4
... - INFO - __main__ -      Batch size = 8
Evaluating: 100% 1/1 [00:00<00:00, 11.38it/s]
... - INFO - __main__ -   ***** Eval results *****
... - INFO - __main__ -      mcc = 1.0
```

检查模型对样本示例的分类是否准确:

```
In [14]: import os

         results = np.loadtxt(os.environ['MODEL_PATH'] +
                          "predictions.txt")
         for i,t in enumerate(test_evaluate[3]):
         print(t + " --> ", "BOT" if results[i]> 0.5
                            else "NOT BOT")
```

```
Out[12]:
Now Playing:  Dick Curless - Evil Hearted ...-->  BOT
Not only are you comfortably swaddled in ... -->  NOT BOT
Follow @iAmMySign !!!  Follow @iAmMySign ... -->  BOT
These strawberry sandwich cookies are so ... -->  NOT BOT
```

3.5　本章小结

在本章中，我们看到，基于大型语料库训练的神经网络语言模型优于传统的自然语言处理任务中预训练词嵌入。语言模型引入了一个重大的转变：在神经网络中使用词嵌入。在此之前，人们在特定任务模型的输入中使用了预训练嵌入，这些嵌入是从零开始训练的，需要大量带标签的数据才能获得良好的学习效果。而另一方面，语言模型只需要通过微调来调整它们的内部表达。这样做的主要好处是，与从零开始训练的任务模型相比，针对特定任务微调语言模型所需的数据量要小得多。在本书的其余部分，我们将利用这一观察，深入研究语言模型与结构化知识图谱在不同自然语言处理任务中的应用。在第 6 章中，我们将使用语言模型从带标注的语料库和 WordNet 图谱中推导出概念级的嵌入。在另一个不同的场景中，第 10 章将说明如何应用语言模型在语义上比较句子（作为事实查证断言的语义搜索引擎的一部分），并用它们建立一个知识图谱。

第 **4** 章

A Practical Guide to Hybrid Natural Language Processing: Combining Neural Models and Knowledge Graphs for NLP

从文本中捕获意义作为词嵌入

摘要：本章提供了一个从文本语料库学习词嵌入的上手操作指南。为了更便于上手操作，我们选择了 Swivel，它的扩展是 Vecsigrafo 算法的基础，Vecsigrafo 算法将在第 6 章中描述。正如第 2 章所介绍的，像 Swivel 这样的词嵌入算法不是上下文相关的，也就是说，它们不会为可能具有不同含义的多义词提供不同的表示。也正如我们将在本书后续章节中看到的，这个问题可以通过多种方式来解决。在本章中，我们主要讨论使用嵌入来表示单词的基本方法。

4.1　引言

在第 2 章中，我们介绍了生成词嵌入的主要方法和算法。在本章中，我们将说明如何使用特定的算法及其实现（Swivel[164]）从文本语料库中生成词嵌入。特别地，我们重用了包含在 TensorFlow 模型仓库中的 Swivel 实现，只做了一些小修改。与本章相对应的完整可执行 Jupyter Notebook 也可以在网上找到。

在本章中，我们将：

1）提供可执行代码的示例来下载示例语料库，作为学习嵌入的基础；

2）概述 Swivel 算法；

3）生成样本语料库的共现矩阵，这是 Swivel 的第一步；

4）基于共现矩阵学习嵌入；

5）阅读和检查学习到的嵌入。

最后，我们还留给读者一个练习，从一个稍微大一点的语料库学习嵌入。

4.2　下载一个小文本语料库

首先，把一个语料库下载到我们的环境中。我们将使用一个已经预先标记的 UMBC 语料库的小样本，它已经包含在我们的 GitHub 仓库[⊖]中。我们先克隆仓库，这样就可以在自己的环境中访问它。

```
In [ ]: %ls

In [ ]: !git clone https://github.com/hybridnlp/tutorial.git
```

数据集以 zip 文件的格式出现，因此我们通过执行下面的单元将其解压缩。我们还定义了一个指向语料库文件的变量：

```
In [ ]: !unzip tutorial/datasamples/umbc_t_5K.zip -d \
    tutorial/datasamples/
        input_corpus='tutorial/datasamples/umbc_t_5K'
```

读者可以使用 %less 命令检查文件，在屏幕底部打印整个输入文件，只打印几行的话会更快：

```
In [ ]: #%less {input_corpus}
        !head -n1 {input_corpus}
```

这将产生类似如下的输出：

```
Out [ ]: the mayan image collection was contributed by oberlin
    college faculty and library staff . professor linda grimm ,
    associate professor of anthropology and project coordinator
    at oberlin , explained the educational goals for this
    online project .
```

上面的输出表明输入文本已经被预处理。所有的单词都被转换为小写，标点符号也被从单词中分离出来。转换为小写可以避免将 the 和 The 认为是两个词，分离标点符号可以避免无效的单词标记，例如在上面例子中可能有 " staff."和 " grimm,"，否则，这些单词将会连同标点符号添加到我们的词汇表中。

4.3　一种学习词嵌入的算法

现在我们有了一个语料库，还需要一个用于学习嵌入的算法实现。目前已有各种各样的库和实现：

- word2vec 是由 Mikolov 提出的[⊜]一个系统，引入了许多现在已经比较常用的词

⊖　https://github.com/hybridnlp/tutorial。

⊜　https://pypi.org/project/word2vec。

嵌入学习技术。它通过滑动窗口直接从文本语料库中生成词嵌入，并尝试根据相邻的上下文单词预测目标词。

- GloVe[⊖]是由 Pennington、Socher 和 Manning 提出的一种替代算法。该方法将此过程分为两个步骤：（1）计算词 – 词共现矩阵；（2）从该矩阵中学习嵌入。
- fastText[⊜]是 Mikolov（现在就职于 Facebook）等人提出的更新的算法，它从多个方面扩展了最初的 word2vec 算法。其中，该算法考虑了子词信息。

在这个 Jupyter Notebook 中，我们将使用 Swivel，这是一个类似于 GloVe 的算法，这使得它更容易兼顾单词和概念（我们将在第 6 章中讨论）。与 GloVe 一样，Swivel 首先从文本语料中提取一个词 – 词共现矩阵，然后使用该矩阵学习嵌入。

在谷歌的 Colaboratory 上运行时，官方的 Swivel 实现存在一些问题。因此，我们包含了一个稍加修改的版本，读者可以在 GitHub 仓库中找到它。

```
In [ ]: %ls tutorial/scripts/swivel/
```

4.4　使用 Swivel `prep` 生成共现矩阵

我们调用 Swivel 的 `prep` 命令来计算单词的共现矩阵。我们使用 `%run` 魔法命令，它将命名的 Python 文件作为程序运行，允许我们像使用命令行终端一样传递参数。

因为语料库非常小，我们将分片大小（`shard_size`）设置为 512。对于较大的语料库，我们可以使用标准值 4096。

```
In [ ]: coocs_path = 'umbc/coocs/t_5K/'
        shard_size = 512
        !python tutorial/scripts/swivel/prep.py \
          --input="tutorial/datasamples/umbc_t_5K" \
          --output_dir="umbc/coocs/t_5K/" \
          --shard_size=512
```

预期输出为：

```
... tensorflow parameters ...
vocabulary contains 5120 tokens

writing shard 100/100
done!
```

首先，算法确定了词汇表 V，这是生成嵌入的单词列表。由于语料库很小，词汇表也很小，只有大约 5000 个单词（大型语料库可以产生数以百万计的词汇）。

共现矩阵是 $|V| \times |V|$ 个元素的稀疏矩阵。Swivel 使用分片创建子矩阵 $|S| \times |S|$，其

⊖　https://github.com/stanfordnlp/GloVe。
⊜　https://fasttext.cc。

中 *S* 是上面指定的分片大小。在本例中，我们有 100 个子矩阵。

所有这些信息都存储在我们上面指定的输出文件夹中。它有 100 个文件，每个分片（子矩阵）对应一个文件，还有一些额外的文件：

```
In [ ]: %ls {coocs_path} | head -n 10
```

prep 步骤执行了以下操作：

1）它使用基本的空格标记化来获得标记序列。

2）在第一次遍历语料库时，对所有标记进行计数，只保留语料库中出现频率最小（5）的标记。然后它保持为 shard_size 的倍数。标记的数量与词汇表的大小一致为 $v = |V|$。

3）在第二次遍历语料库时，它使用一个滑动窗口来计算被关注的标记和上下文标记之间的共现次数（类似于 word2vec）。结果是一个大小为 $v \times v$ 的稀疏共现矩阵，为了便于存储和操作，Swivel 使用分片将共现矩阵分解为大小为 $s \times s$ 的子矩阵，其中 *s* 为 shard_size。分片共现子矩阵存储为 protobuf 文件。

4.5 从共现矩阵中学习嵌入

有了分片后的共现矩阵，现在可以来学习嵌入了。输入是具有共现矩阵的文件夹（带稀疏矩阵的 protobuf 文件）。submatrix_ 行和 submatrix_ 列需要与 prep 步骤中使用的 shard_size 相同。

```
In [ ]: vec_path = 'umbc/vec/t_5K/'
        !python tutorial/scripts/swivel/swivel.py \
           --input_base_path={coocs_path} \
           --output_base_path={vec_path} \
           --num_epochs=40 --dim=150 \
           --submatrix_rows={shard_size} \
           --submatrix_cols={shard_size}
```

这需要花费几分钟的时间，具体取决于不同的机器。结果为指定输出文件夹中的一个文件列表，包括模型的检查点，以及列和行嵌入的 tsv 文件。

```
In [ ]: %ls {vec_path}
```

上述输出文件夹中缺少的只有词汇表文件，而我们稍后将需要它，因此从共现矩阵文件夹中复制此文件。

```
In [ ]: %cp {coocs_path}/row_vocab.txt {vec_path}vocab.txt
```

将 tsv 文件转换为 bin 文件

tsv 文件很容易查看，但是它们占用了太多空间，加载速度很慢，因为我们需要将不同的数值都转换为浮点数，并将它们打包为向量。

Swivel 提供了一个实用程序，可以将 tsv 文件转换为二进制格式。同时，Swivel 将列和行嵌入合并到单个空间中（只是将词汇表中每个单词的两个向量简单地相加）。

```
In [ ]: !python tutorial/scripts/swivel/text2bin.py \
            --vocab={vec_path}vocab.txt \
            --output={vec_path}vecs.bin \
            {vec_path}row_embedding.tsv \
            {vec_path}col_embedding.tsv
```

这将把 vocab.txt 和 vecs.bin 添加到向量文件夹中，读者可以使用下面的命令来验证：

```
In [ ]: %ls -lah {vec_path}
```

4.6　读取并检查存储的二进制嵌入

Swivel 提供了实现基本 Vecs 类的 vecs 库。对于向量的二进制序列化（vecs.bin），它接受一个 vocab_file 和一个文件作为参数。

```
In [ ]: from tutorial.scripts.swivel import vecs
```

假设读者到目前为止已经根据指导成功地生成了嵌入，我们可以加载已有的向量。需要注意的是，由于在训练步骤中对权重的随机初始化，读者得到的结果可能与下面的结果有所不同。

```
In [ ]:
    #uncomment next lines if you did not manage to train embedding above
    #!tar -xzf tutorial/datasamples/umbc_swivel_vec_t_5K.tar.gz -C /
    #vec_path = umbc/vec/t_5K/
    vectors = vecs.Vecs(vec_path + 'vocab.txt',
                vec_path + 'vecs.bin')
```

我们已经扩展了 swivel.vecs.Vecs 的标准实现，包含了 k_neighbors 方法。k_neighbors 方法接受一个单词字符串和一个可选的参数 k，k 的默认值为 10。它返回带有以下字段的 Python 字典列表：

- word：词汇表中邻近输入单词的一个单词
- cosim：输入单词和邻近单词之间的余弦相似度

将结果显示为 pandas 表更加直观：

```
In [ ]: import pandas as pd
        pd.DataFrame(vectors.k_neighbors('california'))

In [ ]: pd.DataFrame(vectors.k_neighbors('knowledge'))

In [ ]: pd.DataFrame(vectors.k_neighbors('semantic'))

In [ ]: pd.DataFrame(vectors.k_neighbors('conference'))
```

对于单词 california 和 conference，上面的执行单元应该显示与表 4.1 相似的结果。

表 4.1　california 和 conference 两个单词的 *K* 个最近邻居

余弦相似度	单　　词	余弦相似度	单　　词
1.000	california	1.0000	conference
0.5060	university	0.4320	international
0.4239	berkeley	0.4063	secretariat
0.4103	barbara	0.3857	jcdl
0.3941	santa	0.3798	annual
0.3899	southern	0.3708	conferences
0.3673	uc	0.3705	forum
0.3542	johns	0.3629	presentations
0.3396	indiana	0.3601	workshop
0.3388	melvy	0.3580	...

复合词

需要注意的是，该词汇表中只有单个单词的表达，即不存在复合词：

```
In [ ]: pd.DataFrame(vectors.k_neighbors('semantic web'))
```

解决这个问题的一种常见方法是使用两个单独单词的平均向量，当然，这也只适用于两个单词都在词汇表中的情况：

```
In [ ]: semantic_vec = vectors.lookup('semantic')
        web_vec = vectors.lookup('web')
        semweb_vec = (semantic_vec + web_vec)/2
        pd.DataFrame(vectors.k_neighbors(semweb_vec))
```

4.7　练习：从古腾堡工程中创建词嵌入

4.7.1　下载语料库并进行预处理

读者可以尝试使用一个小型的古腾堡（Gutenberg）语料库生成新的嵌入。古腾堡语料库是作为 NLTK 库的一部分来提供的，它包括一些公共领域的著作，作为古腾堡工程[⊖]的一部分。

⊖　https：//www.gutenberg.org。

首先，下载数据集到我们的环境：

```
In [ ]: import os
        import nltk
        nltk.download('gutenberg')
        %ls '/root/nltk_data/corpora/gutenberg/'
```

可以看到，语料库由各种书籍组成，每个文件一本书。大多数 word2vec 实现都需要将语料库作为单个文本文件传递。我们可以使用一些命令来执行此操作。这些命令将文件夹中的所有 txt 文件连接成一个 all.txt 文件。我们稍后会用到这个 all. txt 文件。

有一些文件使用了 iso-8859-1 或二进制编码进行编码，这会给以后带来麻烦，因此，我们对它们进行了重命名，避免将它们包含到我们的语料库中。

```
In [ ]: %cd /root/nltk_data/corpora/gutenberg/
        # avoid including books with incorrect encoding
        !mv chesterton-ball.txt chesterton-ball.badenc-txt
        !mv milton-paradise.txt milton-paradise.badenc-txt
        !mv shakespeare-caesar.txt shakespeare-caesar.badenc-txt
        # now concatenate all other files into 'all.txt'
        !cat *.txt >> all.txt
        # print result
        %ls -lah '/root/nltk_data/corpora/gutenberg/all.txt'
        # go back to standard folder
        %%cd /content/
```

完整的数据集大约有 11MB。

4.7.2 学习嵌入

运行上面描述的步骤为古腾堡数据集生成嵌入。

4.7.3 检查嵌入

用类似于上面所示的方法来感受生成的嵌入是否捕获了单词之间有趣的关系。

4.8 本章小结

遵循本章的说明（或在随附的 Jupyter Notebook 中执行），读者应该能够对任何文本语料库应用 Swivel 来学习词嵌入，甚至还能够加载嵌入并探索所学习到的向量空间。在本章所述探索的基础上，读者将看到，学习到的嵌入似乎捕获了单词的一些语义相似性概念。在接下来的章节中，读者将会学习如何从知识图谱中学习嵌入，以及如何修改 Swivel 来不仅学习词嵌入，还学习与单个单词相关的概念嵌入。在第 7 章中，读者会学到更多原则性的方法来衡量所学嵌入的好坏程度。

捕获知识图谱嵌入

摘要：本章关注知识图谱嵌入，这是一种为知识图谱中作为主要节点的概念和名称以及它们之间的关系生成嵌入的方法。这种方法产生的嵌入旨在捕获编码在图结构中的知识，即节点之间是如何相互关联的。这种技术允许将图中的符号表示转换为一种简化操作的格式，而不改变图的固有结构。业界已经提出了几种创建知识图谱嵌入的算法。在本章中，我们将简要概述其中一些最重要的模型以及实现它们的库和工具。最后，我们选择其中的一个方法（HolE），并且为基于 WordNet 学习嵌入提供实践指南。

5.1 引言

第 2 章已经全面概述了知识图谱嵌入算法的不同家族。在本章，我们着重提供一个实践教程，让读者更多地了解知识图谱嵌入在实践中的情况，以及如何应用具体的方法来学习这样的嵌入。我们首先快速回顾一些最流行的算法和实现它们的库。然后，在 5.3 节中，我们使用 HolE 的实现来学习 WordNet 的嵌入。本章包含了详细的步骤，帮助读者理解将 WordNet 图结构转换为 HolE（和许多其他知识图谱嵌入算法）所需结构的过程。在本章中，我们还将提供一些练习，让读者通过从其他众所周知的知识图谱中推导知识图谱嵌入，获得更多的实战经验。

5.2 知识图谱嵌入

词嵌入旨在基于非常大的语料库捕获单词的意义。然而，将知识构造成语义网、本体和图的尝试已经有几十年的经验和方法了。表 5.1 提供了神经网络和符号方法如何解决这些挑战的高层次综述。

表 5.1 通过神经网络和符号方法捕获意义的不同维度

维 度	神经网络方法	符号方法
表示	向量	符号（URI）
输入	大语料库	人工编辑（知识工程师）
可解释性	连接到模型和分割后的数据	需要模式理解
可对齐性	平行（标注）语料库	启发式和人工
可组合性	组合向量	合并图
可扩展性	固定的词汇、词块	节点互连
确定性	概率分布	精确
可调试性	修正训练数据	编辑图

近年来，人们提出了许多新的方法来推导现有知识图谱的神经网络表示。可以把这看作试图捕获编码在知识图谱中的知识，以便在深度学习模型中更容易地使用。

- TransE 试图为节点和关系分配嵌入，以便 $h+r$ 接近于 t，其中 h 和 t 是图中的节点，r 是一条边。在 RDF 世界中，这只是一个 RDF 三元组，其中 h 是主题，r 是属性，t 是三元组的对象。

- HolE 是 TransE 的变体，但使用不同的操作符（循环相关）来表示实体对。

- RDF2Vec 将 word2vec 应用于 RDF 图上（本质上是图中的路径或节点序列）的随机遍历。

- **图卷积**在图上应用卷积运算来学习嵌入。

- **神经信息传递**融合了关于知识图谱嵌入的两种代表性研究——循环方法和卷积方法。

如需了解更多信息，Nickel 等人[129]编写了一系列与知识图谱相关的机器学习模型，而 Nguyen[125]概述了用于知识库补全的实体和关系的嵌入模型。

一些有用的库可以训练许多现有的知识图谱嵌入（KGE）算法。接下来，我们列举一些在 Python 中最常用的库：

- Pykg2vec⊖是最完整的一个，它是基于 TensorFlow⊜编写的，允许训练各种各样的模型，如 NTN、TransE、RESCAL、ProjE、ConvE、ComplEx、DISTMULT 和 TuckER 等。

- PBG⊜（PyTorch Big Graph）是基于 PyTorch®编写的，它被设计用于扩展非常大的知识图谱，也可以利用分布式环境。这个库是非常高效的，能够实现非常

⊖ https://github.com/Sujit-O/pykg2vec。

⊜ https://github.com/tensorflow/tensorflow。

⊜ https://github.com/facebookresearch/PyTorch-BigGraph。

㉔ https://github.com/pytorch/pytorch。

好的嵌入质量，需要的训练时间也更少。该库已经实现的一些算法有 TransE、
RESCAL、DISTMULT 和 ComplEx。

- Dgl[⊖]（Deep Graph Library）允许训练图神经网络，包括图卷积网络，如 GCN 和
  R-GCN。它是基于 PyTorch 和 MXNet©实现的。
- AmpliGraph©也是一个非常常用的库，它是基于 TensorFlow 编写的。

5.3 为 WordNet 创建嵌入

在本节中，我们将介绍使用单词 – 语义知识图谱 WordNet 来生成单词和概念嵌入
的步骤。

1）选择（或实现）一个知识图谱嵌入算法。

2）将知识图谱转换为知识图谱嵌入算法所要求的格式。

3）训练模型。

4）评估 / 检查结果。

5.3.1 选择嵌入算法：HolE

在本例中，我们将使用 GitHub 上现有的 HolE 算法实现®。

5.3.1.1 安装 `scikit-kge`

`holographic-embeddings` 实际上只是一个实现了一些知识图谱嵌入算法的
库，封装了 `scikit-kge` 或 SKGE®。首先，我们需要将 `scikit-kge` 作为一个库安
装到我们的环境中。执行以下单元来克隆仓库并安装 `scikit-kge` 库：

```
In [ ]: # make sure we are in the right folder to perform the git clone
        %cd /content/
        !git clone https://github.com/hybridNLP2018/scikit-kge

In [ ]: %cd scikit-kge
        # install a dependency of scikit-kge on the environment,
        #  needed to correclty build scikit-kge
        !pip install nose
        # now build a source distribution for the project
        !python setup.py sdist
```

⊖ https://github.com/dmlc/dgl。
⊖ https://github.com/apache/incubator-mxnet。
⊜ https://github.com/Accenture/AmpliGraph。
⒁ https://github.com/mnick/holographic-embeddings。
⑤ https://github.com/mnick/scikit-kge。

在构建项目时，执行前一个单元应该会产生大量的输出。最后读者会看到：

```
Writing scikit-kge-0.1/setup.cfg
creating dist
Creating tar archive
```

这应该会在 `dist` 子文件夹中创建一个 `tar.gz` 文件：

```
In [ ]: !ls dist/
```

我们可以使用 `pip`（Python 包管理器）将其安装到本地环境中。

```
In [ ]: !pip install dist/scikit-kge-0.1.tar.gz
        %cd /content
```

5.3.1.2 安装和检查 `holographic_embeddings`

现在，`skge` 已经安装在本地环境中了，我们准备克隆 `holographic-embeddings` 库，这将使我们能够训练 `HolE` 嵌入。

```
In [ ]: # let's go back to the main \content folder and clone the holE repo
        %cd /content/
        !git clone https://github.com/mnick/holographic-embeddings
```

如果读者愿意，可以在 GitHub 上浏览此仓库的内容，或者执行以下操作以查看如何开始对 wn18 知识图谱进行嵌入训练。wn18 是 WordNet 3.0 的一个子集，它过滤掉出现次数少于 15 的同义词集三元组以及出现次数少于 5000 的关系类型三元组 [24]。在接下来的章节中，我们将更详细地介绍如何训练嵌入，所以现在不必实际执行这个训练。

```
In [ ]: %less holographic-embeddings/run_hole_wn18.sh
```

读者应该会在屏幕底部看到部分内容，其中包含 `run_hole_wn18.sh` 文件的内容。主要执行命令如下：

```
python kg/run_hole.py --fin data/wn18.bin
        --test-all 50 --nb 100 --me 500
        --margin 0.2 --lr 0.1 --ncomp 150
```

它只是在输入数据 `data/wn18.bin` 上执行 `kg/run_hole.py` 脚本，并传递各种参数来控制如何训练和生成嵌入：

- `me`：说明需要训练的周期次数（例如，遍历输入数据集的次数）。
- `ncomp`：指定嵌入的维度，每个嵌入将是一个 150 维的向量。
- `nb`：批次数量。
- `test-all`：指定对中间嵌入运行验证的频率。在本例中，每 50 个周期验证一次。

5.3.2　将 WordNet 知识图谱转换为所需输入

5.3.2.1　SKGE 要求的知识图谱输入格式

SKGE 要求将一个图表示为序列化的 Python 字典，结构如下：

- `relations`：关系名称的列表（图中命名为边）。
- `entities`：实体名称的列表（图中命名为节点）。
- `train_subs`：形如（`head_id`，`tail_id`，`rel_id`）的三元组列表，其中 `head_id` 和 `tail_id` 引用实体列表中的索引，`rel_id` 引用关系列表中的索引。这就是将要用于训练嵌入的三元组列表。
- `valid_subs`：与 `train_subs` 相同形式的三元组列表。它们用于在训练期间验证嵌入（从而进行超参数微调）。
- `test_subs`：与 `train_subs` 相同形式的三元组列表。这些是用来测试学习到的嵌入。

`holographic-embeddings` 的 GitHub 仓库附带了示例输入文件 `data/wn18.bin`。在以下可执行单元中，我们展示了如何读取和检查数据：

```
In [ ]: import pickle
        import os

        with open('holographic-embeddings/data/wn18.bin', 'rb') as fin:
          wn18_data = pickle.load(fin)

        for k in wn18_data:
          print(k, type(wn18_data[k]), len(wn18_data[k]), wn18_data[k][-3:])
```

预期的输出应该类似于：

```
relations 18 ['_synset_domain_region_of', '_verb_group', '_similar_to']
train_subs 141442 [(5395, 37068, 9), (5439, 35322, 11), (28914, 1188, 10)]
entities 40943 ['01164618', '02371344', '03788703']
test_subs 5000 [(17206, 33576, 0), (1179, 11861, 0), (30287, 1443, 1)]
valid_subs 5000 [(351, 25434, 0), (3951, 2114, 7), (756, 14490, 0)]
```

这表明 WordNet 的 wn18 被表示为一个图，该图由 18 种关系类型的 40 943 个节点相互连接组成（我们假设它们对应于 synsets）。完整的关系集被分成两部分：14.1 万个三元组用于训练，0.5 万个三元组用于测试和验证。

5.3.2.2　从头开始将 WordNet 3.0 转换为所需的输入格式

读者如果有将知识图谱转换为所需输入格式的经验，这将非常有用。因此，与其

简单地重用 `wn18.bin` 输入文件，不如直接从 NLTK WordNet API[一]生成自己的数据。

首先，我们需要下载 WordNet：

```
In [ ]: import nltk
        nltk.download('wordnet')
```

探索 WordNet API

现在有了基于 WordNet 的知识图谱，我们可以使用 WordNet API 来研究这个图。要获得更深入的概述，请参阅 how-to 文档，这里只展示了生成输入文件所需的一些方法。

```
In [ ]: from nltk.corpus import wordnet as wn
```

WordNet 中的主要节点称为同义词集（synset）。这些大致相当于"概念"。读者可以找到与一个单词相关的所有同义词集，像这样：

```
In [ ]: wn.synsets('dog')
```

上面单元的输出显示了 NLTK WordNet API 如何标识同义词集。它们的形式如下：

```
<main-lemma>.<POS-code>.<sense-number>.
```

就我们所知，这是 NLTK WordNet API 的实现者所选择的一种格式，而其他 API 可能会选择不同的方式来引用同义词集。我们可以得到所有同义词集的列表，如下所示（我们只显示前 5 个）：

```
In [ ]: for synset in list(wn.all_synsets())[:5]:
            print(synset.name())
```

同样，读者也可以得到所有词元名称的列表（同样我们只显示前 5 个）：

```
In [ ]: for lemma in list(wn.all_lemma_names())[5000:5005]:
            print(lemma)
```

对于给定的同义词集，读者可以通过调用每个关系类型的函数来查找相关的同义词集或词元。下面我们举几个例子来说明形容词 adaxial 的第一个意思。在第一个示例中，我们看到该同义词集属于主题域 `biology.n.01`，这也是一个同义词集。在第二个例子中，我们看到它有两个词元，它们与这个同义词集相关。在第三个示例中，我们们以与同义词集无关的形式检索词元，这是稍后将使用的形式。

㊀ 在网站 http://www.nltk.org/howto/wordnet.html 上查看操作方法。

```
In [ ]: wn.synset('adaxial.a.01').topic_domains()
In [ ]: wn.synset('adaxial.a.01').lemmas()
In [ ]: wn.synset('adaxial.a.01').lemma_names()
```

包括的实体和关系

WordNet 中的主要节点是同义词集，然而，词元也可以被认为是图中的节点。因此，读者需要决定包含哪些节点。由于我们感兴趣的是捕获 WordNet 所提供的尽可能多的信息，因此将同时包括同义词集和词元。

WordNet 定义了同义词集和词元之间的大量关系。同样，读者可以决定包含全部或部分内容。WordNet 的一个特殊性是，许多关系被定义了两次：例如，上位词和下位词是完全相同的关系，只不过顺序是反的。因为这并没有真正提供额外的信息，所以我们对这样的关系只包含一次。下面的执行单元定义了将要考虑的所有关系。我们将它们表示为 Python 字典，其中键是关系的名称，值是接受 head 实体并为该特定关系生成一组 tail 实体的函数：

```
In [ ]: syn_relations = {
            'hyponym': lambda syn: syn.hyponyms(),
            'instance_hyponym': lambda syn: syn.instance_hyponyms(),
            'member_meronym': lambda syn: syn.member_meronyms(),
            'has_part': lambda syn: syn.part_meronyms(),
            'topic_domain': lambda syn: syn.topic_domains(),
            'usage_domain': lambda syn: syn.usage_domains(),
            '_member_of_domain_region': lambda syn: syn.region_domains(),
            'attribute': lambda syn: syn.attributes(),
            'entailment': lambda syn: syn.entailments(),
            'cause': lambda syn: syn.causes(),
            'also_see': lambda syn: syn.also_sees(),
            'verb_group': lambda syn: syn.verb_groups(),
            'similar_to': lambda syn: syn.similar_tos()
        }
        lem_relations = {
            'antonym': lambda lem: lem.antonyms(),
            'derivationally_related_form':
                lambda lem: lem.derivationally_related_forms(),
            'pertainym': lambda lem: lem.pertainyms()
        }

        syn2lem_relations = {
            'lemma': lambda syn: syn.lemma_names()
        }
```

三元组的生成

现在，我们可以使用 WordNet API 生成三元组了。回忆一下，skge 需要的三组形式（head_id，tail_id，rel_id）。因此，我们需要某种方式将实体（同义词集和词元）名称和关系类型映射成唯一的 id。因此，假设将有一个 entity_id_map 和一个 rel_id_map，它们将实体名称（或关系类型）映射到一个 id。下面两个执行单元

实现的函数将遍历同义词集和关系以生成三元组:

```
In [ ]: def generate_syn_triples(entity_id_map, rel_id_map):
            result = []
            for synset in list(wn.all_synsets()):
              h_id = entity_id_map.get(synset.name())
              if h_id is None:
                print('No entity id for ', synset)
                continue
              for synrel, srfn in syn_relations.items():
                r_id = rel_id_map.get(synrel)
                if r_id is None:
                  print('No rel id for', synrel)
                  continue
                for obj in srfn(synset):
                  t_id = entity_id_map.get(obj.name())
                  if t_id is None:
                    print('No entity id for object', obj)
                    continue
                  result.append((h_id, t_id, r_id))

              for rel, fn in syn2lem_relations.items():
                r_id = rel_id_map.get(rel)
                if r_id is None:
                  print('No rel id for', rel)
                  continue
                for obj in fn(synset):
                  lem = obj.lower()
                  t_id = entity_id_map.get(lem)
                  if t_id is None:
                    print('No entity id for object', obj, 'lowercased:', lem)
                    continue
                  result.append((h_id, t_id, r_id))
            return result

In [ ]: def generate_lem_triples(entity_id_map, rel_id_map):
            result = []
            for lemma in list(wn.all_lemma_names()):
              h_id = entity_id_map.get(lemma)
              if h_id is None:
                print('No entity id for lemma', lemma)
                continue
              _lems = wn.lemmas(lemma)
              for lemrel, lrfn in lem_relations.items():
                r_id = rel_id_map.get(lemrel)
                if r_id is None:
                  print('No rel id for ', lemrel)
                  continue
                for _lem in _lems:
                  for obj in lrfn(_lem):
                    t_id = entity_id_map.get(obj.name().lower())
                    if t_id is None:
                      print('No entity id for obj lemma', obj, obj.name())
                      continue
                    result.append((h_id, t_id, r_id))
            return result
```

集成——把它们放在一起

既然有了生成三元组列表的方法,我们就可以生成输入字典并将其序列化。我们需要:

1)创建我们的实体和关系列表。

2)从实体和关系名称派生到 id 的映射。

3）生成三元组。

4）将三元组分解为训练、验证和测试子集。

5）将 Python 字典写入序列化文件。

我们通过以下方法实现：

```
In [ ]: import random # for shuffling list of triples

        def wnet30_holE_bin(out):
            """Creates a skge-compatible bin file for training
            HolE embeddings based on WordNet 3.0"""
            synsets = [synset.name() for synset in wn.all_synsets()]
            lemmas = [lemma for lemma in wn.all_lemma_names()]
            entities = list(synsets + list(set(lemmas)))
            print('Found %s synsets, %s lemmas, hence %s entities' %
                (len(synsets), len(lemmas), len(entities)))
            entity_id_map = {ent_name: id for id, ent_name in enumerate(entities)}
            n_entity = len(entity_id_map)

            print("N_ENTITY: %d" % n_entity)

            relations = list( list(syn_relations.keys()) + list(lem_relations.keys()) + \
            list(syn2lem_relations.keys()))
            relation_id_map = {rel_name: id for id, rel_name in enumerate(relations)}
            n_rel = len(relation_id_map)

            print("N_REL: %d" % n_rel)
            print('relations', relation_id_map)

            syn_triples = generate_syn_triples(entity_id_map, relation_id_map)
            print("Syn2syn relations", len(syn_triples))
            lem_triples = generate_lem_triples(entity_id_map, relation_id_map)
            print("Lem2lem relations", len(lem_triples))
            all_triples = syn_triples + lem_triples
            print("All triples", len(all_triples))
            random.shuffle(all_triples)

            test_triple = all_triples[:500]
            valid_triple = all_triples[500:1000]
            train_triple = all_triples[1000:]

            to_pickle = {
                "entities": entities,
                "relations": relations,
                "train_subs": train_triple,
                "test_subs": test_triple,
                "valid_subs": valid_triple
            }

            with open(out, 'wb') as handle:
              pickle.dump(to_pickle, handle, protocol=pickle.HIGHEST_PROTOCOL)

            print("wrote to %s" % out)
```

生成 `wn30.bin`

现在，我们准备生成 `wn30.bin` 文件，可以将该文件提供给 `HolE` 的算法实现。

```
In [ ]: out_bin='/content/holographic-embeddings/data/wn30.bin'
        wnet30_holE_bin(out_bin)
```

注意，结果数据集现在包含 26.5 万个实体，而 wn18 中是 4.1 万个实体（公平地说，只有 11.8 万个实体是同义词集）。

5.3.3   学习嵌入

现在，我们将使用 WordNet 3.0 数据集来学习同义词集和词元的嵌入。由于学习过程非常慢，我们只训练了 2 个周期，这可能也需要 10 分钟。（在本章末尾的练习中，我们提供了一个链接来下载预先计算的嵌入，这些嵌入已经训练了 500 个周期。）

```
In [ ]: wn30_holE_out='/content/wn30_holE_2e.bin'
        holE_dim=150
        num_epochs=2
        !python /content/holographic-embeddings/kg/run_hole.py \
          --fin {out_bin} --fout {wn30_holE_out} \
          --nb 100 --me {num_epochs} --margin 0.2 --lr 0.1 --ncomp {holE_dim}
```

输出应该类似于：

```
INFO:EX-KG:Fitting model HolE with trainer PairwiseStochasticTrainer and parameters
  Namespace(afs='sigmoid', fin='/content/holographic-embeddings/data/wn30.bin',
  fout='/content/wn30_holE_2e.bin', init='nunif', lr=0.1, margin=0.2,
  me=2, mode='rank', nb=100, ncomp=150, ne=1, no_pairwise=False,
  rparam=0, sampler='random-mode', test_all=10)
INFO:EX-KG:[  1] time = 120s, violations = 773683
INFO:EX-KG:[  2] time = 73s, violations = 334894
INFO:EX-KG:[  2] time = 73s, violations = 334894
INFO:EX-KG:[  2] VALID: MRR = 0.11/0.12, Mean Rank = 90012.28/90006.14, \
  Hits@10 = 15.02/15.12
DEBUG:EX-KG:FMRR valid = 0.122450, best = -1.000000
INFO:EX-KG:[  2] TEST: MRR = 0.11/0.12, Mean Rank = 95344.42/95335.96, \
  Hits@10 = 15.74/15.74
```

5.3.4   检查嵌入结果

现在已经训练了模型，我们可以检索实体的嵌入并检查它们。

5.3.4.1   *skge* 的输出文件格式

输出文件是经过 pickle 再次序列化的 Python 字典。它包含模型本身、运行测试和验证的结果以及执行时间。

```
In [ ]: with open(wn30_holE_out, 'rb') as fin:
        hole_model = pickle.load(fin)
        print(type(hole_model), len(hole_model))
        for k in hole_model:
            print(k, type(hole_model[k]))
```

我们感兴趣的是模型本身，它是 skge.hole.HolE 类的一个实例，有不同的参数。实体的嵌入存储在参数 E 中，它本质上是一个 $n_e \times d$ 的矩阵，其中 n_e 为实体的数量，d 为每个向量的维数。

```
In [ ]: model = hole_model['model']
        E = model.params['E']
        print(type(E), E.shape)
```

5.3.4.2 将嵌入转换为更易管理的格式

不幸的是，skge 没有提供浏览嵌入空间的方法（知识图谱嵌入库更倾向于关系的预测）。因此，我们将把嵌入转换为一种更容易浏览的格式。首先将它们转换为一对向量和词汇表的文件，然后我们使用 swivel 库来研究结果。

首先，读取实体的列表，这将是我们的词汇表，也就是嵌入的同义词集和词元的名称。

```
In [ ]: with open('/content/holographic-embeddings/data/wn30.bin', 'rb') as fin:
            wn30_data = pickle.load(fin)
        entities = wn30_data['entities']
        len(entities)
```

接下来，我们生成一个 vocab 文件和一个 tsv 文件，其中每行包含单词和一个 d 数量的列表。

```
In [ ]: vec_file = '/content/wn30_holE_2e.tsv'
        vocab_file = '/content/wn30_holE_2e.vocab.txt'

        with open(vocab_file, 'w', encoding='utf_8') as f:
          for i, w in enumerate(entities):
            word = w.strip()
            print(word, file=f)

        with open(vec_file, 'w', encoding='utf_8') as f:
          for i, w in enumerate(entities):
            word = w.strip()
            embedding = E[i]
            print('\t'.join([word] + [str(x) for x in embedding]), file=f)
        !wc -l {vec_file}
```

现在有了这些文件，我们可以使用 swivel，使用它在第一个 Jupyter Notebook 中检查嵌入。首先，下载教程资料并在必要时下载 swivel，尽管读者的环境中可能已经有了它（如果读者之前执行过本教程的第一个 Jupyter Notebook）。

```
In [ ]: %cd /content
        !git clone https://github.com/HybridNLP2018/tutorial
```

使用 swivel/text2bin 脚本将 tsv 嵌入转换为 swivel 的二进制格式。

```
In [ ]: vecbin = '/content/wn30_holE_2e.tsv.bin'
        !python /content/tutorial/scripts/swivel/text2bin.py \
            --vocab={vocab_file} \
            --output={vecbin} {vec_file}
```

接下来，我们可以使用 swivel 的 Vecs 类来加载向量，它提供了对邻居的简单检查。

```
In [ ]: from tutorial.scripts.swivel import vecs
        vectors = vecs.Vecs(vocab_file, vecbin)
```

查看一些词元和同义词集的示例：

```
In [ ]: import pandas as pd
        pd.DataFrame(vectors.k_neighbors('california'))
```

```
In [ ]: wn.synsets('california')
```

```
In [ ]: pd.DataFrame(vectors.k_neighbors('california.n.01'))
```

```
In [ ]: pd.DataFrame(vectors.k_neighbors('conference'))
```

```
In [ ]: pd.DataFrame(vectors.k_neighbors('semantic'))
```

```
In [ ]: pd.DataFrame(vectors.k_neighbors('semantic.a.01'))
```

正如读者所看到的，嵌入目前看起来不是很好。在某种程度上，这是由于我们使用的是只训练了两个周期的模型。我们已经预计算了一组 500 周期的 HolE 嵌入，读者可以下载并进行检查（作为下面可选练习的一部分）。这些结果就要好得多：

余弦相关性	实体
1.0000	lem_california
0.4676	lem_golden_state
0.4327	lem_ca
0.4004	lem_californian
0.3838	lem_calif.
0.3500	lem_fade
0.3419	lem_keystone_state
0.3375	wn31_antilles.n.01
0.3356	wn31_austronesia.n.01
0.3340	wn31_overbalance.v.02

对于 california 对应的同义集，我们也看到了"合理的"结果：

余弦相关性	实体
1.0000	wn31_california.n.01
0.4909	wn31_nevada.n.01
0.4673	wn31_arizona.n.01
0.4593	wn31_tennessee.n.01
0.4587	wn31_new_hampshire.n.01
0.4555	wn31_sierra_nevada.n.02
0.4073	wn31_georgia.n.01
0.4048	wn31_west_virginia.n.01
0.3991	wn31_north_carolina.n.01
0.3977	wn31_virginia.n.01

这里需要注意的一件事是，所有与 california.n.01 紧密相关的前 10 个实体也都是同义词集。类似地，对于词元 california 来说，尽管一些同义词集也进入了前 10 名，关联度最高的实体也是词元。这可能表明 HolE 倾向于让词元靠近其他词元，让同义词集靠近其他的同义词集。一般来说，关于知识图谱中节点如何关联的选择也将影响它们的嵌入如何关联。

5.4　练习

在这个 Jupyter Notebook 中，我们概述了最新的知识图谱嵌入方法，并展示了如何使用现有的实现为 WordNet 3.0 生成单词和概念嵌入。

5.4.1　练习：在自己的知识图谱上训练嵌入

如果有自己的知识图谱，读者可以调整上面的代码来生成 skge 所期望的图谱表示，并用这种方式训练自己的嵌入。常用的知识图谱是 Freebase 和 DBpedia。

5.4.2　练习：检查 WordNet 3.0 的预计算嵌入

我们使用类似于上面所示的代码来训练嵌入，以 HolE 算法训练了 500 个周期。读者可以执行以下单元来下载并研究这些嵌入。这些嵌入文件大约有 142MB，所以下载它们可能需要几分钟。

```
In [ ]: !mkdir /content/vec/
        %cd /content/vec/
        !wget https://zenodo.org/record/1446214/files/wn-en-3.0-HolE-500e-150d.tar.gz
        !tar -xzf wn-en-3.0-HolE-500e-150d.tar.gz

In [ ]: %ls /content/vec
```

下载的 tar 文件包含一个 tsv.bin 和一个 vocab 文件，就像我们在上面创建的文件一样。我们可以使用这两个文件作为 swivel 中 Vecs 类的参数来加载向量：

```
In [ ]: vocab_file = '/content/vec/wn-en-3.1-HolE-500e.vocab.txt'
        vecbin = '/content/vec/wn-en-3.1-HolE-500e.tsv.bin'
        wnHolE = vecs.Vecs(vocab_file, vecbin)
```

现在读者已经可以自己探索了。唯一需要注意的是，我们给所有的词元都加了一个前缀 lem_，给所有的同义词集都加了一个前缀 wn31_，如下面的例子所示：

```
In [ ]: pd.DataFrame(wnHolE.k_neighbors('lem_california'))
```

```
In [ ]: pd.DataFrame(wnHolE.k_neighbors('wn31_california.n.01'))
```

5.5   本章小结

如果读者按照指导完成了本章的练习，就已经训练了一个模型，其中包含来自
WordNet 的概念和词嵌入。WordNet 是一种众所周知的知识图谱，它对有关单词及其词
义的知识进行了编码。读者还会学到，选择知识图谱的哪些部分用于训练嵌入所需要
的预处理，以及如何将图谱导出为大多数知识图谱嵌入算法所期望的格式。最后，读
者将探索已学习的嵌入，并且简要地看看它们如何与前一章从文本语料库中学习的词
嵌入进行比较。知识图谱嵌入的主要优点是它们已经对所需的概念级别的知识进行了
编码。另一方面，知识图谱嵌入的主要问题是，读者需要为所选择的领域提供一个知
识图谱。在第 6 章中，我们将看到，通过修改从文本中学习词嵌入的方式，也可以不
使用知识图谱来学习概念嵌入。

第二部分

A Practical Guide to Hybrid Natural Language Processing: Combining Neural Models and Knowledge Graphs for NLP

神经网络与知识图谱的结合

第 6 章

A Practical Guide to Hybrid Natural Language Processing: Combining Neural Models and Knowledge Graphs for NLP

从文本语料库、知识图谱和语言模型中构建混合表达

摘要： 在第 5 章中，我们看到了知识图谱嵌入算法如何将一个图谱中的结构化知识（概念和关系）捕获为一个向量空间中的嵌入，然后应用于下游任务。然而，这种方法只能捕获图谱中明确表达的知识，缺乏召回覆盖和领域覆盖。为了解决这一缺陷，可以采用将非结构化文本语料库和结构化知识图谱的信息结合起来的算法，在本章中，我们将重点讨论这样的算法。第一种方法是 Vecsigrafo（向量图），它从大型消歧语料库中生成基于语料库的词、词元和概念嵌入。Vecsigrafo 联合性地学习词、词元和概念嵌入，将文本和符号知识表示整合到一个单一的、统一的形式体系中，应用于面向神经网络的自然语言处理架构。第二种方法，也是最新的研究，叫作 Transigrafo，它采用了最新的基于 Transformer 的语言模型，来派生概念级的上下文嵌入，提供了当前最高水平的词义消歧表现，并降低了复杂性。

6.1 引言

在前面的章节中，我们讨论了从文本中学习词嵌入的模型，以及从知识图谱中学习概念嵌入的模型。在本章中，我们将着眼于混合方法，旨在融合两个方法的最佳特性。在本章的前半部分，我们将介绍 Vecsigrafo 及其实践经验，Vecsigrafo 是 Swivel 算法的一个扩展，用于学习基于消歧文本语料库的词嵌入和概念嵌入。在 6.2 节中，我们将介绍本章用到的术语和符号。然后，我们将提供关于 Vecsigrafo 如何工作的概念性直观表现，并继续给出该算法的形式化定义。我们将在 6.4 节描述 Vecsigrafo 是如何实现的，并在 6.5 节和 6.6 节的实践中学习样本语料库中的嵌入，并对结果进行考察。在本章后半部分的 6.7 节中，我们将更进一步，展示如何应用 Transformer 和神经语言模型来生成 Vecsigrafo 的一个类似表达，称为 Transigrafo。

6.2 准备工作和说明

设 T 为应用了一些标记化之后在文本中可能出现的标记集合。这意味着标记可以包括单词（例如"running"）、标点符号（例如";"）、多词表达式（例如"United States of America"），或者单词与标点的组合（例如"However,"和"–"）。设 L 为词元的集合：词的基本形式（即没有形态变化或词性变化）。注意，这里 $L \subset T$ [⊖]。我们也使用词法项这个术语，或者直接用单词，来指代一个标记或词元。设 C 是某些知识图谱中的概念标识符集，我们用语义项或直接用概念来指代 C 中的元素。

设 $V \subset T \cup C$ 是词法项和语义项的集合，也称为词汇表，我们要从中导出嵌入。语料库是一组标记的序列 $t_i \in T$。我们遵循并扩展了一个标记周围的上下文定义（例如在 word2vec、GloVe 和 Swivel 中使用），将其作为一个 W 大小的滑动窗口来覆盖标记序列。因此，对于在语料库中位置 i 的中心标记 t^i，我们说标记 $t^{i-w}, \cdots, t^{i-1}, t^{i+1}, \cdots, t^{i+w}$ 是它的上下文。

每个上下文可以表示为形如 (t_i, t_j) 的中心上下文对的一个聚集，其中 $t_i \in T$ 且 $t_j \in T$。我们考虑其在词元和概念上的扩展：设 D 是在语料库中观察到的中心上下文条目对 (x_i, x_j) 的一个聚集，其中 $x_i \in V$ 且 $x_j \in V$ [⊖]。我们使用符号 $\#(x_i, x_j)$ 表示中心条目 x_i 与上下文条目 x_j 在 D 中共同出现的次数。我们将 $p(x_i, x_j)$ 定义为语料库中的一个位置集合，其中 x_i 为中心词，x_j 为上下文词，类似地，$\#(x)$ 是条目 x 在 D 中作为中心词出现的次数。

最后，设 d 为向量空间的维数，因此 V 中的每个条目 x 都有两个对应的向量 $\boldsymbol{x}_C \in \mathbb{R}^d$ 和 $\boldsymbol{x}_F \in \mathbb{R}^d$，分别对应于 x 作为上下文或中心条目的向量表示。

6.3 Vecsigrafo 的概念及构建方式

为了建立同时使用自底向上（基于语料库）的词嵌入和自顶向下的结构化知识（具有图谱），我们生成了与知识图谱共享相同词汇表的嵌入。这意味着为表示在知识图谱中的知识条目生成了嵌入，例如，与知识图谱中的概念相关联的概念和表达形式（单词和表达式）。在 RDF 中，这通常意味着 `rdfs:label` 属性的值，或者使用了本体中的词典模型[⊜]编码为 `ontolex:LexicalEntry` 实例的单词和表达式。

⊖ 我们假设词元化正确地去掉了标点符号（例如，"Howerver,"的词元是"however"，"Dr."的词元是"Dr."）。

⊖ 原则上，我们可以定义两个词汇表，一个用于中心条目，另一个用于上下文条目。但是在本文中，我们假设两个词汇表是相等的，因此我们不做区分。

⊜ https://www.w3.org/2016/05/ontolex。

图 6.1 描述了在 Vecsigrafo 中联合学习词嵌入和概念嵌入的整个过程。Vecsigrafo[39] 来源于术语 Sensigrafo，即 Expert System 公司的知识图谱。我们从一个文本语料库开始，在这个语料库上使用标记化和词义消歧（Word Sense Disambiguation，WSD）。标记化的结果是一系列标记。词义消歧进一步产生了一个消除歧义的语料库，这是标记序列的一种丰富形式，其中有与初始标记序列对齐的附加序列。在这项工作中，我们使用以下附加序列：词元、概念和语法类型。语法类型为每个标记（例如冠词、形容词、副词、名词、专有名词、标点符号）分配一个词性标识符。我们使用这些标记进行过滤，但不是用于嵌入的生成。由于一些标记可能没有相关的词元或概念，我们用 $\varnothing_L$ 和 $\varnothing_C$ 来填充这些序列，词汇表 V 中从未包含这些标记。

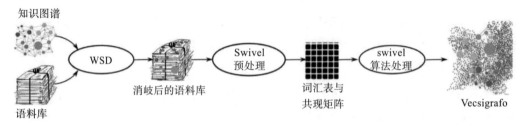

图 6.1　从文本语料库生成 Vecsigrafo 的处理流程

消歧语料库可以用不同的方法有选择地进行修改或过滤。在我们的评估中，我们尝试了一个这样的过滤器：（1）从序列中删除含有冠词、标点符号或者助动词等语法类型的元素；（2）对语法类型的实体或人称专有名词进行泛化标记，分别用特殊标记 grammar#ENT 和 grammar#NPH 来替换原始的标记。这个过滤器背后的直观原因是，冠词、标点符号和助动词是绑定词，对它们的共现词意义不大，所以这个过滤器产生的序列的每个元素要在语义上更有意义。类似地，在许多情况下，我们对派生实体的嵌入（人名、地名或机构的名称）并不感兴趣。此外，许多实体名称在语料库中可能只出现几次，并且可能指的是现实世界中的不同个体。

为了对语义项和词法项生成嵌入，我们通过迭代遍历消歧语料库来确定词汇表 V，并计算 D 的一个表达，称为共现矩阵 M，这是一个 $|V| \times |V|$ 矩阵，其中每个元素 $x_{ij} = \#(x_i, x_j)$。在使用动态上下文窗口 [103] 时，我们遵循 word2vec、GloVe 和 Swivel 算法。在这个动态上下文窗口中，根据中心项和上下文项之间的距离，使用调和函数对共现计数进行加权。更正式地，我们使用

$$\#_\delta(x_i, x_j) = \Sigma_{c \in p(x_i, x_j)} \frac{W - \delta_c(x_i, x_j) + 1}{W} \tag{6.1}$$

其中标记位置的 $\delta_c(x_i, x_j)$ 表示语料库中特定语境位置 c 的中心项 x_i 和上下文项 x_j 之间的

距离。W 是 6.2 节中描述的窗口大小。

在标准的词嵌入算法中，只有一个标记序列，所以 $1 \leqslant \delta_c(x_i, x_j) \leqslant W$。在本例中，我们有三个对齐的序列：标记、词元和概念。因此，$\delta(x_i, x_j)$ 也可能是 0，例如，当 x_i 是词元，x_j 是消除歧义概念的时候。因此，在这项工作中，我们使用了一个稍微修改过的版本：

$$\delta'_c(x_i, x_j) = \begin{cases} \delta_c(x_i, x_j) & \text{当 } \delta_c(x_i, x_j) > 0 \\ 1 & \text{当 } \delta_c(x_i, x_j) = 0 \end{cases} \quad (6.2)$$

这里给出了基于共现矩阵 M 的 $\#_{\delta'}(x_i, x_j)$，我们因此采用了训练阶段稍加修改的 Swivel 算法来学习词汇表的嵌入。初始的 Swivel 损失函数如下：

$$\mathcal{L}_S = \begin{cases} \mathcal{L}_1 & \text{当 } \#(x_i, x_j) > 0 \\ \mathcal{L}_0 & \text{当 } \#(x_i, x_j) = 0 \end{cases}$$

$$\text{其中，} \mathcal{L}_1 = \frac{1}{2}\#(x_i, x_j)^{1/2}(\mathbf{x_i}^\top \mathbf{x_j} - \log \frac{\#(x_i, x_j)|D|}{\#(x_i)\#(x_j)})$$

$$\mathcal{L}_0 = \log[1 + \exp(\mathbf{x_i}^\top \mathbf{x_j} - \log \frac{|D|}{\#(x_i)\#(x_j)})]$$

我们的修改包括：使用 $\#_{\delta'}(x_i, x_j)$ 代替默认的定义，以及像 Duong 等人建议的[47]（式 3）那样添加一个向量正则化项，目的是减少所有词汇表元素的列和行（中心项和上下文项）向量之间的距离，即

$$\mathcal{L} = \mathcal{L}_S + \gamma \sum_{x \in V} \|\mathbf{x}_F - \mathbf{x}_C\|_2^2 \quad (6.3)$$

这种修改对我们的目标是有用的，因为行和列的词汇表是相同的。而在一般情况下，我们通常会使用两个向量的总和或者平均值来产生最后的嵌入。

6.4　实现

虽然任何知识图谱、自然语言处理工具包和词义消歧算法都可以用来构建 Vecsigrafo，但我们最初的实现使用了 Expert　System 公司专有的 Cogito 管道来进行标记并消除语料库的歧义。Cogito 基于一个名为 Sensigrafo 的知识图谱，Sensigrafo 类似于 WordNet，但是更大并且能够紧密耦合到 Cogito 消歧器（也就是说，消歧器使用基于词法、领域和语义等复杂的启发式规则来完成语料库的歧义消除）。Sensigrafo 包含了大约 40 万个词元和 30 万个概念（在 Sensigrafo 中称为 syncon），通过 61 种关系类

型互相关联，这些关系类型呈现了近 300 万个连接。Sensigrafo 还为每个概念提供了一个术语表（glossa）——一个人类可读的文本定义，但这只是为了便于检查和管理知识图谱。

作为创建第一个 Vecsigrafo 工作的一部分，我们研究了应用替代消歧算法[⊖]的消歧效果，并与 Cogito 的消歧效果进行了比较。我们实现了三种消歧方法：（1）文献 [112] 提出的浅层连接消歧（scd）算法，本质上是基于底层知识图谱，选择与其他候选概念连接性更好的候选概念；（2）高频消歧（mostfreqd），即选择与语料库中每个词元相关联最频繁的概念；（3）随机概念的候选消歧（rndd），即为语料库中每个词元选择一个随机概念。注意，rndd 并不是完全随机的，它仍然给每个词元分配一个看似合理的概念，因为选择是基于词元相关的所有概念的集合做出的。

为了实现方法，我们还扩展了 Swivel[164] 算法的矩阵构造阶段，以生成一个共现矩阵，该矩阵同时包含词法项和语义项作为词汇表的一部分。表 6.1 提供了从同一原始文本派生的上下文窗口的不同标记和消歧的示例。为了了解概念和不同消歧器的效果，请注意 Cogito 将概念 #82073（用表达适用于某个条件或场合的词 appropriate，以及同义词 suitable、right）分配给"proper"，而 scd 和 mostfreqd 将概念 #91937（带有标注的 suitability、rightness 或 appropriateness 和同义词 kosher）分配给"proper"。rndd 消歧则从数学中分配一个表达不正确的概念 #189906（用词汇 distinguished 来排除较弱关系）。

表 6.1 介绍了将在本书其余部分所使用的符号来识别嵌入的变体。我们将使用 t 来引用纯文本标记，并假设基于 Cogito 的标记化，如果指的是不同的标记化，我们将添加一个后缀，如表 6.1 所示，以表明使用的是 Swivel 标记化。同样地，我们使用 l 来代表词元，用 s 来代表概念标识符（尽管在某些情况下，s 可能指的是其他知识图谱中的其他概念标识符，如 BabelNet，但我们在大多数实验中都使用了 Sensigrafo，所以假设为 syncon）。如上所述，源序列可以组合，这在这里意味着 ts 或 ls 的组合。最后，我们使用后缀 _f 来表示对原始序列进行的筛选，这个原始序列基于上面描述的语法类型信息进行了过滤。

6.5 训练 Vecsigrafo

我们使用了一个改编的 Jupyter Notebook，用真实的代码片段来演示如何基于

⊖ 关于这个话题的全面考察，参见文献 [123]。

表 6.1　例句 "With regard to enforcement, proper agreements must also be concluded with the Eastern European countries…" 中，W=3 的第一个窗口的标记化示例

Context / t_{swivel}	t^{i-3} With	t^{i-2} regard	t^{i-1} to	t^i enforcement,	t^{i+1} proper	t^{i+2} agreements	t^{i+3} must	also
t	With regard to	enforcement	,	proper	agreements	must	also	be
l	With regard to	enforcement	∅	proper	agreement	must	also	be
s	en#216081	en#4652	∅	en#82073	en#191513	∅	en#192047	∅
g	PRE	NOU	PNT	ADJ	NOU	AUX	ADV	AUX
$s_{\text{mostfreqd}}$	en#216081	en#4652	∅	en#91937	en#191513	en#77903	en#191320	en#77408
s_{scd}	en#216081	en#4652	∅	en#91937	en#191513	en#239961	en#191320	en#134549
s_{mdd}	en#216081	en#4652	∅	en#189906	en#191513	en#101756782	en#191320	en#77445
t_f	With regard to	enforcement	proper	agreements	also	concluded	eastern	european
l_f	With regard to	enforcement	proper	agreement	also	conclude	eastern	European
s_f	en#216081	en#4652	en#82073	en#191513	en#192047	en#150286	en#85866	en#98025
g_f	PRE	NOU	ADJ	NOU	ADV	VERB	ADJ	ADJ

注：首先，我们展示了标准的 Swivel 标记化，接下来展示标准的 Cogito 标记化，接下来展示纯文本、词元、句法和语法类型的序列；接下来我们展示了相同标记化的另一种消歧模式；最后，我们展示了应用过滤后的 Cogito 标记化过程。

UMBC 语料库的一个子集来实际生成 Vecsigrafo⊖。按照 6.3 节中描述的处理流程以及在图 6.1 中的描述，可以在 Jupyter Notebook 中在线获取并执行。除了完成这一部分，我们还鼓励读者运行未改编的 Jupyter Notebook 并完成其中的练习，以便更好地理解在下面几小节中讨论的内容。

6.5.1　标记化和词义消歧

正如 6.4 节所描述的，与标准 Swivel 的主要区别在于我们使用词义消歧作为一个预处理步骤来识别文本中的词元和概念，而 Swivel 只使用了空格标记。因此，结果序列中的每个"标记"都由一个词元和一个可选的概念标识符组成。

6.5.1.1　消歧器

既然我们采用了词义消歧，就需要选择一些消歧策略。不幸的是，免费且开源的高性能消歧器的数量非常有限。事实上，我们在 Expert System 公司有自己的消歧器，它为文本中的词元分配 syncon。

由于 Expert System 公司的消歧器和语义知识图谱是专有的，在这个 Jupyter Notebook 中，我们使用了 WordNet 作为知识图谱。此外，还实现了一个由 Mancini 等人[112] 提出的轻量级消歧策略，这种策略允许我们基于 WordNet 3.1 来生成消歧语料库。

为了能够检查消歧语料库，首先通过执行以下单元来确保我们能够在环境中访问 WordNet：

```
In [ ]: import nltk
        nltk.download('wordnet')
        from nltk.corpus import wordnet as wn
        wn.synset('Maya.n.02')
```

6.5.1.2　标记化

当应用消歧器的时候，标记不再是词或词组。每个标记可以包含不同类型的信息。我们通常保留以下标记信息：

- t：text，原始文本（可能是标准化的，例如小写的）。
- l：lemma，单词的词元形式，没有形态或词性信息。
- g：grammar，语法类型。
- s：syncon 标示符（或者 WordNet 中的同义词集）。

⊖ https://ebiquity.umbc.edu/resource/html/id/351/UMBC-webbase-corpus。

6.5.1.3 WordNet 示例

我们的 GitHub 仓库[⊖]包含了 UMBC 语料库语义消歧后的标记子集，该语料库包含完整语料库的前 5000 行（完整语料库有大约 4000 万行），目的是演示生成 Vecsigrafo 嵌入的必要步骤。执行以下单元中的代码来克隆 github 仓库，解压示例语料库，并打印其第一行：

```
In [ ]: %cd /content/
        !git clone https://github.com/hybridnlp/tutorial.git
        %cd /content/tutorial/datasamples/
        !unzip umbc_tlgs_wnscd_5K.zip
        toked_corpus = '/content/tutorial/datasamples/umbc_tlgs_wnscd_5K'
        !head -n1 {toked_corpus}
        %cd /content/
```

其中，读者应该可以看到语料库中的第一行，开头是：

```
the%7CGT_ART mayan%7Clem_Mayan%7CGT_ADJ%7Cwn31_Maya.n.03
image%7Clem_image%7CGT_NOU%7Cwn31_effigy.n.01
```

上面一行显示了用来表示标记化语料库的格式。我们使用空格来分隔标记，并对每个标记使用 URL-encode，以避免标记混淆。由于这种格式难以阅读，我们提供了一个库，以便可以简单地检查每一行数据。执行以下单元中的代码，将语料库中的第一行显示为一个表格，如下所示：

```
In [ ]: %cd /content/
        import tutorial.scripts.wntoken as wntoken
        import pandas

        # open the file and produce a list of python dictionaries describing the tokens
        corpus_tokens = wntoken.open_as_token_dicts(toked_corpus, max_lines=1)
        # convert the tokens into a pandas DataFrame to display in table form
        pandas.DataFrame(corpus_tokens, columns=['line', 't', 'l', 'g', 's', 'glossa'])

Out[4]:
    line  t        l        g    s          glossa
0   1     the      None     ART  None       None
1   1     mayan    Mayan    ADJ  Maya.n.03  None
2   1     image    image    NOU  effigy.n.01 representation of a person
3   1     was      be       AUX  be.v.01    have the quality of being
4   1     donated  donate   VER  donate.v.01 give to charity or good cause
5   1     by       by       PRE  aside.r.06 in reserve
6   1     oberlin  Oberlin  NPR  None       None
          college  College
7   1     faculty  faculty  NOU  staff.n.03 teachers and administrators
...
[77 rows x 6 columns]
```

6.5.1.4   Cogito 的标记化示例

作为第二个例子，如果我们分析原始的句子（见下文），Cogito 产生的输出如图 6.2 所示。

```
"EXPERIMENTAL STUDY  We conducted an empirical evaluation to assess the
effectiveness"
```

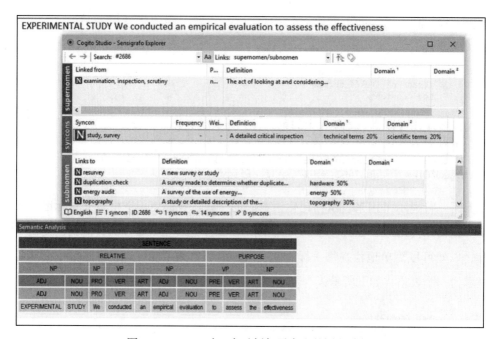

图 6.2   Cogito 对一个示例句子产生的语义分析

我们过滤一些单词，只保留词元和 syncon id，并将它们编码为下一个消歧标记序列：

```
en#86052|experimental en#2686|study en#76710|conduct en#86047|
empirical en#3546|evaluation en#68903|assess en#25094|effectiveness
```

6.5.2   词汇表和共现矩阵

接下来，我们需要计算消歧语料库中的共现次数，可以用下面的任一方式：

- 使用标准 Swivel 预处理：在这种情况下，每个 ||| 元组将被视为一个单独的标记。对于上面提到的来自 UMBC 的例句，我们可以得到 `mayan|lem_Mayan|GT_ADJ|wn31_Maya.n.03` 与 `image|lem_image|GT_NOU|wn31_effigy.n.01` 的共现次数为 1，这将导致非常大的词汇表。

- 使用 joint-subtoken 预处理：在这种情况下，可以指定要考虑的单个子标记信息。在这个 Jupyter Notebook 中，我们将使用 ls 信息。因此，每个同义词集和每个词元被视为词汇表中的单独实体，并且使用不同的嵌入表示。对于示例句子，我们可以得到 lem_Mayan 和 wn31_Maya.n.03、lem_image 和 wn31_effigy.n.01 的共现次数为 1。

```
In [ ]: import os
        import numpy as np
```

6.5.2.1　标准的 Swivel 预处理

对于标准的 Swivel 预处理，我们可以简单地使用 !Python 命令行来调用预处理方法 prep。在本例中，我们有 toked_corpus，其中包含了如上所示的消歧序列。输出将是一组分片共现子矩阵，正如创建单词向量的 Jupyter Notebook 所解释的那样。

由于语料库非常小，我们将分片大小（shard_size）设置为 512。对于较大的语料库，可以使用标准值 4096。

```
In [6]: !mkdir /content/umbc/
        !mkdir /content/umbc/coocs
        !mkdir /content/umbc/coocs/tlgs_wnscd_5k_standard
        coocs_path = '/content/umbc/coocs/tlgs_wnscd_5k_standard/'
        !python tutorial/scripts/swivel/prep.py
        --input={toked_corpus} --output_dir={coocs_path} --shard-size=512


running with flags
tutorial/scripts/swivel/prep.py:
  --bufsz: The number of co-occurrences to buffer
    (default: '16777216')
    (an integer)
  --input: The input text.
    (default: '')
  --max_vocab: The maximum vocabulary size
    (default: '1048576')
    (an integer)
  --min_count: The minimum number of times a word should occur to be included in
    the vocabulary
    (default: '5')
    (an integer)
  --output_dir: Output directory for Swivel data
    (default: '/tmp/swivel_data')
  --shard_size: The size for each shard
    (default: '4096')
    (an integer)
  --vocab: Vocabulary to use instead of generating one
    (default: '')
  --window_size: The window size
    (default: '10')
    (an integer)
...

vocabulary contains 8192 tokens

writing shard 256/256
Wrote vocab and sum files to /content/umbc/coocs/tlgs_wnscd_5k_standard/
Wrote vocab and sum files to /content/umbc/coocs/tlgs_wnscd_5k_standard/
done!
```

```
In [7]: !head -n15  /content/umbc/coocs/tlgs_wnscd_5k_standard/row_vocab.txt
the%7CGT_ART
%2C%7CGT_PNT
.%7CGT_PNT
of%7CGT_PRE
and%7CGT_CON
to%7CGT_PRE
a%7CGT_ART
in%7CGT_PRE
for%7CGT_PRE
%22%7CGT_PNT
is%7Clem_be%7CGT_VER%7Cwn31_be.v.01
with%7CGT_PRE
%29%7CGT_PNT
%28%7CGT_PNT
on%7Clem_on%7CGT_PRE
```

正如上面的代码所示,应用标准预处理会产生超过 8000 个"标记"的词汇表。然而,每个标记仍然表示为纯文本、词元、语法类型和同义词集(如果可用)的 URL 编码组合。

6.5.2.2　joint-subtoken 预处理

对于 joint-subtoken 预处理阶段,我们接下来描述实现类似过程所需执行的步骤。请注意,我们使用的 Java 实现还不是开源的,因为它仍然与专有代码绑定在一起。目前,我们正在重构代码,使 Cogito 子标记只是一个特例,从而能够开源出来。在此之前,我们在 GitHub 仓库中提供了预先计算好的共现文件。

首先,我们在语料库上运行子标记 prep 的实现。请注意:

- 我们只包括词元和同义词集信息,也就是说,我们没有包括纯文本和语法信息。
- 此外,我们正在通过以下方式过滤语料库:(1)删除任何与标点符号(PNT)、助动词(AUX)和冠词(ART)相关的标记,因为我们认为这些标记对单词的语义没有多大贡献;(2)分别用 grammar#ENT 和 grammar#NPH 替换语法类型为 ENT(实体)和 NPH(专有名称)的标记。

第二点的基本原理是,根据输入语料库的不同,个人或组织的名称可能出现几次,但如果出现的次数不够多,则可能被过滤掉。这样可以确保这些标记保存在词汇表中,并有助于附近词汇的嵌入。主要的缺点是我们在最后的词汇表中失去了一些专有名词。

```
java $JAVA_OPTIONS net.expertsystem.word2vec.swivel.SubtokPrep
  --input C:/hybridnlp/tutorial/datasamples/umbc_tlgs_wnscd_5K
  --output_dir C:/corpora/umbc/coocs/tlgs_wnscd_5K_ls_f/
  --expected_seq_encoding TLGS_WN
  --sub_tokens
  --output_subtokens "LEMMA,SYNSET"
  --remove_tokens_with_grammar_types "PNT,AUX,ART"
  --generalise_tokens_with_grammar_types "ENT,NPH"
  --shard_size 512
```

输出日志如下：

```
INFO  net.expertsystem.word2vec.swivel.SubtokPrep
- expected_seq_encoding set to 'TLGS_WN'
INFO  net.expertsystem.word2vec.swivel.SubtokPrep
- remove_tokens_with_grammar_types set to PNT,AUX,ART
INFO  net.expertsystem.word2vec.swivel.SubtokPrep
- generalise_tokens_with_grammar_types set to ENT,NPH
INFO  net.expertsystem.word2vec.swivel.SubtokPrep
- Creating vocab for hybridnlp/tutorial/datasamples/umbc_tlgs_wnscd_5K
INFO  net.expertsystem.word2vec.swivel.SubtokPrep
- read 5000 lines from hybridnlp/tutorial/datasamples/umbc_tlgs_wnscd_5K
INFO  net.expertsystem.word2vec.swivel.SubtokPrep
- filtered 166152 tokens from a total of 427796 (38,839%)
- generalised 1899 tokens from a total of 427796 (0,444%)
- full vocab size 21321
INFO  net.expertsystem.word2vec.swivel.SubtokPrep
- Vocabulary contains 5632 tokens (21321 full count, 5913 appear > 5 times)
INFO  net.expertsystem.word2vec.swivel.SubtokPrep
- Flushing 1279235 co-occ pairs
INFO  net.expertsystem.word2vec.swivel.SubtokPrep
- Wrote 121 tmpShards to disk
```

我们已经将这个过程的输出放到了 GitHub 仓库上。接下来，我们解压这个文件夹来检查结果：

```
In [8]: !unzip /content/tutorial/datasamples/precomp-coocs-tlgs_wnscd_5K_ls_f.zip
        -d /content/umbc/coocs/ precomp_coocs_path = \
        '/content/umbc/coocs/tlgs_wnscd_5K_ls_f'

Archive:  /content/tutorial/datasamples/precomp-coocs-tlgs_wnscd_5K_ls_f.zip
   creating: /content/umbc/coocs/tlgs_wnscd_5K_ls_f/
  inflating: /content/umbc/coocs/tlgs_wnscd_5K_ls_f/col_sums.txt
  inflating: /content/umbc/coocs/tlgs_wnscd_5K_ls_f/col_vocab.txt
  inflating: /content/umbc/coocs/tlgs_wnscd_5K_ls_f/init_vocab.txt
  inflating: /content/umbc/coocs/tlgs_wnscd_5K_ls_f/row_sums.txt
  inflating: /content/umbc/coocs/tlgs_wnscd_5K_ls_f/row_vocab.txt
  inflating: /content/umbc/coocs/tlgs_wnscd_5K_ls_f/shard-000-000.pb
  inflating: /content/umbc/coocs/tlgs_wnscd_5K_ls_f/shard-000-001.pb
  inflating: /content/umbc/coocs/tlgs_wnscd_5K_ls_f/shard-000-002.pb
  ...
```

上面的操作提取了预计算的共现分片，并定义了一个路径变量 `precomp_coocs_path`，该路径指向存储这些分片的文件夹。

接下来，我们打印词汇表的前 10 个元素来查看用来表示词元和同义词集的格式：

```
In [9]: !head -n10 {precomp_coocs_path}/row_vocab.txt

lem_be
wn31_be.v.01
lem_that
lem_this
lem_on
lem_by
lem_information
lem_as
lem_use
lem_from
```

如上面的输出所示，使用 subtoken prep 得到的词汇表更小（5600 个元素而不是 8000 个以上），它包含单个词元和同义词集（它还包含如前所述的特殊元素 grammar#ENT 和 grammar #NPH）。更重要的是，共现计数考虑了某些词元与其他特定词元和同义词集更频繁地共同出现这一事实，所以在学习嵌入表达时应该考虑到这一点。

6.5.3　从共现矩阵学习嵌入

通过在前一节中创建的分片式共现矩阵，现在可以通过调用 swivel.py 脚本来学习嵌入了。这个脚本将启动一个基于各种参数（大多数参数都是不言自明的）TensorFlow 应用程序：

- input_base_path：包含前面生成的共现矩阵（稀疏矩阵的 protobuf 文件）的文件夹。
- submatrix_ 行和 submatrix_ 列需要与 prep 步骤中使用的 shard_size 大小相同。
- num_epochs：遍历输入数据的次数（分片中所有的共现次数）。我们发现，对于大型语料库，学习算法在几个周期后收敛，而对于较小的语料库，需要更多的周期。

执行以下单元中的代码为预先计算的共现数据生成嵌入：

```
In [10]: vec_path = '/content/umbc/vec/tlgs_wnscd_5k_ls_f'
         !python /content/tutorial/scripts/swivel/swivel.py \
            --input_base_path={precomp_coocs_path} \
            --output_base_path={vec_path} \
            --num_epochs=40 --dim=150 \
            --submatrix_rows=512 --submatrix_cols=512

INFO:tensorflow:local_step=10 global_step=10 loss=79.3, 0.2% complete
I0926 15:14:24.026667 139968712865664 swivel.py:513]
local_step=10 global_step=10 loss=79.3, 0.2% complete
INFO:tensorflow:local_step=20 global_step=20 loss=78.0, 0.4% complete
I0926 15:14:24.106195 139968712865664 swivel.py:513]
local_step=20 global_step=20 loss=78.0, 0.4% complete
INFO:tensorflow:local_step=30 global_step=30 loss=75.5, 0.6% complete
I0926 15:14:24.184316 139968712865664 swivel.py:513]
local_step=30 global_step=30 loss=75.5, 0.6% complete
INFO:tensorflow:local_step=40 global_step=40 loss=154.8, 0.8% complete
I0926 15:14:24.271500 139968712865664 swivel.py:513]
local_step=40 global_step=40 loss=154.8, 0.8% complete
INFO:tensorflow:local_step=50 global_step=50 loss=69.2, 1.0% complete
I0926 15:14:24.345748 139968712865664 swivel.py:513]
local_step=50 global_step=50 loss=69.2, 1.0% complete
INFO:tensorflow:local_step=60 global_step=60 loss=76.4, 1.2% complete
I0926 15:14:24.417270 139968712865664 swivel.py:513]
local_step=60 global_step=60 loss=76.4, 1.2% complete
...
```

这将花费几分钟的时间，具体取决于机器的性能。结果会在指定输出文件夹中生成文件列表，包括：

- TensorFlow 的图，定义了被训练模型的架构。
- 模型的检查点（权重的中间快照）。
- 列和行嵌入最终状态的 tsv 文件。

```
In [11]: %ls {vec_path}

checkpoint
col_embedding.tsv
events.out.tfevents.1569510861.dc66177fa300
graph.pbtxt
model.ckpt-0.data-00000-of-00001
model.ckpt-0.index
model.ckpt-0.meta
model.ckpt-4840.data-00000-of-00001
model.ckpt-4840.index
model.ckpt-4840.meta
row_embedding.tsv
```

将 tsv 文件转换为 bin 文件

正如在前面的 Jupyter Notebook 中看到的，tsv 文件很容易检查，但是它们占用了太多的空间，而且加载速度也很慢，因为我们需要将不同的数值转换为浮点数，并将它们打包成向量。Swivel 提供了一个将 tsv 文件转换为二进制格式的实用工具。同时，它将列和行的嵌入组合到单个的空间中，只需为词汇表中的每个单词简单地添加两个向量。

```
In [12]: !python /content/tutorial/scripts/swivel/text2bin.py \
            --vocab={precomp_coocs_path}/row_vocab.txt \
            --output={vec_path}/vecs.bin \
            {vec_path}/row_embedding.tsv \
            {vec_path}/col_embedding.tsv

executing text2bin.
merging files ['/content/umbc/vec/tlgs_wnscd_5k_ls_f/row_embedding.tsv',
            '/content/umbc/vec/tlgs_wnscd_5k_ls_f/col_embedding.tsv']
into output bin.
```

这里将 vocab.txt 和 vecs.bin 以向量方式添加到文件夹中：

```
In [13]: %ls {vec_path}

checkpoint
col_embedding.tsv
events.out.tfevents.1569510861.dc66177fa300
graph.pbtxt
model.ckpt-0.data-00000-of-00001
model.ckpt-0.index
model.ckpt-0.meta
model.ckpt-4840.data-00000-of-00001
model.ckpt-4840.index
model.ckpt-4840.meta
row_embedding.tsv
vecs.bin
```

6.5.4   检查嵌入

和以前的 Jupyter Notebook 一样，现在可以使用 Swivel 的 Vecs 类来检查向量。这个类接受一个 `vocab_file` 和向量二进制序列化后的文件（`vecs.bin`）。

```
In [ ]: from tutorial.scripts.swivel import vecs
```

现在我们可以加载已有的向量了。在这个示例中，我们加载了一些预先计算的嵌入，但读者可以随意使用通过以上步骤计算得到的嵌入。但是请注意，由于我们在训练步骤中随机初始化了权重，所以读者得到的结果可能会有所不同。

```
In [15]: vectors = vecs.Vecs(precomp_coocs_path + '/row_vocab.txt',
                   vec_path + '/vecs.bin')

Opening vector with expected size 5632 from file:
    /content/umbc/coocs/tlgs_wnscd_5K_ls_f/row_vocab.txt
vocab size 5632 (unique 5632)
read rows
```

接下来，让我们定义一个打印给定单词的 k 近邻的基本方法，并在词汇表中的一些词元和同义词集上使用这种方法：

```
In [16]: import pandas as pd
         pd.DataFrame(vectors.k_neighbors('lem_California'))

Out[16]:    cosim                        word
         0  1.000000              lem_California
         1  0.570745   lem_University of California
         2  0.337390            wn31_assign.v.02
         3  0.330571            wn31_engage.v.07
         4  0.322535          wn31_recognize.v.08
         5  0.312997               lem_comprise
         6  0.308644             lem_deployment
         7  0.289010       lem_natural resources
         8  0.285247             wn31_order.v.01
         9  0.282973     wn31_representation.n.04

In [17]: pd.DataFrame(vectors.k_neighbors('lem_semantic'))

Out[17]:    cosim                        word
         0  1.000000              lem_semantic
         1  0.348555         wn31_exemplify.v.01
         2  0.341621        wn31_similarity.n.01
         3  0.336341                lem_object
         4  0.326920           lem_hierarchical
         5  0.325940            lem_distinction
         6  0.318285           lem_relationship
         7  0.316533               lem_elusive
         8  0.314209         lem_heterogeneity
         9  0.311853             lem_procedural

In [18]: pd.DataFrame(vectors.k_neighbors('lem_conference'))

Out[18]:    cosim                        word
         0  1.000000             lem_conference
         1  0.648084        wn31_conference.n.01
         2  0.523156        wn31_conference.n.03
         3  0.504673            lem_proceedings
         4  0.464521           wn31_session.n.01
         5  0.391413               lem_session
```

```
6    0.382983              lem_seminar
7    0.379104              lem_workshop
8    0.365104              lem_meeting
9    0.362927              lem_annual
```

```
In [19]: pd.DataFrame(vectors.k_neighbors('wn31_conference.n.01'))

Out[19]:        cosim                word
         0    1.000000    wn31_conference.n.01
         1    0.648084         lem_conference
         2    0.494678       wn31_seminar.n.01
         3    0.453380       wn31_meeting.n.01
         4    0.405092            lem_seminar
         5    0.397628           wn31_at.n.02
         6    0.393092      wn31_workshop.n.01
         7    0.367346        lem_proceedings
         8    0.363903   wn31_practitioner.n.01
         9    0.359585      wn31_external.a.03
```

　　注意，使用 Vecsigrafo 方法得到的结果与使用标准 Swivel 得到的结果非常不同。现在，结果包括了概念（同义词集），而不仅仅是单词。由于没有进一步的信息，而且我们现在只有概念标识符，这使得解释结果更加困难。然而，我们可以在底层知识图谱中搜索这些概念（本例中为 WordNet），以探索语义网络并获得进一步的信息。

　　当然，这个例子中产生的结果可能不是很好，因为这些结果来自一个非常小的语料库（来自 UMBC 中的 5000 行）。在下面的练习中，我们鼓励读者下载并检查基于完整 UMBC 语料库预先计算好的嵌入。

```
In [20]: pd.DataFrame(vectors.k_neighbors('lem_semantic web'))

Out[20]:        cosim                            word
         0    1.000000               lem_semantic web
         1    0.464729              wn31_technology.n.01
         2    0.392353              lem_machine learning
         3    0.384410                  lem_technology
         4    0.361726    lem_natural language processing
         5    0.346679                      lem_mature
         6    0.341555                lem_incorporation
         7    0.334495                   lem_emergence
         8    0.324496             wn31_engineering.n.02
         9    0.320252                lem_educationally
```

```
In [21]: pd.DataFrame(vectors.k_neighbors('lem_ontology'))

Out[21]:        cosim             word
         0    1.000000      lem_ontology
         1    0.389556   wn31_center.n.01
         2    0.300476           lem_eye
         3    0.294903    lem_distinction
         4    0.288841           lem_rdf
         5    0.283265       lem_mapping
         6    0.279728         lem_joint
         7    0.278996          lem_edge
         8    0.278543         lem_truly
         9    0.272837        lem_extend
```

6.6　练习：探索一个预先计算好的 Vecsigrafo

在 6.5 节中，我们基于一个消歧语料库生成了一个 Vecsigrafo，由此产生的嵌入空间结合了概念标识符和词元。我们已经可以看到由此产生的向量空间：

- 由于潜在的不透明概念标识，使得检查可能更加困难。

- 显然不同于标准的 Swivel 嵌入。

因此，问题是：由此产生的嵌入更好吗？为了得到这个答案，在第 8 章，我们将研究嵌入的评价方法。

我们还为整个 UMBC 语料库提供了预先计算好的 Vecsigrafo 嵌入。提供的 `tar.gz` 文件大约为 1.1GB，因此，下载可能需要几分钟的时间。

```
In [22]:
full_precomp_url =
'https://zenodo.org/record/1446214/files/
vecsigrafo_umbc_tlgs_ls_f_6e_160d_row_embedding.tar.gz'
full_precomp_targz =
'/content/umbc/vec/tlgs_wnscd_ls_f_6e_160d_row_embedding.tar.gz'
!wget {full_precomp_url} -O {full_precomp_targz}

--2019-09-26 15:16:16--
https://zenodo.org/record/1446214/files/
    vecsigrafo_umbc_tlgs_ls_f_6e_160d_row_embedding.tar.gz
Resolving zenodo.org (zenodo.org)... 188.184.65.20
Connecting to zenodo.org (zenodo.org)|188.184.65.20|:443... connected.
HTTP request sent, awaiting response... 200 OK
Length: 1166454112 (1.1G) [application/octet-stream]
Saving to: '/content/umbc/vec/tlgs_wnscd_ls_f_6e_160d_row_embedding.tar.gz'

/content/umbc/vec/t 100%[===================>]   1.09G  10.8MB/s    in 1m 50s

2019-09-26 15:18:09 (10.1 MB/s) -
'/content/umbc/vec/tlgs_wnscd_ls_f_6e_160d_row_embedding.tar.gz'
saved [1166454112/1166454112]
```

接下来，我们解压向量文件：

```
In [ ]: !tar -xzf {full_precomp_targz} -C /content/umbc/vec/
        full_precomp_vec_path = '/content/umbc/vec/vecsi_tlgs_wnscd_ls_f_6e_160d'

In [25]: %ls /content/umbc/vec/vecsi_tlgs_wnscd_ls_f_6e_160d/

    row_embedding.tsv
```

数据只包含了向量的 `tsv` 版本，因此需要将其转换为 Swivel 使用的二进制格式。为此还需要一个 `vocab.txt` 文件，我们可以从 `tsv` 派生如下：

```
In [ ]: with open(full_precomp_vec_path + '/vocab.txt', 'w',
                encoding='utf_8') as f:
        with open(full_precomp_vec_path + '/row_embedding.tsv', 'r',
                encoding='utf_8') as vec_lines:
          vocab = [line.split('\t')[0].strip() for line in vec_lines]
          for word in vocab:
            print(word, file=f)
```

接下来，让我们来检查一下词汇表：

```
In [27]: !wc -l {full_precomp_vec_path}/vocab.txt

1499136 /content/umbc/vec/vecsi_tlgs_wnscd_ls_f_6e_160d/vocab.txt

In [28]: !grep 'wn31_' {full_precomp_vec_path}/vocab.txt | wc -l

56407

In [29]: !grep 'lem_' {full_precomp_vec_path}/vocab.txt | wc -l

1442727
```

正如我们所看到的，嵌入的词汇表接近 150 万个条目，其中 5.6 万个是同义词集，其余的大部分是词元。接下来，我们将 tsv 转换为 Swivel 的二进制格式。这可能需要几分钟的时间。

```
In [30]: !python /content/tutorial/scripts/swivel/text2bin.py \
             --vocab={full_precomp_vec_path}/vocab.txt \
             --output={full_precomp_vec_path}/vecs.bin \
             {full_precomp_vec_path}/row_embedding.tsv

executing text2bin
merging files
    ['/content/umbc/vec/vecsi_tlgs_wnscd_ls_f_6e_160d/row_embedding.tsv']
into output bin
```

现在，准备加载这些向量。

```
In [31]: vecsi_wn_umbc = vecs.Vecs(full_precomp_vec_path + '/vocab.txt',
                 full_precomp_vec_path + '/vecs.bin')

Opening vector with expected size 1499136 from file
    /content/umbc/vec/vecsi_tlgs_wnscd_ls_f_6e_160d/vocab.txt
vocab size 1499136 (unique 1499125)
read rows

In [32]: pd.DataFrame(vecsi_wn_umbc.k_neighbors('lem_California'))

Out[32]:     cosim                     word
        0  1.000000              lem_California
        1  0.630092           lem_Central Valley
        2  0.595864  lem_University of California
        3  0.554219       lem_Southern California
        4  0.525430              lem_Santa Cruz
        5  0.524089           lem_Astro Aerospace
        6  0.516835         lem_San Francisco Bay
        7  0.509182          lem_San Diego County
        8  0.507356           lem_Santa Barbara
        9  0.506900              lem_Santa Rosa

In [33]: pd.DataFrame(vecsi_wn_umbc.k_neighbors('lem_semantic'))

Out[33]:     cosim              word
        0  1.000000       lem_semantic
        1  0.629694       lem_semantics
        2  0.567266        lem_lexical
        3  0.537733         lem_logic
        4  0.528353       lem_data model
        5  0.528306      lem_semantic web
        6  0.519358         lem_schema
```

```
        7  0.510043     wn31_lexical.a.01
        8  0.509647            lem_syntax
        9  0.502321              lem_xml
In [34]: pd.DataFrame(vecsi_wn_umbc.k_neighbors('lem_conference'))

Out[34]:     cosim                 word
        0  1.000000       lem_conference
        1  0.685512   wn31_conference.n.03
        2  0.680377   wn31_conference.n.01
        3  0.622037      wn31_meeting.n.02
        4  0.620641      wn31_meeting.n.01
        5  0.616911          lem_meeting
        6  0.610723      wn31_session.n.01
        7  0.600658       wn31_seance.n.01
        8  0.587808  lem_plenary session
        9  0.587305        lem_symposium

In [35]: print(wn.synset('conference.n.01').definition())
        pd.DataFrame(vecsi_wn_umbc.k_neighbors('wn31_conference.n.01'))

A prearranged meeting for consultation or exchange of information or discussion,
especially one with a formal agenda.

Out[35]:     cosim                 word
        0  1.000000   wn31_conference.n.01
        1  0.680377       lem_conference
        2  0.656847   wn31_conference.n.03
        3  0.652518       wn31_seance.n.01
        4  0.633268      wn31_seminar.n.01
        5  0.618963    wn31_confluence.n.01
        6  0.611476      wn31_meeting.n.01
        7  0.595094           lem_seminar
        8  0.591273    wn31_symposium.n.01
        9  0.583282        wn31_forum.n.01

In [36]: print(wn.synset('conference.n.03').definition())
        pd.DataFrame(vecsi_wn_umbc.k_neighbors('wn31_conference.n.03'))

A discussion among participants who have an agreed (serious) topic.

Out[36]:     cosim                 word
        0  1.000000   wn31_conference.n.03
        1  0.685512       lem_conference
        2  0.679651       wn31_seance.n.01
        3  0.656847   wn31_conference.n.01
        4  0.652746      wn31_session.n.01
        5  0.616685        lem_symposium
        6  0.598573    wn31_symposium.n.01
        7  0.598052      wn31_meeting.n.02
        8  0.575875          lem_workshop
        9  0.565252      wn31_meeting.n.01
```

6.7   从 Vecsigrafo 到 Transigrafo

正如第 3 章所介绍的那样，与传统的静态嵌入学习方法相比，神经网络语言模型在产生人类语言模型和生成语境嵌入方面的优势已经得到了充分的展示。事实上，语言模型及其对 NLP 流水线的影响是目前正在深入研究的课题之一 [35, 84, 178]。在本节中，我们将向这个方向迈进一步，展示如何基于 Transformer 和神经网络语言模型生成基于语料库的知识图谱嵌入，而之前我们只展示了如何使用静态词嵌入算法（如 Swivel）

的一个扩展版本来训练 Vecsigrafo。之后，我们将把这种基于 Transformer 的模型称为
Transigrafo。

我们的方法是 Loureiro 和 Jorge 在文献 [109] 中提出的语言模型生成语义（Language
Modeling Makes Sense，LMMS）算法的一个扩展，该算法利用 WordNet 图谱结构使用
上下文嵌入来实现词义消歧。在这种情况下，我们不会像在 Vecisgrafo 中那样关注词
汇、词元和概念（义项）嵌入的联合学习。此外，我们也不会通过事先消除语料库的歧
义来学习概念嵌入，而是利用一个预训练的语言模型，如 BERT，以及它为词汇表之
外的单词（在这里是义项）生成上下文嵌入的能力。未来的工作将需要对 Vecsigrafo、
Transitgrafo 和混合方法学习的嵌入进行并行评估，以更好地理解每种方法的优缺点。

如 LMMS 算法的作者所示，通过预训练的神经语言模型来生成的上下文嵌入，如
BERT，可以在词义消歧任务中（WSD）取得前所未有的良好效果。该方法的重点是创
建语义层次的嵌入，包含完整的词法 – 语义的知识图谱，如 WordNet 或 Sensigrafo，而
不依赖于外显的义项分布或特定于任务的建模。然后，可以通过近邻（k-NN）这样的
简单方法利用词义消歧中的结果表示，稳定地超越以前基于强大神经网络排序模型的
系统表现。

LMMS 算法的完整流程如图 6.3 所示。在这里，我们将重点放在前两个阶段，训
练和扩展，以：（1）获得 SemCor 语料库中每个义项的上下文嵌入[⊖]；（2）利用图谱
的层次结构（从义项到同义词集、上位关系和词条名称），以便将这种嵌入提供的
覆盖范围扩展到在 SemCor 图谱中没有出现的义项；（3）评估由此产生的义项嵌入。
LMMS 算法的后续阶段侧重于利用 WordNet 注释和词元信息来优化最终的意义嵌入的
质量。

我们还介绍了对原有 LMMS 算法的一些扩展，这些扩展有助于生成 Transigrafo。
这些扩展包括以下内容：

- 我们添加了一个基于 Hugging Face Transformers library[⊜]的 **Transformer 后端**，
  以便在除了 BERT 之外的其他 Transformer 架构上进行实验，如 XLNet、XLM
  和 RoBERTa。这种做法除了显而易见的模型独立性优势之外，还能够优化训练
  的性能，例如，当不再需要在后端使用不同模型时，将填充序列添加到 BERT
  风格的 512 单词片段标记。
- 我 们 实 现 了 SentenceEncoder，它是 bert-as-service 的一种泛化，使用

⊖　SemCor 是根据 WordNet 知识图谱手动消除歧义的。只要语料库也消歧，像 Sensigrafo 这样的词
　　汇 – 语义图谱同样有效。通过对算法进行最低限度的调整，知识图谱（如 DBpedia）或者领域特定
　　的图谱也可以使用。

⊜　https://github.com/huggingface/transformers。

Transformer 后端对服务进行编码。SentenceEncoder 允许从一批序列的单个执行中提取各种类型的嵌入。

- 我们在训练过程中采用了**滚动余弦相似度**度量，以便检查代表每种意义的嵌入如何收敛到它们的最佳表达。

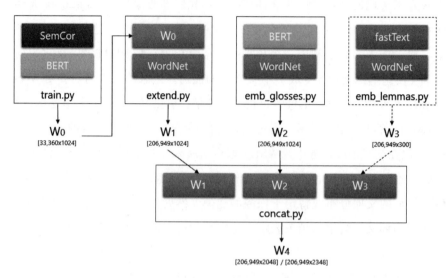

图 6.3　语言建模生成语义算法（LMMS）的流水线

　　接下来，我们将介绍生成 Transigrafo 所需的一系列步骤，以及实现每个步骤的实际代码，完整的 Jupyter Notebook 可以在线获得并执行。

6.7.1　安装设置

　　首先，我们克隆 LMMS GitHub 储存库，并将当前目录更改为 LMMS。

```
In [ ]: !git clone https://github.com/hybridnlp/LMMS
        %cd /content/LMMS

Cloning into 'LMMS'...
remote: Enumerating objects: 58, done.
remote: Counting objects: 100% (58/58), done.
remote: Compressing objects: 100% (45/45), done.
remote: Total 202 (delta 32), reused 25 (delta 13), pack-reused 144
Receiving objects: 100% (202/202), 171.80 KiB | 945.00 KiB/s, done.
Resolving deltas: 100% (95/95), done.
/content/LMMS
```

　　然后，我们导入 nltk 并下载 WordNet 的接口，安装执行 LMMS 脚本所需的 Transformer 库。

```
In [ ]: import nltk
        nltk.download("wordnet")
        !pip install transformers
```

```
[nltk_data] Downloading package wordnet to /root/nltk_data...
[nltk_data]   Unzipping corpora/wordnet.zip.
Collecting transformers==2.1.1
[...]
Successfully built sacremoses
Installing collected packages: regex, sentencepiece, sacremoses, transformers
Successfully installed regex-2019.11.1 sacremoses-0.0.35 sentencepiece-0.1.83 transformers-2.1.1
```

我们使用一个语义注释的英文语料库：SemCor[⊖]，语义分析是用 WordNet 1.6 的义项（SemCor 的 1.6 版本）手工完成的，然后自动映射到 WordNet 3.0（SemCor 的 3.0 版本）。SemCor 语料库是由来自 Brown 语料库的 352 篇文本组成的[⊜]。

接下来，我们下载并解压 SemCor 语料库：

```
In [ ]: !mkdir external/wsd_eval
        %cd external/wsd_eval
        !wget http://lcl.uniroma1.it/wsdeval/data/WSD_Evaluation_Framework.zip
        !unzip WSD_Evaluation_Framework
        %cd /content/LMMS/

/content/LMMS/external/wsd_eval
-- http://lcl.uniroma1.it/wsdeval/data/WSD_Evaluation_Framework.zip
Resolving lcl.uniroma1.it (lcl.uniroma1.it)... 151.100.179.52
Connecting to lcl.uniroma1.it (lcl.uniroma1.it)|151.100.179.52|:80... connected.
HTTP request sent, awaiting response... 200 OK
Length: 165655083 (158M) [application/zip]
Saving to: 'WSD_Evaluation_Framework.zip'

WSD_Evaluation_Fram 100%[===================>] 157.98M  11.2MB/s    in 14s

 (11.1 MB/s) - 'WSD_Evaluation_Framework.zip' saved [165655083/165655083]

Archive:  WSD_Evaluation_Framework.zip
   creating: WSD_Evaluation_Framework/
   creating: WSD_Evaluation_Framework/Data_Validation/
  inflating: WSD_Evaluation_Framework/Data_Validation/README
  inflating: WSD_Evaluation_Framework/Data_Validation/ValidateGold.java
  inflating: WSD_Evaluation_Framework/Data_Validation/ValidateXML.java
  inflating: WSD_Evaluation_Framework/Data_Validation/candidatesWN30.txt
   creating: WSD_Evaluation_Framework/Data_Validation/lib/
  inflating: WSD_Evaluation_Framework/Data_Validation/lib/commons-lang-2.6.jar
   creating: WSD_Evaluation_Framework/Data_Validation/sample-dataset/
  inflating: WSD_Evaluation_Framework/Data_Validation/sample-dataset/semeval2015.data.xml
  inflating: WSD_Evaluation_Framework/Data_Validation/sample-dataset/semeval2015.gold.key.txt
  inflating: WSD_Evaluation_Framework/Data_Validation/schema.xsd
  inflating: WSD_Evaluation_Framework/EACL17_WSD_EvaluationFramework.pdf
  [...]
  inflating: WSD_Evaluation_Framework/Training_Corpora/SemCor/semcor.gold.key.txt
/content/LMMS
```

6.7.2　训练 Transigrafo

我们使用一个 Transformer 后端[⊜]和 SemCor 语料库来训练模型。经过训练之后，我们将在输出文件夹中生成以下文件：

⊖　https://www.sketchengine.eu/semcor-annotated-corpus。

⊜　https://www.sketchengine.eu/brown-corpus。

⊜　在 Google Colaboratory 中，BERT 作为一种替代服务是不可能的，在本书中，BERT 一直被用作 Jupyter Notebook 的一个可执行平台。

- semcor.4-8.vecs.txt 包含针对每个义项的嵌入学习。

- semcor.4-8.counts.txt 记录了每个义项在训练语料库中的出现频率。

- semcor.4-8.rolling_cosims.txt 对于每个义项，记录当前的平均值和考虑训练语料库中下一次出现的平均值之间的余弦相似值序列。

- lmms_config.json 记录了训练期间使用的参数。

```
In [ ]: %%time
!python train.py -dataset semcor -backend transformers -out_path data/vectors/semcor.txt
                -min_seq_len 4 -max_seq_len 8

08-Nov-19 12:22:19 - INFO - Creating TransformerSentenceEncoder
[...]
08-Nov-19 12:22:21 - INFO - Model config {
  "attention_probs_dropout_prob": 0.1,
  "directionality": "bidi",
  "finetuning_task": null,
  "hidden_act": "gelu",
  "hidden_dropout_prob": 0.1,
  "hidden_size": 1024,
  "initializer_range": 0.02,
  "intermediate_size": 4096,
  "layer_norm_eps": 1e-12,
  "max_position_embeddings": 512,
  "num_attention_heads": 16,
  "num_hidden_layers": 24,
  "num_labels": 2,
  "output_attentions": false,
  "output_hidden_states": true,
  "output_past": true,
  "pooler_fc_size": 768,
  "pooler_num_attention_heads": 12,
  "pooler_num_fc_layers": 3,
  "pooler_size_per_head": 128,
  "pooler_type": "first_token_transform",
  "pruned_heads": {},
  "torchscript": false,
  "type_vocab_size": 2,
  "use_bfloat16": false,
  "vocab_size": 28996
}
[...]
08-Nov-19 12:23:24 - INFO - Created TransformerSentenceEncoder
config {'model_name_or_path': 'bert-large-cased', 'model_arch': 'BERT', 'min_seq_len': 4,
       'max_seq_len': 8, 'pooling_strategy': 'NONE', 'pooling_layer': [-4, -3, -2, -1],
       'tok_merge_strategy': 'mean', 'sent_special_tokens': [{'index': 0, 'tok_id': 101,
       'tok': '[CLS]'}, {'index': -1, 'tok_id': 102, 'tok': '[SEP]'}], 'tok_dim': 1024}
08-Nov-19 12:25:26 - INFO - 84.442 sents/sec - 10300 sents, 8507 senses
08-Nov-19 12:25:26 - INFO - Processing remaining batch [3, 16) with 18 < 32 elts
08-Nov-19 12:25:26 - INFO - #sents: 10322 of 37175, 84.141 sents/sec
08-Nov-19 12:25:26 - INFO - Writing Sense Vectors ...
08-Nov-19 12:25:37 - INFO - Written data/vectors/semcor..4-8.vecs.txt
08-Nov-19 12:25:37 - INFO - Writing Sense counts ...
08-Nov-19 12:25:37 - INFO - Written data/vectors/semcor..4-8.counts.txt
08-Nov-19 12:25:37 - INFO - Writing rolling cosine similarities ...
08-Nov-19 12:25:37 - INFO - Written data/vectors/semcor..4-8.rolling_cosims.txt
08-Nov-19 12:25:37 - INFO - Writing lmms_train_config.json
08-Nov-19 12:25:37 - INFO - Written data/vectors/lmms_config.json
CPU times: user 1.58 s, sys: 235 ms, total: 1.81 s
Wall time: 3min 24s
```

6.7.3　扩展知识图谱的覆盖范围

接下来，我们将在前一个训练阶段学习的嵌入信息传播到整个 WordNet 图谱中，以便计算在训练语料库中没有显式出现的意义的嵌入信息。这种扩展主要在 3 个层次进行：

1）Synset Level：对于没有嵌入的任何义项，我们分配近亲义项的嵌入，例如那些共享相同同义词集的义项。

2）Hypernym Level：在基于同义词集的扩展之后，对那些没有关联嵌入的义项分配它们上位词的平均嵌入。

3）Lexname Level：在基于上位词的扩展之后，为 WordNet 中称为词汇名称（lexname）的顶级类别分配其所有可用底层义项的平均嵌入。在前两个步骤之后，没有关联嵌入的任何义项都被指定为其词汇名称的类别嵌入。

由上面描述的不同扩展导致的新嵌入保存在一个附加文件中：semcor_ext.3-512.vecs.npz。

```
In [ ]: %%time
!python extend.py -sup_sv_path data/vectors/semcor..3-512.vecs.txt -ext_mode lexname
                -out_path data/vectors/semcor_ext.3-512.vecs.npz

08-Nov-19 12:28:28 - INFO - Loading SensesVSM ...
08-Nov-19 12:28:37 - INFO - Processing ...
08-Nov-19 12:28:37 - INFO - Extension at synset 0 - 0
08-Nov-19 12:28:37 - INFO - Extension at synset 1000 - 144
08-Nov-19 12:28:37 - INFO - Extension at synset 2000 - 332
[...]
08-Nov-19 12:28:38 - INFO - Extension at synset 206000 - 22286
08-Nov-19 12:28:38 - INFO - Extension at hypernym 0 - 22442
[...]
08-Nov-19 12:28:45 - INFO - Extension at hypernym 206000 - 120933
08-Nov-19 12:28:45 - INFO - Preparing lexname vecs ...
08-Nov-19 12:28:50 - INFO - Extension at lexname 0 - 121236
08-Nov-19 12:28:50 - INFO - Extension at lexname 1000 - 121892
[...]
08-Nov-19 12:28:50 - INFO - Extension at lexname 206000 - 173546
08-Nov-19 12:28:50 - INFO - Writing vecs ...
08-Nov-19 12:28:50 - INFO - n_vecs: 206949 - 206949
08-Nov-19 12:28:50 - INFO - Coverage: 1.000000
CPU times: user 594 ms, sys: 81.3 ms, total: 676 ms
Wall time: 1min 22s
```

6.7.4　评估 Transigrafo

对所生成嵌入的评估是通过 LMMS 论文作者提供的 Java Scorer 脚本执行的。

```
In [ ]: %cd external/wsd_eval/WSD_Evaluation_Framework/Evaluation_Datasets/
        !javac Scorer.java
        %cd /content/LMMS/

        /content/LMMS/external/wsd_eval/WSD_Evaluation_Framework/Evaluation_Datasets
        /content/LMMS
```

SemCor 语料库包含了 5 个不同的测试集：senseval2、senseval3、semeval2007、semeval2013 和 semeval2015。此外，还有一个额外的测试集可用，它包含以上所有的数据集（"all"）。接下来，我们评价先前针对 semeval2015 计算的嵌入。

```
In [ ]: %%time
!python eval_nn.py -backend transformers -sv_path data/vectors/semcor_ext.3-512.vecs.npz
                -test_set semeval2015

08-Nov-19 12:29:44 - INFO - Loading SensesVSM ...
08-Nov-19 12:29:50 - INFO - Loaded SensesVSM
08-Nov-19 12:29:50 - INFO - Creating TransformerSentenceEncoder
[...]
08-Nov-19 12:29:51 - INFO - Model config {
  "attention_probs_dropout_prob": 0.1,
  "directionality": "bidi",
  "finetuning_task": null,
  "hidden_act": "gelu",
  "hidden_dropout_prob": 0.1,
  "hidden_size": 1024,
  "initializer_range": 0.02,
  "intermediate_size": 4096,
  "layer_norm_eps": 1e-12,
  "max_position_embeddings": 512,
  "num_attention_heads": 16,
  "num_hidden_layers": 24,
  "num_labels": 2,
  "output_attentions": false,
  "output_hidden_states": true,
  "output_past": true,
  "pooler_fc_size": 768,
  "pooler_num_attention_heads": 12,
  "pooler_num_fc_layers": 3,
  "pooler_size_per_head": 128,
  "pooler_type": "first_token_transform",
  "pruned_heads": {},
  "torchscript": false,
  "type_vocab_size": 2,
  "use_bfloat16": false,
  "vocab_size": 28996
}

08-Nov-19 12:30:02 - INFO - Created TransformerSentenceEncoder
config {'model_name_or_path': 'bert-large-cased', 'model_arch': 'BERT', 'min_seq_len': 3,
        'max_seq_len': 512, 'pooling_strategy': 'NONE', 'pooling_layer': [-4, -3, -2, -1],
        'tok_merge_strategy': 'mean', 'sent_special_tokens': [{'index': 0, 'tok_id': 101,
        'tok': '[CLS]'}, {'index': -1, 'tok_id': 102, 'tok': '[SEP]'}], 'tok_dim': 1024}
08-Nov-19 12:30:25 - DEBUG - ACC: 0.817 (278 32/138)
08-Nov-19 12:30:40 - DEBUG - ACC: 0.759 (457 64/138)
08-Nov-19 12:30:55 - DEBUG - ACC: 0.745 (635 96/138)
08-Nov-19 12:31:16 - DEBUG - ACC: 0.746 (929 128/138)
08-Nov-19 12:31:22 - DEBUG - ACC: 0.752 (1022 138/138)
08-Nov-19 12:31:22 - INFO - Supplementary Metrics:
08-Nov-19 12:31:22 - INFO - Avg. correct idx: 0.555773
08-Nov-19 12:31:22 - INFO - Avg. correct idx (failed): 2.245059
08-Nov-19 12:31:22 - INFO - Avg. num options: 5.484344
08-Nov-19 12:31:22 - INFO - Num. unknown lemmas: 0
08-Nov-19 12:31:22 - INFO - POS Failures:
08-Nov-19 12:31:22 - INFO - POS Confusion:
08-Nov-19 12:31:22 - INFO - NOUN - {'NOUN': 531, 'VERB': 0, 'ADJ': 0, 'ADV': 0}
08-Nov-19 12:31:22 - INFO - VERB - {'NOUN': 0, 'VERB': 251, 'ADJ': 0, 'ADV': 0}
08-Nov-19 12:31:22 - INFO - ADJ - {'NOUN': 0, 'VERB': 0, 'ADJ': 160, 'ADV': 0}
08-Nov-19 12:31:22 - INFO - ADV - {'NOUN': 0, 'VERB': 0, 'ADJ': 0, 'ADV': 80}
08-Nov-19 12:31:22 - INFO - Running official scorer ...
P=       75.2%
```

```
R=         75.2%
F1=        75.2%
CPU times: user 602 ms, sys: 83.4 ms, total: 686 ms
Wall time: 1min 44s
```

这里显示了精确度、召回率和 f1 分数（在我们的实现中约为 75%）。我们还可以将这些结果与表 6.2 中 LMMS 原始文件中的结果进行比较。我们在这里重现了"LMMS 1024"行显示的结果。"LMMS 2048"行显示了一些额外的改进，这些改进是通过来自注释和词元的嵌入连接而获得的。

表 6.2 义项嵌入的评估结果——LMMS 算法的变种

	Senseval2	Senseval3	Semeval2007	Semeval2013	Semeval2015	ALL
MFS	66.8	66.2	55.2	63.0	67.8	65.2
LMMS-1024	75.4	74.0	66.4	72.7	75.3	73.8
LMMS-2048	76.3	75.6	68.1	75.1	77.0	75.4

6.7.5 检查 Transigrafo 中的义项嵌入

正如我们之前处理 Vecsigrafo 生成的嵌入那样，使用 Swivel 的扩展版本，然后，根据神经网络的语言模型和 Transformer，检查用于生成 Transigrafo 的嵌入。

```
In [ ]: import numpy as np

        loader = np.load("data/vectors/semcor_ext.3-512.vecs.npz")
        labels = loader['labels'].tolist()
        vectors = loader['vectors']
        indices = {l: i for i, l in enumerate(labels)}
```

为此，我们基于 k-NN 算法定义了两个函数，这两个函数可以获得在 Transigrafo 向量空间中一个义项嵌入的近邻。

```
In [ ]: from sklearn.neighbors import KNeighborsClassifier
        import pandas

        pandas.set_option('display.max_colwidth', -1)
        def get_knn (n_neighbors,vectors,labels):
          neigh = KNeighborsClassifier(n_neighbors=n_neighbors+1)
          neigh.fit(vectors,labels)
          return neigh

        def get_neighbors_report(neigh,sense,i):
          sensekey2synset_map = {}
          for synset in nltk.corpus.wordnet.all_synsets():
              for lemma in synset.lemmas():
                  sensekey2synset_map[lemma.key()] = synset

          print("SENSE: ", sense)
          print("SYNSET: ", str(sensekey2synset_map[sense])[8:-2])
          print("GLOSSA: ", sensekey2synset_map[sense].definition())


          print("\nK-NEIGHBORS")
          distance_list, neigh_list = neigh.kneighbors(vectors[i].reshape(1, -1))
```

```
distance_list = distance_list[0].tolist()
neigh_list = neigh_list[0].tolist()

if i in neigh_list:
  distance_list.remove(distance_list[neigh_list.index(i)])
  neigh_list.remove(i)
else:
  distance_list = distance_list[:-1]
  neigh_list = neigh_list[:-1]

res=[labels[n] for n in neigh_list]

glossas = []
synsets = []
for r in res:
  synsets.append(str(sensekey2synset_map[r])[8:-2])
  glossas.append(sensekey2synset_map[r].definition())
table = [list(i) for i in zip(*[distance_list, res, synsets, glossas])]
return table
```

接下来，我们生成一个带有嵌入的 k-NN 模型：

```
In [ ]: neigh = get_knn(3,vectors,labels)
```

在我们的 Jupyter Notebook 中执行下列单元中的代码，将显示一些选定义项样本的 3 个近邻："**long% 3:00:02::**""**be% 2:42:03::**" 和 "**review% 2:31:00::**"。

```
In [ ]: sense = "long%3:00:02::"
        table = get_neighbors_report(neigh, sense, indices[sense])
        pandas.DataFrame(table, columns=['distance','sense','synset', 'glossa'])

SENSE:  long%3:00:02::
SYNSET: long.a.01
GLOSSA: primarily temporal sense; being or indicating a relatively great or greater
        than average duration or passage of time or a duration as specified

Out[ ]:    distance ...                                                   glossa
        0  19.909746 ...  for an extended time or at a distant time
        1  27.274618 ...  primarily spatial sense; of relatively great or greater than
                          average spatial extension or extension as specified
        2  28.726203 ...  a prolonged period of time

In [ ]: sense = "be%2:42:03::"
        table = get_neighbors_report(neigh, sense, indices[sense])
        pandas.DataFrame(table, columns=['distance', 'sense', 'synset', 'glossa'])
SENSE:  be%2:42:03::
SYNSET: be.v.01
GLOSSA: have the quality of being; (copula, used with an adjective or a predicate noun)

Out[ ]:    distance ...                                                   glossa
        0  0.0      ...  have the property of being packable or of compacting easily
        1  0.0      ...  be in equilibrium
        2  0.0      ...  have the property of being packable or of compacting easily

In [ ]: sense = "review%2:31:00::"
        table = get_neighbors_report(neigh, sense, indices[sense])
        pandas.DataFrame(table, columns=['distance','sense', 'synset', 'glossa'])

SENSE:  review%2:31:00::
SYNSET: review.v.01
GLOSSA: look at again; examine again

Out[ ]:    distance ...                                                   glossa
        0  25.646945 ...  evaluate professionally a colleague's work
```

```
1  25.646945  ...  appraise critically
2  25.646945  ...  evaluate professionally a colleague's work
```

6.7.6　探索 Transigrafo 嵌入的稳定性

我们在标准 LMMS 算法及其实现上增加了一个改进，就是在学习嵌入的过程中计算滚动余弦相似度的度量。对于每一种义项，这种度量方法收集在此之前的平均向量和训练语料中当前出现的义项之间的余弦相似值。这个值应该收敛到义项在每次迭代中相对于其平均值的平均距离。预期聚集中的峰值和谷值可能会表明问题，例如训练语料库可能太小，没有充足的义项表示。接下来，我们将介绍滚动余弦相似度度量。

```
In [ ]: def read_rolling_cosims(base_path, ext='txt', sep=' '):
            def _float(s):
                try:
                    return float(s)
                except:
                    raise ValueError()
                    #print("Can't convert ", s.strip(), "to float")
                    #return 0.0

            result = {}
            with open(base_path +'.rolling_cosims.%s' % ext) as tsv_f:
                for line_idx, line in enumerate(tsv_f):
                    line = line.strip()
                    elems = line.split(sep)
                    #print("line ", line_idx, len(elems))
                    try:
                        result[elems[0]] = list(map(_float, elems[1:]))
                    except:
                        print('Error reading line %d\n%s\n%s' % (line_idx, line, elems))
            return result

In [ ]: blc = read_rolling_cosims('data/vectors/semcor..3-512')

In [ ]: len(blc)

Out[ ]: 33362

In [ ]: import statistics
def rcosim_stdevs(rcosims, start_occ=10, min_occs=20):
    return {
        sense: statistics.stdev(cosims[start_occ:]) for sense, cosims in rcosims.items()
        if len(cosims) > start_occ + min_occs
    }

In [ ]: def plot_senses(rcosims, sense_list=[], lemma=None):
            style = ['b-', 'g-', 'r-', 'c-', 'm-', 'y-', 'k-',
                     'b:', 'g:', 'r:', 'c:', 'm:', 'y:', 'k:',
                     'b--', 'g--', 'r--', 'c--', 'm--', 'y--', 'k--',
                     'bx', 'gx', 'rx']
            if lemma is not None:
                assert sense_list == []
                sense_list = [sense for sense in rcosims.keys()
                              if sense.startswith(lemma+"%")]
            if len(sense_list) > 6:
                for i in range(0, len(sense_list), 6):
                    #print('plotting sense ', i, 'to', i+6)
                    plot = plot_senses(rcosims, sense_list[i:i+6])
                    plot.show()
                return
```

```python
for i, sense in enumerate(sense_list):
    x = len(rcosims[sense])
    #print(sense, x)
    #plt.scatter(range(len(rcosims[sense])), rcosims[sense])
    plt.plot(range(x), rcosims[sense], style[i],
            label="%s n=%d $\mu$=%.3f $\sigma$=%.3f" % (
        sense, x,
        0.0 if x == 0 else statistics.mean(rcosims[sense]),
        0.0 if x < 2 else statistics.stdev(rcosims[sense])))
plt.legend()
plt.ylabel('Rolling cosim')
plt.xlabel('sense occurrence in corpus')
axes = plt.gca()  # get current
axes.set_xlim([0,100])
axes.set_ylim([0,1.0])
return plt
```

接下来，我们将继续分析消歧语料库对嵌入结果的影响，以及它从滚动余弦相似度度量中获得的信息。

6.7.6.1　义项在 SemCor 中出现的频率

正如我们在图 6.4 中可以看到的，SemCor 语料库中的大部分义项（33K 中的 20K）只在语料库中出现了一两次。只有大约 500 个义项会出现 100 次或更多次。这表明语料库可能太小，提供的信号太少，无法学习手头的任务。因此，这一领域的未来工作需要投入更多的努力来生成更大的消歧语料库，我们可以采用不同的方法，例如众包。

```python
In [ ]: import matplotlib.pyplot as plt
        plt.yscale('log')
        _ = plt.hist([len(rcosims) for sense, rcosims in blc.items()], bins=50)

In [ ]: _ = plt.hist([len(rcosims) for sense, rcosims in blc.items()], bins=50)
```

6.7.6.2　频繁出现的义项在 rcosim 图中是什么样子呢

如图 6.5 ～图 6.8 所示，根据滚动余弦相似度度量，即使是最高频义项的嵌入也是很不稳定的。这种模式对于低频义项和它们的词元变得更加明显[⊖]。

```python
In [ ]: senses_byfreq = [kv[0] for kv in sorted(blc.items(), key=lambda kv: len(kv[1]))]

In [ ]: _ = plot_senses(blc, senses_byfreq[-6:]) # most frequent senses

In [ ]: # some less frequent senses, but still visible
        _ = plot_senses(blc, senses_byfreq[32000:32006])

In [ ]: # senses for lemma 'be'
        plot_senses(blc, lemma="be")
```

⊖　注意，这些图像中的点不是为了发现每个词元的模式，而是为了发现所有的词元都是非常不稳定的。我们建议读者通过修改 Jupyter Notebook 中的代码来绘制单个词元。

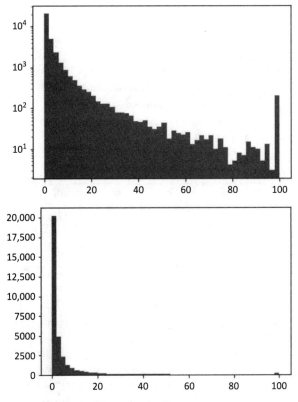

图 6.4　在 SemCor 语料库中义项的出现频率

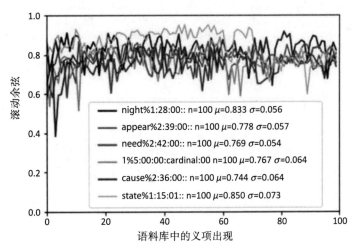

图 6.5　SemCor 中最高频义项的滚动余弦相似度度量结果

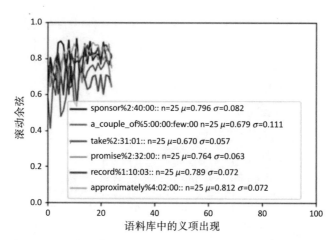

图 6.6   某些低频义项的滚动余弦相似度度量结果，虽然频度较低但还足够在图中显示

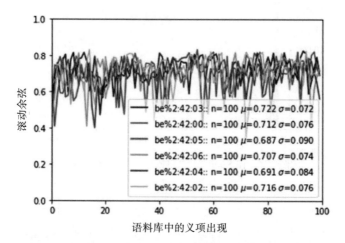

图 6.7   与词元"be"对应的义项的滚动余弦相似度度量结果

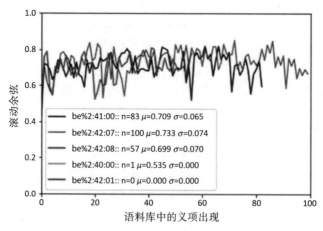

图 6.8   词元"be"的其他低频义项的滚动余弦相似度度量结果。图 6.7 中所示的

不稳定模式由于这些义项在语料库中出现的频率较低而更加明显

6.7.7　额外的反思

从滚动相似度测量结果中获得的值清楚地表明 SemCor 语料库的规模和多样性问题，这可以通过创建新的更大的消歧语料库来解决。除了在 Vecsigrafo 和 Transigrafo 之间进行有根据的比较之外，如何创建这样的语料库（需要学习一个更健壮的 Transigrafo 模型），也是一个需要在未来解决的研究课题。为此，可能的方法需要更高的自动化（SemCor 是手工标记的，这当然限制了其可能的大小）和众包，因为可能需要处理大量的消歧文本，以及先进的工具，使知识工程师能够管理消除歧义的语料库。在仍需要专家干预的情况下，则采用半自动方法。

另一个关键的方面是，Transigrafo 的实际应用需要进一步的研究和改进，包括多语言。目前，除了英语之外，大多数神经语言模型只能在少数几种语言中使用，而且，尽管多语种的 BERT（M-BERT）很有用，但也受到限制 [143]。然而，我们期望这个问题的解决方案会随着自然语言处理研究者和实践者中神经语言模型的正常发展而自然展开。事实上，在我们编写本书的时候，这种情况正在发生，基于 BERT 的模型已经在很多表示良好的语言中使用，比如法语（CamemBERT[115]）、德语⊖、意大利语（ALBERTo[144]）、西班牙语（BETO⊖）、荷兰语（BERTje[184] 和 RobBERT[38]）。将这种覆盖范围扩大到代表性不足的语言将需要有趣且富有挑战性的持续研究。

6.8　本章小结

本章介绍了两种从大型文本语料库与知识图谱中学习混合词嵌入和概念嵌入的方法。第一种方法需要在训练之前对所训练的语料库进行消歧。第二种方法假设最新基于 Transformer 的语言模型，以某种方式将概念级嵌入编码到在上下文嵌入堆栈的某些层中，并从预先标注语料库的示例中派生出概念级嵌入。通过遵循实践部分，读者将能够基于这两种方法训练嵌入，并探索训练的结果。我们还讨论了这两种方法所产生的表示的一些性质。在第 7 章中，我们将更深入地研究词嵌入和概念嵌入的不同评估方法，特别是基于语料库的知识图谱嵌入，例如 Vecsigrafo。

⊖　https://deepset.ai/german-bert。
⊖　https://github.com/dccuchile/beto。

A Practical Guide to Hybrid Natural Language Processing: Combining Neural Models and Knowledge Graphs for NLP

质 量 评 估

摘要： 在前面的章节中，我们已经讨论了为词汇和概念生成嵌入的各种方法。一旦读者应用了一些嵌入学习的机制，就可能想知道这些嵌入到底有多好。在本章中，我们将探讨已学过的那些嵌入的质量评估方法：从可视化到内在评估，如预测与人类评价词汇相似度的一致性，以及基于下游任务的外在评估。与前面的章节一样，我们提供了实际操作的部分，以获得应用评估方法的经验。我们还讨论了用于现实世界评估的方法和结果，对 Vecsigrafo 与其他各种方法进行了比较，这可以让我们了解如何全面地执行现实世界中的质量评估。

7.1 引言

在前面的章节中，读者已经看到了为词汇和概念生成嵌入的几种方法。归根结底，嵌入本身并不是最终目标。嵌入的目的是找到一种编码信息的方式，使嵌入能够有助于完成有用的任务。事实上，在接下来的章节中，读者将会看到这些嵌入在各种文本和知识图谱任务中的各种应用，例如分类、知识图谱互连以及分析虚假新闻和虚假信息等。由于不同方法生成的嵌入编码了不同的信息，因此某些嵌入更适合于某些特定任务。因此，一旦读者应用了一些嵌入的学习机制，或者一旦在网上找到了一些预先计算好的嵌入，可能会想到这些嵌入到底有多好。在本章中，我们将介绍评估嵌入质量的各种通用方法。

首先，我们将在 7.2 节提供评估方法的概述，然后在 7.3 节和 7.4 节练习评估前几章计算的一些简单嵌入，这将给读者带来评估嵌入的实际经验。最后，在 7.5 节中，我们将描述如何应用其中的一些方法来评估 Vecsigrafo 嵌入的完整版本。最后一部分不包括实践练习，但是会让读者了解如何评估现实世界的嵌入，并与其他最先进的嵌入进行比较。

7.2　评估方法的概述

关于嵌入的常用评估方法可分为：

- **视觉探索**：以图表的形式显示嵌入（的一部分）。这通常与图形用户接口结合使用，图形用户接口支持查询、过滤和从各种投影中进行选择。这方面最好的例子是 TensorFlow 的嵌入 Projector[⊖]和 Parallax[⊜]。可视化的主要优点是提供了对嵌入算法内部运行机理的直观理解。然而，由于可视化通常是二维或三维的，它们不能正确地对包含在完整嵌入空间中的所有信息进行编码。此外，可视化方法往往局限于几百或几千个嵌入点。这些方法的最后一个限制是，它们没有提供唯一的全局评分，因此很难评估一个嵌入空间是否优于另一个嵌入空间。
- **内在评估**：即嵌入被用来执行基于标记的任务，并将结果与最高标准来进行比较。最常用的任务是词汇相似度，但数据集也存在于其他任务中，如词汇的类比和分类。这种方法的主要优点是有相当多的数据集可用，并且有使用这些数据集的传统；因此，很容易将新的嵌入与以前发布的结果进行比较。另一方面，任务本身并不十分有用，一些最常见的数据集受到了批评（例如，未能区分单词 similarity（相似性）和 relatedness（相关性），或未能判定反义词是否应被视为是相似的）。下面，我们还提供了一个单词预测方法的实践经验，通过定义一个单词预测任务，我们研究了使用一个测试语料库来评估嵌入。这是一个带有可视化成分的内在评估方法。

- **外在评估**：通过学习到的新模型（使用嵌入作为输入）来执行下游任务，例如文本分类。这种评估方法是任务相关的，如果读者头脑中有一个特定的任务，则应该首先考虑这个问题。但是，这些类型的评估使得在更通用的测试集中比较嵌入空间变得困难。另外，请注意，如果有大量的下游任务，读者可能希望避免为每个任务维护独立的嵌入空间；相反，读者更有可能选择一个在大量任务中都执行很好的嵌入空间。

知识图谱嵌入倾向于使用**图谱补全**的任务来评估，我们也将简要讨论这一点。近年来，随着语言模型的普及，由于这些单词会根据其上下文被赋予不同的嵌入，对单个词嵌入的评估变得越来越困难。在撰写本书时，还没有明确的方法来评估这些系统的嵌入；相反，这些系统使用一系列 NLP 任务进行评估，其中使用最广泛的是 GLUE 基准[⊜]。

⊖　https://projector.tensorflow.org/。

⊜　https://github.com/uber-research/parallax。

⊜　https://gluebenchmark.com。

本领域的推荐论文

Schnabel 等人 [158] 提供了评估方法的一个很好概述，并介绍了用于指代不同评估类型的术语。Baroni 等人 [15] 主要关注内在评估，并表明像 word2vec 这样的预测模型比计数模型（基于共现计数）可以产生更好的结果。最后，Levy 等人 [103] 研究了在预测模型中使用的各种实现或优化"细节"（这些细节在计数模型中并不被需要或使用）如何影响嵌入结果的表现。这些细节的例子有负采样、动态上下文窗口、子采样和向量标准化。论文表明，一旦考虑到这些细节，计数模型和预测模型之间的差异实际上并不大。

7.3　练习 1：评估单词和概念嵌入

```
In [15]: %cd /content/tutorial
         !git pull
         %cd /content/

/content/tutorial
remote: Enumerating objects: 9, done.
remote: Counting objects: 100% (9/9), done.
remote: Compressing objects: 100% (1/1), done.
remote: Total 5 (delta 4), reused 5 (delta 4), pack-reused 0
Unpacking objects: 100% (5/5), done.
From https://github.com/hybridnlp/tutorial
   c433662..e57213f  master       -> origin/master
Updating c433662..e57213f
Fast-forward
 scripts/swivel/wordsim.py | 2 +-
 1 file changed, 1 insertion(+), 1 deletion(-)
/content
```

7.3.1　可视化探索

像 Embedding Projector⊖这样的工具使用了降维算法（例如 t-SNE 和 PCA），来可视化嵌入空间的一个子集，并投影到一个 2D 或 3D 的空间。

优点：

- 可以让读者了解模型是否正确地学会了有意义的关系，特别是如果有一小部分预先分类的词汇。
- 易于探索空间。

缺点：

- 主观性：近邻可能看起来不错，但它们真的不错吗？没有黄金标准来判定。
- 它最适合嵌入空间中一个小的子集。但是如何识别这样的子集呢？
- 由此产生的投影可能具有欺骗性：在三维空间中看起来很近的东西在 300 维空间中可能很远（反之亦然）。

⊖　http://projector.tensorflow.org。

7.3.2　内在评估

内在评估是指读者可以使用嵌入来执行相对简单、与单词相关的任务。

Schnabel 等人对内在评估给出了具体的分类：

- **绝对内在**：有一个针对特定任务的（人工注释的）黄金标准，并使用嵌入来进行预测。
- **内在比较**：利用嵌入空间向人类展示预测，然后由人力对齐进行评级打分。这种方式通常在没有黄金标准的时候使用。

在内在评估中使用的任务如下：

- **关联性**：嵌入在多大程度上捕获了人类感知到的单词相似度？数据集通常由三元组组成：两个单词和一个相似度评分（例如，在 0.0 和 1.0 之间）。一些可用的数据集，尽管"单词相似度"的解释可能会有所不同。
- **同义词检测**：嵌入能够为给定的单词和一组选项选择同义词吗？数据集是 n 元组，其中第一个单词是输入单词，其他 $n-1$ 个单词是选项。其中只有一个选项是同义词。
- **类比**：嵌入是否编码了单词之间的关系？数据集是 4 元组：前两个单词定义关系，第三个单词是语句源，第四个单词是答案。好的嵌入应该能够预测在答案单词附近的嵌入。
- **范畴化**：嵌入可以聚集成手工标注的类别吗？数据集是成对的词类目。然后可以使用标准的聚类算法生成 k 聚类，并计算聚类的纯度。
- **语义优选**：嵌入能否预测一对名词 - 动词更可能代表主谓关系还是动宾关系呢？例如，`people-eat` 更可能作为主谓关系出现。

7.3.2.1　计算相关性评分

Swivel 提供了一个 eval.mk 脚本，可以下载和解压各种相关性和类比的数据集。该脚本还编译了一个用于类比的可执行文件。eval.mk 脚本假设用户有一个 Unix 环境和工具集，如 wget、tar、unzip 和 egrep，以及 make 和 c++ 编译器。

为了方便起见，作为代码库的一部分，我们已经将各种相关性数据集包含在这个代码仓库的 datasamples/relatedness 的目录中。假设读者已经使用前面的 Jupyter Notebook 生成了这些向量，我们在这里进行测试。

```
In [ ]: import os

In [5]: %ls /content/tutorial/datasamples/relatedness/

rarewords.ws.tab   simverb3500.ws.tab   ws353sim.ws.tab
simlex999.ws.tab   ws353rel.ws.tab
```

```
In [ ]: %cp /content/umbc/coocs/tlgs_wnscd_5K_ls_f/row_vocab.txt \
        /content/umbc/vec/tlgs_wnscd_5k_ls_f/vocab.txt
        umbc_5k_vec = '/content/umbc/vec/tlgs_wnscd_5K_ls_f/'
        umbc_full_vec = '/content/umbc/vec/vecsi_tlgs_wnscd_ls_f_6e_160d/'
```

读者可以使用 Swivel 的 `wordsim.py` 来生成我们在前面的 Jupyter Notebook 中生成的 k-cap 嵌入指标：

```
In [16]: !python /content/tutorial/scripts/swivel/wordsim.py \
         --vocab={umbc_5k_vec}vocab.txt \
         --embeddings={umbc_5k_vec}vecs.bin \
         --word_prefix="lem_" \
         /content/tutorial/datasamples/relatedness/*.ws.tab

Opening vector from file /content/umbc/vec/tlgs_wnscd_5k_ls_f/vocab.txt
vocab size 5632 (unique 5632)
read rows
65 of 2034 pairs found
0.576 /content/tutorial/datasamples/relatedness/rarewords.ws.tab
288 of 999 pairs found
0.066 /content/tutorial/datasamples/relatedness/simlex999.ws.tab
1126 of 3500 pairs found
0.073 /content/tutorial/datasamples/relatedness/simverb3500.ws.tab
92 of 252 pairs found
0.371 /content/tutorial/datasamples/relatedness/ws353rel.ws.tab
57 of 203 pairs found
0.459 /content/tutorial/datasamples/relatedness/ws353sim.ws.tab

In [25]: %ls {umbc_full_vec}vocab.txt
         !python /content/tutorial/scripts/swivel/wordsim.py \
            --vocab=/content/umbc/vec/vecsi_tlgs_wnscd_ls_f_6e_160d/vocab.txt \
            --embeddings={umbc_full_vec}vecs.bin \
            --word_prefix="lem_" /content/tutorial/datasamples/relatedness/*.ws.tab

/content/umbc/vec/vecsi_tlgs_wnscd_ls_f_6e_160d/vocab.txt
Opening vector from file /content/umbc/vec/vecsi_tlgs_wnscd_ls_f_6e_160d/vocab.txt
vocab size 1499136 (unique 1499125)
read rows
1433 of 2034 pairs found
0.401 /content/tutorial/datasamples/relatedness/rarewords.ws.tab
999 of 999 pairs found
0.276 /content/tutorial/datasamples/relatedness/simlex999.ws.tab
3494 of 3500 pairs found
0.191 /content/tutorial/datasamples/relatedness/simverb3500.ws.tab
250 of 252 pairs found
0.529 /content/tutorial/datasamples/relatedness/ws353rel.ws.tab
202 of 203 pairs found
0.649 /content/tutorial/datasamples/relatedness/ws353sim.ws.tab
```

数据表明，这两个嵌入空间对评估数据集的覆盖范围很小。此外，所获得的互相关性评分在 0.07 和 0.22 之间，这是非常糟糕的，但考虑到语料库的规模，结果还是在预期之中。

最新的比较结果在 0.65 和 0.8 之间。

7.3.2.2　内在评估的结论

内在评估是评价词嵌入最直接的方法。

优点：

- 它们提供了一个单一的客观度量标准，使不同的嵌入之间能够容易地进行比较。
- 有一些现成的评估数据集（英文词汇）。
- 如果读者有一个现成的、手工绘制的知识图谱，可以生成自己的评估数据集。

缺点：

- 评估数据集的规模较小，在词汇选择和标注方面可能存在偏差。
- 读者需要考虑覆盖率（除了最终指标）。
- 现有的数据集只支持英语词汇（其他语言的数据集很少、缺乏复合词汇和概念）。
- 任务是低层次的，因此有些是人工的：人们关心的是文档分类，而不是词汇类别或词汇的相似性。

7.3.3 词汇预测图

词汇预测图可以看作是一个内在评估的任务。然而，这个任务非常接近最初用于导出嵌入的原始训练任务。

回顾一下，预测模型（比如 word2vec）试图最小化词嵌入和上下文词嵌入（以及整个语料库中的嵌入）之间的距离（如图 7.1 所示）。

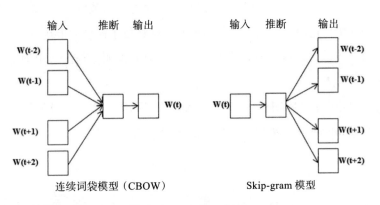

图 7.1 word2vec 图解

这意味着，如果我们有一个测试语料库，可以使用嵌入来尝试基于单词的上下文来预测单词。假设测试语料库和训练语料库包含相似的语言，我们应该可以期望更好的嵌入来产生更好的平均预测。

这种方法的一个主要优点是不需要人工标注。此外，我们还可以重用用于训练的标记流水线，以生成与嵌入空间中标记相似的标记。例如，我们可以使用词义消歧来生成一个包含词元和概念的测试语料库。

伪代码的算法是：

```
similarities = {}
for window in corpus:
    focus_word, context_words = window
    focus_vector = embedding(focus_word)
    context_vector = predict_embedding(context_words, focus_word)
    similarities[focus_word].append(cosine_similarity(focus_vector, context_vector))
return similarities.values().average()
```

结果是一个数字，这个数字表示预测嵌入与整个测试语料库中实际的词嵌入之间的距离。当使用余弦相似度时，这个数字应该介于 –1 和 1 之间。

我们也可以使用相似度的中值字典绘制图表，以提供更深入的洞见，例如，随机嵌入产生一个如图 7.2 所示的图形。

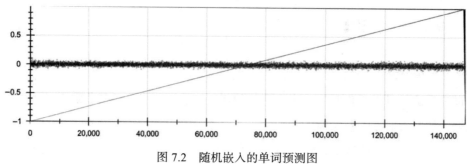

图 7.2   随机嵌入的单词预测图

横轴是 focus_word 在训练语料中按频率排序的分布范围。(例如，频繁出现的单词如 be 和 the 将接近原点，而不频繁出现的单词将位于横轴的末端。)

图表显示，当单词具有随机嵌入时，每个单词的预测值与嵌入单词之间的平均距离接近于 0。

这些图可以用于检测实现中的缺陷。例如，当我们实现用于计算词元和概念共同出现次数的 CogitoPrep 实用程序时，生成的图如图 7.3 所示。

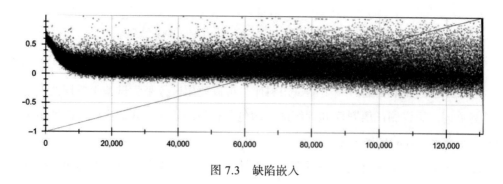

图 7.3   缺陷嵌入

这表明我们学习了预测高频词和一些非高频词，但是没有正确地学习大多数的非高频词。

在修复缺陷之后，我们得到了如图 7.4 所示的图。

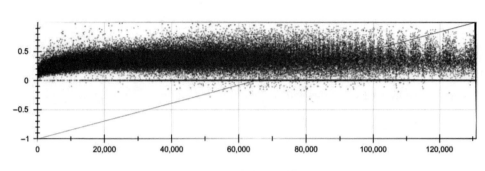

图 7.4　没有定心的结果

这表明，现在我们能够学习的嵌入，改进了整个词汇表中的词汇预测。但也表明，对最常用单词的预测落后于对不常见单词的预测。

采用向量归一化技术对向量进行旋转和重新定心（我们注意到所有词嵌入的质心都不是原点），得到了如图 7.5 所示的图，整体预测效果较好。

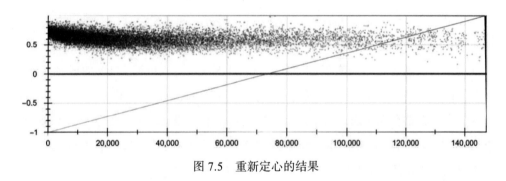

图 7.5　重新定心的结果

单词预测的结论

单词预测提供了一个单一的客观指标。

优点：

- 它不需要人工注释（尽管可能需要对测试语料库进行预处理）。
- 它允许重用在嵌入创建过程中使用的标记化步骤。
- 它可以用来绘制图表，进而提供关于执行或表示问题的见解。

缺点：

- 没有标准的测试语料库。
- 为大型测试语料库生成度量标准可能会比较慢。建议平衡测试语料库的规模，以最大限度地扩大词汇覆盖率，同时将最小化处理语料库所需的时间。

7.3.4 外在评估

在外在评估中，我们感兴趣的是（例如，文本分类，文本翻译，图像字幕）一个更复杂的任务，可以使用嵌入作为一种表示单词（或标记）的方式。假设我们有（1）一个模型架构和（2）一个用于训练和评估的语料库（其中嵌入提供了足够的覆盖率），然后我们可以使用不同的嵌入训练模型并评估其整体性能。这背后的思想是，更好的嵌入将使模型更容易学习总体任务。

7.4 练习 2：评价通过嵌入获取的关系知识

在这个练习中，我们使用 embrela 库来研究不同的嵌入空间是否能够捕获 WordNet 上某些词汇的语义关系。embrela 背后的方法是由 Denaux 和 Gomez-Perez 在文献 [41] 中描述的。

这里的主要思想是，单词 / 概念嵌入似乎捕获了许多单词 – 语义关系。然而，单词相似度和单词类比等评估方法都存在一些缺陷。另外，如果读者有一个现有的 KG，其中的关系很重要，那么读者想知道单词 / 概念嵌入是如何捕获这些关系的。embrela 流水线的设计就是为了帮助实现这一点：（1）从 KG 中生成单词 / 概念的成对数据集；（2）基于嵌入空间创建和评估分类器；（3）为如何分析评估结果提供指导。

这三个步骤都存在缺陷，为了避免错误地得出嵌入捕获的关系信息，embrela 流水线考虑到了这些缺陷。而实际上，生成的数据集可能存在偏差，或者评估结果在统计学上可能并不比随机猜测好得多。整个流水线如图 7.6 所示。

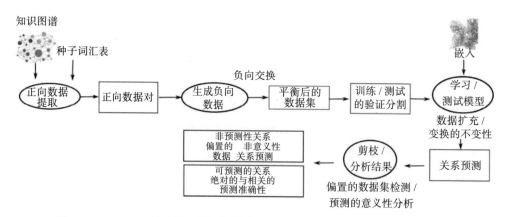

图 7.6　embrela 流水线：用于评估嵌入空间中获取的单词 – 语义关系知识

7.4.1 下载 embrela 项目

我们将 Python 的主模块放在主工作文件夹中，可以使子模块的导入更易于阅读。

```
In [1]: !git clone https://github.com/rdenaux/embrelassess.git embrela_prj
        !ln -s embrela_prj/embrelassess embrelassess

Cloning into 'embrela_prj'...
remote: Enumerating objects: 304, done.
remote: Counting objects: 100% (304/304), done.
remote: Compressing objects: 100% (149/149), done.
remote: Total 304 (delta 138), reused 295 (delta 132), pack-reused 0
Receiving objects: 100% (304/304), 14.64 MiB | 6.98 MiB/s, done.
Resolving deltas: 100% (138/138), done.
```

7.4.2 下载生成的数据集

在本节中，我们将使用一组从 WordNet 提取的预生成数据集，而不是从头开始生成数据集，这可以通过使用 `embrela _ prj/wnet-rel-pair-extractor` 来完成。

```
In [2]: !wget https://github.com/rdenaux/embrelassess/releases/download/
v0.1/vocabrels_wnet-switched-negs.zip
        !unzip vocabrels_wnet-switched-negs.zip
```

这将下载并解压缩包含数据集的文件，可以用下面的方式来加载生成关系的元数据：

```
In [ ]: import embrelassess.learn as learn
        import os.path as osp

In [ ]: rel_path = osp.join('vocabrels_wn-switched-negs/')
        rels_df = learn.load_rels_meta(rel_path)
```

这为我们提供了一个 pandas DataFrame，其中包含了关于数据集的元数据。可以通过下面的命令来打印这些数据：

```
In [5]: rels_df
```

这将打印一个包含各种字段的表。在这里，我们只打印出了该表的一小部分：

```
Out[5]:
type     ...                                      file
lem2lem  ...  lem2lem_member_of_category_domain__9116.txt
lem2lem  ...                   lem2lem_synonym__74822.txt
lem2lem  ...                  lem2lem_entailment__1519.txt
lem2lem  ...               lem2lem_part_meronym__6403.txt
lem2lem  ...                 lem2lem_hypernym__110650.txt
lem2lem  ...          lem2lem_substance_holonym__369.txt
lem2lem  ...                  lem2lem_hyponym__110650.txt
lem2lem  ...                     lem2lem_cause__719.txt
lem2lem  ...               lem2lem_part_holonym__6403.txt
lem2lem  ...                lem2lem_participle_of__81.txt

[27 rows x 4 columns]
```

前面的步骤会打印出一个有 27 行的表，每个生成的数据集都有一个。所有的数据集都是词元，即源和目标都是词元。本文还考虑了 `lem2syn`、`syn2syn` 和 `lem2pos` 的类型对，其中 `syn` 是一个同义词集（或 syncon），`pos` 是词性的缩写。

表中其余的列表明了：

- 关系的名称。
- `Cnt`：从 KG 中提取的正样本示例数量，在本例中是 WordNet 3。
- 从文件名可以找到正负样本的示例。

注意，因为我们的目标是构建平衡的数据集，每个数据集的行数大约是正样本示例 `cnt` 的两倍。例如，对于蕴涵关系，我们有 1519 个正样本对，但是

```
In [6]: !wc -l vocabrels_wn-switched-negs/lem2lem_entailment__1519.txt

3039 vocabrels_wn-switched-negs/lem2lem_entailment__1519.txt
```

总共有 3039 行。进一步检查文件可以发现，它是一个以制表符分隔的值，包含的列有：`source`、`target`、`label` 和 `comment`。

```
In [7]: !head -n 5 vocabrels_wn-switched-negs/lem2lem_antonym__9310.txt
```

这会打印与下表相对应的行：

src word	tgt word	Label	Comment
specialize	diversify	1	Positive
give off	affirm	0	[NegSwitched]
beginning	ending	1	Positive
take off	dc	0	[NegSwitched]
hot	cold	1	Positive

7.4.3　加载待评估的嵌入

我们将使用以下嵌入：

- 使用 HolE 训练 WordNet 嵌入，该训练直接从 WordNet 图谱中学习嵌入。这是一个强有力的基线。
- fastText。
- GloVe。

首先，我们下载预训练 HolE 嵌入。这些嵌入已经训练了 500 个周期，有 150 个维度。

```
In [9]: !wget https://github.com/rdenaux/embrela/releases/download/
    v0.1.1/wn-en-3.1.-HolE-500e-150d.vec.tar.gz
    !tar xzf wn-en-3.1.-HolE-500e-150d.vec.tar.gz
```

```
https://github.com/.../v0.1.1/wn-en-3.1.-HolE-500e-150d.vec.tar.gz
...
Saving to: 'wn-en-3.1.-HolE-500e-150d.vec.tar.gz'
wn-en-3.1.-HolE-500 100%[====================>]
... - 'wn-en-3.1.-HolE-500e-150d.vec.tar.gz' saved [369436200/369436200]
```

接下来，我们加载这些嵌入。embrela 库以及 torchtext 有各种简便的方法来实现这一点。torchtext 会自动下载 fastText 和 GloVe 官方站点上发布的预训练嵌入。

```
In [ ]: import embrelassess.embloader as embloader
        #import torchtext
        from torchtext.vocab import Vectors, FastText, GloVe
```

torchtext 为预训练嵌入定义了许多别名⊖。我们使用：* 代表 glove.6B.100d 预训练嵌入。在本文中，我们使用了 glove.840B.300d，但这比下载 fasttext.simple.300d 的嵌入需要更长的时间。

```
In [ ]: # uncomment next line if you want to use GloVe embeddings.
        # These can take a while to load
        # glove_en = GloVe(name='6B', dim=100)

In [ ]: holE_wnet_en = embloader.TSVVectors('wn-en-3.1-HolE-500e.vec')

In [46]: len(list(holE_wnet_en.stoi.keys()))

Out[46]: 264965
```

我们还将使用随机向量作为另一个基线，并过滤出有偏差的关系。我们使用 K-CAP'19 论文中使用的词汇和 syncon，该论文源于使用 Cogito 对 UN 语料库进行的消歧。

```
In [ ]: vocab_path = osp.join('embrela_prj/vocab_sensi_lemsyn_UN.txt')
        rnd_vecs = embloader.RandomVectors(vocab_path, dim=300)
```

训练阶段期望获得向量空间 id 到 VecPairLoader 实例间的映射，这将负责把生成数据集中的源和目标单词映射到适当的嵌入中。这里定义了要使用的数据加载器。如果要使用其他嵌入空间，请取消那些注释。

```
In [ ]: data_loaders = {
    #'glove_cc_en':     embloader.VecPairLoader(glove_en),
    #'ft_wikip_en':     embloader.VecPairLoader(ft_en),
    #'vecsi_wiki_en': embloader.VecPairLoader(vecsi_wiki_en),
    #'vecsi_un_en':    embloader.VecPairLoader(vecsi_un_en),
    'rand_en':          embloader.VecPairLoader(rnd_vecs),
    'holE_wnet_en':    embloader.VecPairLoader(holE_wnet_en)
}
```

⊖ https://torchtext.readthedocs.io/en/latest/vocab.html#pretrained-aliases。

7.4.4　学习模型

现在，我们已经有了数据集和嵌入，可以来训练一些模型了。这一步是高度可配置的，但在这个 Jupyter Notebook 中，我们将：

- 只训练 nn3 架构的模型（即三个完全连接的层）。
- 只训练了几个（27 个）关系的模型，以保持能够在短时间内执行完。
- 对每个嵌入 / 关系 / 架构的组合，只训练三个模型。
- 采用本文中解释的输入扰动，它将源嵌入和目标嵌入移动相同的量。

训练后的模型和评估结果将被写入到一个输出文件夹。即使是这种受限制的配置，这一步骤也需要在当前的 Google Colaboratory 环境中花费 5 ～ 10 分钟。

```
In [24]: model_archs = ['nn3']
         n_runs = 3
         my_rels = ['entailment', 'antonym']
         def only_with_names(relname_whitelist):
             return lambda df_row: df_row['name'] in relname_whitelist

         odir = 'experiment/trained_models/'

         learn_results = learn.learn_rels(
             rel_path, rels_df, data_loaders,
             models=model_archs, n_runs=n_runs,
             rel_filter=only_with_names(my_rels),
             train_input_disturber_for_vec=learn.pair_disturber_for_vectors,
             odir_path=odir, cuda=True)
```

当程序遍历了关系，训练和评估模型来试图预测关系的时候，执行前面的命令会导致一个长长的输出列表。结果存储在 learn_results 中，learn_results 保存了一个训练过的模型列表，以及在训练和验证期间收集的模型元数据和评估结果。把这些结果写到磁盘上是个好主意：

```
In [ ]: for lr in learn_results:
            learn.store_learn_result(odir, lr)
```

前面的步骤将在指定的输出目录中生成一个目录结构，文件夹结构如下所示：

(odir)/(rel_type)/(rel_name)/(emb_id)/(arch_id)/run_(number)/

有关生成后文件的更多详细信息，请参阅 embrela 的 README 文件。

7.4.5　分析模型的结果

现在我们已经为选定的数据集训练（并评估）了模型，现在可以加载结果数据并对它们进行分析。

7.4.5.1 已训练模型的装载和综合评估结果

首先，一旦读者完成了学习模型的步骤，并且拥有上面描述的一个训练结果的文件夹结构，我们就可以展示如何从磁盘加载和综合评估数据。如果读者跳过了那些部分，我们将以下面的方式加载预聚合的结果。

```
In [ ]: import embrelassess.analyse as analyse

In [ ]: lr_read = learn.load_learn_results(odir)
```

从磁盘中读取结果，汇总这些结果，并将它们放入 pandas 的 DataFrame 中以方便分析：

```
In [43]: import pandas as pd
         aggs = []
         for learn_result in lr_read:
           rel_aggs = analyse.aggregate_runs(learn_result)
           aggs = aggs + rel_aggs

         aggs_df = pd.DataFrame(aggs)
```

我们可以检查得到的 DataFrame：

```
In [45]: aggs_df
```

这应该输出一个类似于下面内容的表：

rel_type	rel_name	emb	Model	result_type
lem2lem	antonym	holE_wnet_en	nn3	test
lem2lem	antonym	holE_wnet_en	nn3	random
lem2lem	antonym	rand_en	nn3	test
lem2lem	antonym	rand_en	nn3	random
lem2lem	entailment	holE_wnet_en	nn3	test
lem2lem	entailment	holE_wnet_en	nn3	random
lem2lem	entailment	rand_en	nn3	test
lem2lem	entailment	rand_en	nn3	random

正如我们所看到的，DataFrame 包含了 22 列，包括 `rel_type`、`rel_name`、`emb` 和 `model`，它们用于标识被训练的模型和模型上的关系数据集。

读者会注意到，对于每个组合，我们都有两组结果，但它们对于列 `result_type:*` 有着不同的值，`test` 代表了训练后的结果，`random` 代表了使用启发式随机选择标签进行测试时的基线结果。

正如读者所看到的，这种情况下的训练不会产生非常有趣的结果，因为数据集中的单词和 HolE 的嵌入之间没有重叠。为了说明对结果的分析，我们包括了在相同的数据集上使用不同的嵌入来训练得到的结果。下面，我们将结果加载到一个 DataFrame 中并继续分析。

7.4.5.2　加载预聚合的结果

由于在各种嵌入空间和关系上的模型训练需要很长的时间，我们将在这里加载预聚合的结果，并使用这些结果来演示如何分析数据。我们加载两组聚合的结果：*aggregated_wn_results 包含在这个 Jupyter Notebook 开头显示的 wnet 数据集的训练结果和 *aggregated_random_dataset_results.tsv 包含在随机生成的数据集上训练各种模型 / 嵌入的结果。我们使用它来检测下面讨论的**预测指标的基线范围**。

```
In [ ]: import pandas as pd
        wnet_results_df = pd.read_csv(
            'embrela_prj/eval_data/aggregated_wn_results.tsv')
        rand_ds_results_df = pd.read_csv(
            'embrela_prj/eval_data/aggregated_random_dataset_results.tsv')

In [ ]: aggs_df = pd.concat([wnet_results_df, rand_ds_results_df])

In [13]: aggs_df.sample(n=5)
```

这将打印这个表格的一个样例。正如读者所看到的，从 tsv 读取的数据具有与我们从磁盘读取的聚合结果所得到的相同的列。

7.4.6　数据预处理：合并且增加字段

DataFrame 中的大多数列都是聚合值，但是对于进一步的分析，将字段和关系元数据结合起来是有用的。

首先我们添加 rel_name_type 列，它结合了 rel_name 和 rel_type：

```
In [ ]: aggs_df['rel_name_type'] = aggs_df.apply(
    lambda row: '%s_%s' % (row['rel_name'], row['rel_type']), axis=1)
```

接下来，我们需要修复一些术语的问题。我们将列 rel_type 重命名为 pair_type，因为像 lem2lem 这样的值描述了试图预测的键值对类型。像论文中所描述的那样，我们使用 rel_type 来创建高层次的关系类型，如相似度和词法关系。

我们将添加一个 KG 列来记录所有来自 WordNet 的关系。

```
In [ ]: aggs_df['KG'] = 'wnet'

In [ ]: aggs_df.rename(columns={'rel_type': 'pair_type'}, inplace=True)
```

embrela 项目定义了一个实用程序脚本 relutil，它根据 DataFrame 中的行计算关系类型：

```
In [ ]: !cp embrela_prj/relutil.py .

In [ ]: import relutil

In [ ]: aggs_df['rel_type'] = aggs_df.apply(
            relutil.calc_rel_type_for_dfrow_fn(rel_name_field='rel_name'), axis=1)
```

我们还添加了列 `emb_corpus_type` 来区分所使用的嵌入类型：

```
In [ ]: def calc_emb_corpus_type(row):
            emb=row['emb']
            if emb.startswith('holE_'):
                return 'kg'
            elif emb.startswith('rand_'):
                return 'no-corpus'
            elif emb.startswith('swivelsyn_'):
                return 'concept-corpus'
            elif emb.startswith('ftsyn_'):
                return 'concept-corpus'
            elif emb.startswith('vecsi_'):
                return 'word-concept-corpus'
            elif emb.startswith('sw2v_umbc'):
                return 'word-corpus'
            else:
                return 'word-corpus'

In [ ]: aggs_df['emb_corpus_type'] = aggs_df.apply(calc_emb_corpus_type, axis=1)
```

现在，我们开始将关系数据集中的元数据合并到聚合的 DataFrame 中，首先增加一个 `positive_examples` 字段：

```
In [ ]: def calc_positive_examples(row):
            name = row['rel_name']
            ptype = row['pair_type']

            name_filter = rels_df['name'] == name
            ptype_filter = rels_df['type'] == ptype
            cnts = rels_df[name_filter & ptype_filter]['cnt'].values
            if len(cnts) > 0:
              return cnts[0]
            else:
              return 0

In [ ]:
aggs_df['positive_examples'] = aggs_df.apply(calc_positive_examples, axis=1)
```

7.4.7　计算范围阈值和偏差数据集检测

接下来，我们计算论文中的范围阈值。$\tau_{\text{biased}}^{v\min} = \mu_{\delta_{\text{rand},x}}^{v} - 2\sigma_{\delta_{\text{rand},x}}^{v}$ and $\tau_{\text{biased}}^{v\min} = \mu_{\delta_{\text{rand},x}}^{v} + 2\sigma_{\delta_{\text{rand},x}}^{v}$。因为在随机数值对数据集中训练的几个模型中都能获得这些范围内的值，所以这些范围内的任何指标可能达到的概率都是 95%。

```
In [ ]:
randomrel_filter = aggs_df['rel_name'].str.startswith('random_')

def calc_rand_avg_and_std(metric='f1', debug=False):
    test_result_filter = aggs_df['result_type']=='test'
```

```
        avg_field = '%s_avg' % metric
        std_field = '%s_std' % metric

        sub_df = aggs_df[randomrel_filter & test_result_filter]
        rand_metric_avg2 = sub_df[avg_field].mean()
        rand_metric_avg_std = sub_df[avg_field].std()
        rand_metric_std_avg = sub_df[std_field].mean()
        max_std = max(rand_metric_avg_std, rand_metric_std_avg)

        return {'avg': rand_metric_avg2, 'std': max_std}

In [26]: calc_rand_avg_and_std(debug=True)

Out[26]: {'avg': 0.4070040067097273, 'std': 0.12301846272363581}
```

输出的结果显示，在随机键值对数据集上训练的模型得到的值 f_1 具有指标 $\mu^v_{\delta_{rand}} = 0.407$ 且 $\sigma^v_{\delta_{rand}} = 0.123$。这使我们得到 $\tau^{v\min}_{biased} = 0.161$ 且 $\tau^{v\max}_{biased} = 0.653$。在此范围内的任何结果都有 95% 的概率是随机结果，也就是说，这些结果都不一定是由所使用的嵌入对所预测关系的关系知识进行编码得到的。

我们定义了两个过滤器来检测有偏差关系和测试结果：

```
In [ ]:
def partition_rel_name_types_at_mu_plus_sigma(
        sigma_factor=2.0, metric='f1'):
    randemb_filter = aggs_df['emb'] == 'rand_en'
    result = {'over': [], 'under': []}
    avg_std = calc_rand_avg_and_std(metric=metric)
    avg_threshold = avg_std['avg'] + sigma_factor * avg_std['std']
    avg_field = '%s_avg' % metric
    rnts = list(aggs_df['rel_name_type'].unique())
    for rnt in rnts:
        rnt_filter = aggs_df['rel_name_type'] == rnt
        randemb_df = aggs_df[
            rnt_filter & test_result_filter() & randemb_filter]
        randemb_avg = randemb_df[avg_field].mean()
        if randemb_avg > avg_threshold:
            result['over'].append(rnt)
        else:
            result['under'].append(rnt)
    return result

In [ ]:
def filter_biased_rel_types(sigma_factor=2.0, metric='f1'):
    rnt_partition_over = partition_rel_name_types_at_mu_plus_sigma(
        sigma_factor=sigma_factor, metric=metric)
    rnt_partition_under = partition_rel_name_types_at_mu_plus_sigma(
        sigma_factor=-sigma_factor, metric=metric)
    valid_rnts = set.intersection(set(rnt_partition_over['under']),
        set(rnt_partition_under['over']))
    return aggs_df['rel_name_type'].isin(valid_rnts)

In [ ]:
def test_result_filter():
    return aggs_df['result_type']=='test'

In [34]: aggs_df[filter_biased_rel_types() & test_result_filter()].sample(n=5)
```

这会打印出一个有偏差关系的样例。

7.4.8 发现统计上有意义的模型

我们认为，如果模型能够在数据集上良好地运行，无论用于训练模型的嵌入是否编码了任何信息，数据集都是有偏差的。直观地说，这些数据集在某种程度上是不平衡的，允许模型在预测期间利用它们的不平衡，但却不能反映嵌入编码的知识。我们看一下随机嵌入的训练模型结果（例如 $m^{\delta_r\text{srand},t}$）。如果 $\mu_{\delta_r\text{srand}}^{\text{f1}}$ 在 $[\tau_{\text{baised}}^{\text{f1min}}, \tau_{\text{baised}}^{\text{f1max}}]$ 的范围之外，我们说偏差是 δ_r。其基本原理是即便随机嵌入，这些模型也能够在 95% 的基线范围之外执行。

```
In [ ]:
def calc_delta_to_rand_fn(whole_df, metric_field='f1_avg'):
    def calc_delta_to_rand(row):
        rel_name_type = row['rel_name_type']
        emb = row['emb']
        result_type = row['result_type']
        row_metric = row[metric_field]

        rel_filter = whole_df['rel_name_type'] == rel_name_type
        rand_filter = whole_df['emb'] == 'rand_en'
        result_type_filter = whole_df['result_type'] == result_type

        multi_filter = rel_filter & result_type_filter & rand_filter
        rand_metrics = whole_df[multi_filter][metric_field].values
        rand_metric = rand_metrics[0]

        delta = row_metric - rand_metric
        return delta
    return calc_delta_to_rand
```

我们可以将模型和随机预测之间的差值作为一个字段存储在 DataFrame 中：

```
In [ ]: aggs_df['delta_f1_to_rand_emb'] = aggs_df.apply(
        calc_delta_to_rand_fn(aggs_df), axis=1)
```

并且，我们用 σ 来表示这个差值，将它存储在另一列中：

```
In [ ]: def calc_sigmadelta_to_rand_fn(whole_df, metric='f1'):
        avg_metric_field = '%s_avg' % metric
        std_metric_field = '%s_std' % metric
        def calc_sigmadelta_to_rand(row):
            rel_name_type = row['rel_name_type']
            emb = row['emb']
            result_type = row['result_type']
            row_avg_metric = row[avg_metric_field]
            row_std_metric = row[std_metric_field]

            rel_filter = whole_df['rel_name_type'] == rel_name_type
            rand_filter = whole_df['emb'] == 'rand_en'
            result_type_filter = whole_df['result_type'] == result_type

            rand_df = whole_df[rel_filter & result_type_filter & rand_filter]
            rand_avg_metric = rand_df[avg_metric_field].values[0]
            rand_std_metric = rand_df[std_metric_field].values[0]

            max_std = max(row_std_metric, rand_std_metric)
```

```
               #print('rand_metric type', type(rand_metric))
               delta = row_avg_metric - rand_avg_metric
               sigma_delta = delta / max_std
               return sigma_delta
            return calc_sigmadelta_to_rand
```

```
In [38]:
aggs_df['sigdelta_f1_to_rand_emb'] = aggs_df.apply(
        calc_sigmadelta_to_rand_fn(aggs_df), axis=1)
```

这个字段允许我们定义如下的过滤器：

```
In [ ]: def sigdelta_over(value):
            return aggs_df['sigdelta_f1_to_rand_emb'] > value
        def sigdelta_under(value):
            return aggs_df['sigdelta_f1_to_rand_emb'] < value
```

我们可以用它来发现哪些嵌入产生的模型在统计学上比随机产生的模型有更好的结果。

```
In [41]: aggs_df[test_result_filter() & sigdelta_over(2.0)]['emb'].unique()

Out[41]: array(['glove_cc_en', 'ft_wiki_en', 'vecsi_UN_en', 'swiv_UN_en',
                'ft_wikip_en', 'vecsi_wiki_en', 'vecsi_un_en', 'holE_sensi_en',
                'ft_cc_en', 'ft_un_en', 'swivel_un_en', 'vecsi_un_en_ts',
                'swivel_wiki_en', 'ftsyn_wiki'], dtype=object)
```

组合过滤

现在，我们已经看到的过滤有：

- 检测有偏差的数据集

- 检测统计上有意义的结果

我们还有进一步的过滤，仅用于选择描述测试结果的行，和在非随机数据集上训练的结果。例如，我们可以使用以下命令来选择那些明显优于随机预测的结果：

```
In [46]: display_columns = ['datapoints', 'emb', 'f1_avg', 'model',
            'rel_name_type', 'KG', 'positive_examples',
            'sigdelta_f1_to_rand_emb']
         aggs_df[test_result_filter() & filter_biased_rel_types() &
         sigdelta_over(2.0) & ~randomrel_filter][display_columns]
```

这将展示一个包含 65 行和 8 列的表，其中显示了与随机嵌入相比改进最大的嵌入。

```
Out[46]:
emb            ...      positive_examples    sigdelta_f1_to_rand_emb
glove_cc_en    ...            110650                12.220272
glove_cc_en    ...            110650                12.317966
ft_wiki_en     ...            110650                12.244312
ft_wiki_en     ...            110650                12.517522
vecsi_UN_en    ...            110650                12.165311
...            ...            ...                   ...
```

```
vecsi_un_en   ...         1519          3.217797
vecsi_un_en   ...         4944          3.772919
glove_cc_en   ...         4944          3.117599
holE_sensi_en ...         1519          2.125610
vecsi_un_en   ...         1519          3.097962

            [65 rows x 8 columns]
```

7.4.9 关系型知识的评估结论

在这个练习中，我们使用 embrela 库来评估各种单词／概念嵌入在 WordNet 中捕获关系型知识的程度。

流水线很简单，但要考虑到数据集在创建、训练和解释分类结果过程中可能出现的各种隐患。

7.5 案例研究：评估和对比 Vecsigrafo 嵌入

在前面的两个部分中，读者有机会获得评估嵌入的实际经验。为了缩短实际练习的时间，我们通常使用较小的嵌入空间或只使用少量的评估数据集。根据之前所学到的知识，读者应该能够编辑附带的 Jupyter Notebook，以使用自己的嵌入或使用替代的评估数据集。为了进一步说明如何评估真实世界的嵌入，在本节中，我们提供了一个评估 Vecsigrafo 嵌入质量的示例。正如读者将要看到的，我们应用了各种方法来收集度量指标，这些方法帮助我们比较研究 Vecsigrafo 嵌入与其他嵌入学习机制。大多数评估是在学术层面进行的，目的是发表一篇学术论文。请注意，对于从业人员（例如，在业务环境中），仅执行我们下面介绍的评估的一个子集就足够了。

7.5.1 比较研究

在评估的这一部分，我们研究如何把基于 Vecsigrafo 的嵌入与其他算法产生的词法和语义嵌入做比较。

7.5.1.1 嵌入

表 7.3 显示了评估期间所使用嵌入的概述。我们使用了五种主要的方法来生成这些数据。一般来说，我们尝试使用 300 维的嵌入，尽管在某些情况下我们不得不有所偏离。总的来说，从表中可以看出，当词汇表较小时（归因于语料库大小和标记化），我们需要更多的周期来使学习算法收敛。

- 基于 vecsigrafo 的嵌入首先使用 Cogito 进行标记化和消除歧义。我们探讨了两种基本的标记化变体。第一个是带有筛选标记（"ls 过滤"）的词元概念，即我们只为语料库保留词元和概念 id。词元化使用 Sensigrafo 已知的词元并将复合词组合成单个标记。过滤步骤删除了各种类型的单词：日期、数字、标点符号、冠词、专有名称（实体）、助动词、专有名词和与概念无关的代词。这个过滤步骤的主要思想是从语料库中删除语义上不相关的标记。我们也训练了一些没有词元化和过滤的嵌入。在这种情况下，我们将原始的表示形式与概念绑定在一起（包括形态变化），并且没有删除上面描述的标记。对于所有的嵌入，我们使用的最小频率为 5，并且在中心词周围使用了大小为 5 个单词的窗口。我们还使用了调和加权方案（我们也试验了线性和评价加权方案，但结果没有实质上的差异）。

- 对于基于 Swivel 的嵌入，要么使用输入语料库基本的空格标记化，要么使用由 Cogito 执行的基于词元的标记化。我们使用了开源项目中定义的缺省参数。对于维基百科的语料库，我们不得不将维数减少到 256，否则，主要的 Swivel 算法将在训练期间耗尽 GPU 的内存。出于同样的原因，我们还将词汇量限制在 100 万。

- 我们训练的 GloVe 嵌入是使用 GitHub 仓库[⊖]上 master 分支导出的，我们使用了其中定义的缺省超参数。

- 我们训练的 fastText 嵌入是使用 GitHub 仓库[⊜]上 master 分支导出的，我们使用了其中定义的缺省超参数。

- 在导出 Sensigrafo 之后，我们使用 Github 仓库[⊜]上的代码对 HolE 嵌入进行了训练，创建了一个 250 万个三元组的训练集，包括了超过 80 万个词元和 syncon 以及 93 个关系，包括上位关系，还包括了概念和词元之间的 hasLemma 关系。（我们也尝试应用了 ProjE^⑭，由于各种报错和缓慢的性能，无法将其应用到 Sensigrafo 语料库中。）我们使用了 150 个维度和缺省的超参数对 HolE 进行了 500 个周期的训练。训练后的最终评估显示 MRR 为 0.13，平均排序为 85 279，且 Hits@10 为 19.48%。

除了我们所训练的嵌入之外，作为研究的一部分，我们还包括了一些预训练嵌入，特别是由 Stanford^⑤提供的用于 CommonCrawl 的 GloVe 嵌入（代码为 glove_840B），基于 2017 年 Wikipedia 备份编码的 fastText 嵌入（代码为 ft_en），以及 BabelNet 概念

⊖　https://github.com/stanfordnlp/GloVe。

⊜　https://github.com/facebookresearch/fastText。

⊜　https://github.com/mnick/holographic-embeddings。

⑭　https://github.com/bxshi/ProjE。

⑤　http://nlp.stanford.edu/data/glove.840B.300d.zip。

嵌入（NASARI⊖和 SW2V），因为这些嵌入都需要直接访问 BabelNet 的索引。在表 7.1 中，我们分享了嵌入提供者报告的详细信息。

表 7.1　已评估的嵌入

编码	语料库	方法	标记化	周期	词汇表	概念
	UN	vecsi	ls filtered	80	147K	76K
	UN	swivel	ws	8	467K	0
	UN	glove	?	15	541K	0
	UN	vecsi	ts	8	401K	83K
	UN	fastText	?	15	541K	0
	wiki	glove	?	25	2.4M	0
	wiki	swivel	ws	8	1.0M	0
	wiki	vecsi	ls filtered	10	824K	209K
ft_en	wiki	fastText	?	8	2.4M	0
	UMBC	w2v	?	?	1.3M	0
	wiki/UMBC	nasari	?	?	5.7M	4.4M
	Sensigrafo	HolE	n/a	500	825K	423K
	wiki'	fastText	?	?	2.5M	0
glove_cc	CommonCrawl	GloVe	?	?	2.2M	0

7.5.1.2　单词相似度的结果

表 7.2 显示了 14 个单词相似度数据集以及基于 UN 语料库生成的各种嵌入的 Spearman 相关得分。表中的最后一列显示了每个数据集键值对的平均覆盖率。由于 UN 语料库是中等规模的，而且主要集中在特定的领域，因此许多单词没有包含在学习后的嵌入中，因此只根据键值对的子集计算评分。

表 7.2　单词相似度数据集与基于 UN 的嵌入的 Spearman 相关性

Dataset	ft	glove	swivel	swivel l f	vecsi ls f	vecsi ls f c	vecsi ts	vecsi ts c	avg$_{perc}$
MC-30	0.602	0.431	0.531	0.572	0.527	0.405	0.481	**0.684**	82.5
MEN-TR-3k	0.535	0.383	0.509	0.603	**0.642**	0.525	0.558	0.562	82.0
MTurk-287	0.607	0.438	0.519	0.559	**0.608**	0.578	0.500	0.540	69.3
MTurk-771	0.473	0.398	0.416	0.539	**0.599**	0.497	0.520	0.520	94.6
RG-65	0.502	0.378	0.443	0.585	0.614	0.441	0.515	**0.664**	74.6
RW-STANFORD	0.492	0.263	0.356	0.444	**0.503**	0.439	0.419	0.353	49.2
SEMEVAL17	0.541	0.395	0.490	0.595	**0.635**	0.508	0.573	0.610	63.0
SIMLEX-999	0.308	0.253	0.226	0.303	**0.382**	0.349	0.288	0.369	96.1
SIMLEX-999-Adj	0.532	0.267	0.307	0.490	**0.601**	0.559	0.490	0.532	96.6
SIMLEX-999-Nou	0.286	0.272	0.258	0.337	**0.394**	0.325	0.292	0.384	94.7

⊖ http://lcl.uniroma1.it/nasari/files/NASARIembed+UMBC_w2v.zip。

（续）

Dataset	ft	glove	swivel	swivel l f	vecsi ls f	vecsi ls f c	vecsi ts	vecsi ts c	avg$_{perc}$
SIMLEX-999-Ver	0.253	0.193	0.109	0.186	0.287	**0.288**	0.196	0.219	100.0
SIMVERB3500	0.233	0.164	0.155	0.231	0.306	**0.328**	0.197	0.318	94.4
VERB-143	**0.382**	0.226	0.116	0.162	0.085	−0.089	0.234	0.019	76.2
WS-353-ALL	0.545	0.468	0.516	0.537	**0.588**	0.404	0.502	0.532	91.9
WS-353-REL	0.469	0.434	0.465	0.478	**0.516**	0.359	0.447	0.469	93.4
WS-353-SIM	0.656	0.553	0.629	0.642	**0.699**	0.454	0.619	0.617	91.5
YP-130	0.432	0.350	0.383	0.456	**0.546**	0.514	0.402	0.521	96.7

注：列名是指用于训练嵌入、语料库的标记化（词元、syncon 或文本，以及标记是否被过滤），以及是否使用基于概念的单词相似度代替普通的基于单词的相似度的方法。粗体值要么是最佳结果，要么是值得突出显示的结果，在这种情况下，它们将在本文中进一步讨论。

表 7.4 显示了在大型语料库和直接在 Sensigrafo 上进行嵌入训练的结果。我们没有包括 NASARI（基于概念的）和 SW2V 在 UMBC 上的向量训练结果，因为这些结果明显比其他的嵌入结果差得多（例如，NASARI 在 MEN-TR-3k 上评分是 0.487，SW2V 在同一数据集上评分是 0.209，总平均分见表 7.3）。我们也没有在 UMBC 中包括 word2vec，因为它并没有在任何报告的数据集中得到最好的分数；然而，总的来说，它的表现比 Swivel 稍好，但是比 Vecsigrafo 差（例如，它在 MEN-TR-3k 中获得了 0.737 分）。

表 7.3　聚合后的单词相似度结果

方　法	语料库	平均 ρ	平均覆盖率 %
glove	cc	0.629	100.0
vecsi ls f c 25e	wiki	0.622	99.6
vecsi ls f 25e	wiki	0.619	98.6
sw2v c	umbc	0.615	99.9
ft 8e	wiki	0.613	100.0
vecsi ls fc 10e	wiki	0.609	99.6
ft	wiki17	0.606	98.9
HolE c 500e	sensi	0.566	99.6
w2v	umbc	0.566	98.9
swivel 8e	wiki	0.542	99.9
vecsi ls f 80e	UN	0.538	93.1
vecsi ts c 8e	UN	0.505	97.9
swivel l f	UN	0.480	92.9
ft 15e	UN	0.451	88.6
vecsi ts 8e	UN	0.443	91.0
glove 25e	wiki	0.438	100.0

（续）

方　法	语料库	平均 ρ	平均覆盖率 %
vecsi ls f c 80e	UN	0.433	83.4
swivel 8e	UN	0.403	87.9
HolE 500e	sensi	0.381	99.6
glove 15e	UN	0.364	88.6
nasari c	umbc	0.360	94.0
sw2v	umbc	0.125	100.0

表 7.3 显示了聚合结果。由于有些单词相似度的数据集有重叠，SIMLEX-999 和 WS-353-ALL 被划分为子集，MC-30 是 RG-65 的子集，其他数据集 RW-STANFORD、SEMEVAL17、VERB-143 和 MTurk-287 具有非词元化的单词（复数和动词的词形变化形式），为了惩罚在标记化过程中使用某种词元形式的嵌入，我们对剩余的数据集采用了 Spearman 平均值。我们在 7.5.2 节（表 7.4）中将讨论从这些结果中可以吸取的教训。

7.5.1.3　嵌入间的一致性

单词相似度数据集通常用于评估嵌入分配的单词键值对的相似度与人类标注者定义的黄金标准之间的相关性。然而，我们也可以使用单词相似度数据集来评估两个嵌入空间的相似程度。我们通过收集不同数据集中所有单词键值对的相似度预测评分，并计算不同嵌入空间之间的 Spearman 指标 ρ 来实现这一点。我们给出图 7.7 中展示的结果，较深的颜色表示嵌入之间更高的一致性。例如，可以看到 wiki17 ft 与 ft 之间有很高的一致性，而与 HolE c 有很低的一致性。我们将在 7.5.2.1 节和 7.5.2.2 节中讨论这些结果。

7.5.1.4　单词 – 概念预测

词汇相似度（和相关性）数据集的缺点之一是，它们只为每个数据集提供了一个单一的度量指标。在文献 [40] 中，我们引入了单词预测图，这是一种通过执行与 word2vec 的损失目标非常相似的任务来可视化嵌入质量的方法。给定一个测试语料库（理想情况下不同于用于训练嵌入的语料库），可以使用上下文窗口来迭代标记序列。对于每个中心词，取上下文标记嵌入的（加权）平均值，并将其与使用余弦相似度的中心词的嵌入值进行比较。如果余弦相似度接近于 1，那么这基本上就是根据上下文正确地预测了中心词。通过聚合语料库中所有这些标记的余弦相似度，我们可以（1）在测试语料库中出现的词汇中绘制出每个单词的平均余弦相似度；（2）通过计算词汇表中所有单词的平均值（以标记频率加权），得到测试语料库的总评分。

表 7.4　在大型语料库（UMBC、Wikipedia 和 CommonCrawl）中单词相似度的 Spearman 互相关性

Corpus Dataset	sensi		umbc	wiki17		wiki18				cc	avg_perc
	HolE	HolE c	sw2v c	ft en	ft	glove	swivel	vecsi ls f	vecsi ls f c	glove	
MC-30	0.655	**0.825**	0.822	0.812	0.798	0.565	0.768	0.776	0.814	0.786	100.0
MEN-TR-3k	0.410	0.641	0.731	0.764	0.760	0.607	0.717	**0.785**	0.773	**0.802**	99.9
MTurk-287	0.272	0.534	0.633	0.679	0.651	0.473	**0.687**	0.675	0.634	**0.693**	85.6
MTurk-771	0.434	0.577	0.583	0.669	0.649	0.504	0.587	**0.685**	0.578	**0.715**	99.9
RG-65	0.589	0.798	0.771	0.797	0.770	0.639	0.733	0.803	**0.836**	0.762	100.0
RW-STANFORD	0.216	0.256	0.395	0.487	**0.492**	0.124	0.393	0.463	0.399	0.462	81.9
SEMEVAL17	0.475	0.655	**0.753**	0.719	0.728	0.546	0.683	0.723	0.692	0.711	81.8
SIMLEX-999	0.310	0.380	**0.488**	0.380	0.368	0.268	0.278	0.374	0.420	0.408	99.4
SIMLEX-999-Adj	0.246	0.201	0.556	0.508	0.523	0.380	0.323	0.488	**0.564**	**0.622**	99.5
SIMLEX-999-Nou	0.403	0.484	**0.493**	0.410	0.383	0.321	0.331	0.422	0.464	0.428	100.0
SIMLEX-999-Ver	0.063	0.133	**0.416**	0.231	0.233	0.105	0.103	0.219	0.163	0.196	97.7
SIMVERB3500	0.227	0.318	**0.417**	0.258	0.288	0.131	0.182	0.271	0.331	0.283	98.8
VERB-143	0.131	-0.074	-0.084	0.397	**0.452**	0.228	0.335	0.207	0.133	0.341	75.0
WS-353-ALL	0.380	0.643	0.597	0.732	**0.743**	0.493	0.692	0.708	0.685	0.738	98.5
WS-353-REL	0.258	0.539	0.445	0.668	**0.702**	0.407	0.652	0.649	0.609	0.688	98.2
WS-353-SIM	0.504	0.726	0.748	0.782	**0.805**	0.615	0.765	0.775	0.767	0.803	99.1
YP-130	0.315	0.550	**0.736**	0.533	0.562	0.334	0.422	0.610	0.661	0.571	98.3

注：粗体值要么是最佳结果，要么是值得突出的结果，在这种情况下，它们将在本文中进一步讨论。

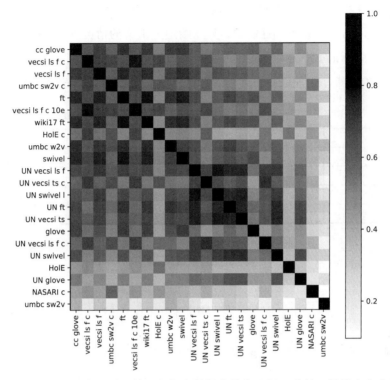

图 7.7　与表 7.3 顺序相同的单词相似度数据集的嵌入间一致性。语料库中未涉及
的嵌入是在 Wikipedia 2018 上训练的

　　表 7.5 提供了我们选择的测试语料库概况，使用这些语料库生成了单词和概念的预
测得分并绘成了图。这些语料库是：

- webtext[108] 是一个主题多样的语料库，包含来自公共可访问网站的当代文本片
  段（支持论坛、电影脚本、广告）。这个语料库作为 NLP 应用程序的训练数据非
  常流行。

- NLTK Gutenberg 选集包含了古腾堡工程中著名作家（莎士比亚、简·奥斯汀、
  沃尔特·惠特曼等）在公共领域的文学作品样本。

- Europarl-10k：我们已经基于 Europarl[98] v7 数据集创建了一个测试数据集。我
  们使用已经和西班牙语并行化的英语文件，删除空行，只保留前 1 万行。我们
  期望 Europarl 语料库与 UN 语料库相似，因为它们都提供了类似领域的会议记
  录文档。

　　图 7.8 展示了各种嵌入和三个测试语料库的单词预测图。表 7.6 说明了（1）相
对于嵌入词汇表的标记覆盖率（在标记化测试语料库中发现的嵌入词汇表的百分比）；
（2）加权平均得分，是每次预测的平均余弦相似度（然而，由于频繁的单词被预测得更

频繁，如果不频繁的单词预测得更差，这可能会扭曲整体结果）；（3）"标记平均值"评分，是每个标记的平均分数。这表明，如在给定上下文的情况下，如果从嵌入词汇表中随机选择一个标记（即不考虑其在一般文本中的频率），它预测一个标记（单词或概念）的可能性有多大。与前面的结果一样，我们将在 7.5.2 节中对这些结果给出结论。

表 7.5   用于收集词汇和概念预测数据的测试语料库概述

语料库	标记		
	文本	词元	概念
webtext	300K	209K	198K
gutenberg	1.2M	868K	832K
Europarl-10k	255K	148K	143K

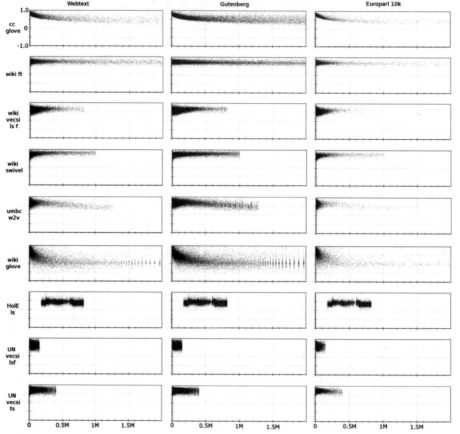

图 7.8   单词和概念的预测图。横轴包含训练语料中按频率排序的单词 id。虽然不同的嵌入有不同的词汇表大小，但是我们已经将描绘的词汇量固定为 2M 个标记，以便于比较。由于 HolE 没有在语料库上进行训练，因此频率是未知的，所以单词是按字母顺序排列的。纵轴包含加权上下文向量和中心词或概念之间的平均余弦相似度

表 7.6　单词预测值的聚合

文本语料库	webtext			gutenberg			Europarl-10k		
emb	覆盖率	w avg	t avg	覆盖率	w avg	t avg	覆盖率	w avg	t avg
cc glove	0.007	**0.855**	**0.742**	0.016	**0.859**	0.684	0.005	**0.868**	**0.764**
wiki swivel	0.013	0.657	**0.703**	0.027	0.664	**0.718**	0.010	0.654	0.666
UN vecsi ts	0.069	**0.688**	**0.703**	0.103	0.701	0.715	0.062	0.700	**0.717**
wiki ft	0.006	0.684	0.702	0.013	**0.702**	0.712	0.004	**0.702**	0.700
umbc w2v	0.012	0.592	0.638	0.030	0.574	0.662	0.008	0.566	0.649
UN vecsi ls f	0.138	0.630	0.617	0.214	0.652	0.628	0.128	0.681	0.636
wiki vecsi ls	0.037	0.603	0.593	0.057	0.606	0.604	0.026	0.601	0.588
HolE ls	0.035	0.414	0.416	0.056	0.424	0.424	0.026	0.400	0.398
wiki glove	0.006	0.515	0.474	0.013	0.483	0.408	0.004	0.468	0.566

注：覆盖率指的是在测试语料库中发现的嵌入词汇表中标记（单词和概念）的百分比。"w avg"是由标记频率加权的平均余弦相似度；"t avg"是所有标记预测的平均余弦相似度，不考虑它们在语料库中的频率如何。粗体值要么是最佳结果，要么是值得突出显示的结果，在这种情况下，它们将在本文中进一步讨论。

7.5.1.5　关系预测

单词（和概念）的相似度和预测任务有利于了解嵌入质量。然而，最终与嵌入相关的质量指标是，它们是否可以用于提高执行更复杂任务的系统性能，例如文档分类或知识图谱的补全。基于这个原因，在这一领域最近的进展 [102, 180, 191] 中加入了预测单词键值对之间知识图谱中特定类型关系的评估。在 Expert System 公司中，这样的系统将有助于知识工程师和语言学家团队来管理 Sensigrafo。

为了将引入的偏差最小化，我们没有使用 Sensigrafo 作为知识图谱，我们选择了 WordNet，因为没有使用 WordNet 来训练 HolE 嵌入，而且它不同于 Sensigrafo（因此在消歧过程中使用的任何知识都不应该影响结果）。对于这个实验，我们选择了以下关系式：

- 动词组，将相似的动词相互联系起来，例如"shift"-"change"和"keep"-"prevent"。
- 蕴涵，描述动词之间的蕴涵关系，例如"peak"-"go up"和"tally"-"count"。

数据集

我们为每个关系建立了一个数据集，方法是（1）从 UN vecsi ls f（我们正在研究的嵌入的最小词汇表）的词汇表开始，并在 WordNet 中查找词元的所有同义集组；（2）搜索所有使用选定的关系与其他同义集的连接，这给了我们一个正向样例的列表；（3）根据相同关系的正向样例列表生成负对（我们推荐这种负向转换策略，以避免模

型简单地记忆与正面键值对相关的词[103]）。这导致了数据集中包括 3039 个蕴涵键值对
（1519 个正面）和 9889 个动词组键值对（4944 个正面）。

训练

接下来，我们使用 90% 数据用于训练，5 个验证，5 个测试分割，在每个数据集上
用两个完全连接的隐藏层训练一个神经网络。神经网络接收输入键值对的级联嵌入（如
果输入动词是像 "go up" 这样的词组，我们在使用词嵌入而不是词元嵌入时，采用组
成词的平均嵌入）作为输入。因此，对于 300 维的嵌入，输入层有 600 个节点，而两个
隐藏层有 750 和 400 个节点。输出节点有两个独热编码（one-hot-encoded）的节点。对
于 HolE 嵌入，输入层有 300 个节点，隐藏层有 400 个和 150 个节点。我们在隐藏节点
之间使用 dropout（0.5）和 Adam 优化器来训练动词组数据集上的 12 个时期和蕴涵数
据集上的 24 个时期的模型。此外，为了进一步避免神经网络记忆特定的单词，我们在
每个输入嵌入中加入了一个随机嵌入的扰动因子。其思想是模型应该学习根据两个词
嵌入之间的差异对输入进行分类。由于不同的嵌入空间具有不同的值，所以这种扰动
考虑了原始嵌入的最小值和最大值。

结果

表 7.7 显示了各种嵌入训练的结果：cc glove，wiki ft$^{\ominus}$，HolE，UN vecsi
ls f 和 wiki vecsi ls f。由于构建这样的数据集并不简单[103]，我们还包括了
一组随机嵌入。其思想是，如果数据集构造良好，使用随机嵌入训练的模型应该具有
0.5 的准确度，因为在随机嵌入中不应该编码任何相关的信息（与训练的嵌入相反）。

表 7.7　蕴涵和动词组的平均预测准确度和 5 次训练运行的标准差

	蕴涵数据	动词组数据
ft_wikip	0.630 ± 0.022	0.661 ± 0.021
glove_cc	0.606 ± 0.008	0.628 ± 0.013
holE_sensi	0.603 ± 0.011	0.558 ± 0.009
vecsi_un	0.684 ± 0.003	0.708 ± 0.009
vecsi_wiki	0.608 ± 0.009	0.587 ± 0.032
rand_en	0.566 ± 0.011	0.572 ± 0.003

研究发现，从中等规模的 UN 语料库中学习的基于 Vecsigrafo 的嵌入在预测两个目
标关系上都优于其他嵌入。令人惊讶的是，Vecsigrafo UN 嵌入也优于基于维基百科的
嵌入。对此的一个可能解释是 UN 语料库比与维基百科更大，其特殊性跨越了各种各

㊀　对于 GloVe 和 fastText，表中仅显示基于较大语料库（cc、wiki）的最佳结果。

样的主题。这可以为关系预测任务提供更强的信号，因为潜在的模糊条目较少，而且该模型可以更好地利用知识图谱中明确描述的关系知识。

7.5.2 讨论

7.5.2.1 Vecsigrafo（和 SW2V）与传统词嵌入的比较

我们可以从表 7.2 和 7.3 得出结论，对于 UN 语料库（一个中等规模的语料库）：

- **联合训练词元和概念比使用常规的词嵌入训练方法可以产生更好的嵌入**。特别是：$\rho_{vecsi_{lsf}} > \rho_{swivel_l} \simeq \rho_{ft} \succ \rho_{vecsi_{ts}} \succ \rho_{swivel} \simeq \rho_{glove}$，其中 > 表示差异有统计学意义（$t$ 检验 $p < 0.01$），$\succ$ 表示略有显著性（$p < 0.05$），而 $\simeq$ 表示均值差异无统计学意义。在消融（ablation）研究中，我们发现对于相同的标记化策略，添加概念可以显著地提高词嵌入的质量。比较研究进一步表明，只是词元化和过滤就可以达到与 fastText 类似的质量（如 2.3 节所讨论的那样，fastText 也执行了预处理，并使用了子词信息）。

对于像维基百科和 UMBC 这样的大型语料库：

- **fastText、Vecsigrafo$^\ominus$或 SW2V$^\ominus$之间没有统计学意义上的显著差异**。类似地，GloVe 的表现大致与其他嵌入相同，但是需要非常大的语料库（如 CommonCrawl）来匹配它们。
- **fastText、Vecsigrafo 和 SW2V 的性能明显优于标准 Swivel 和 GloVe**。
- **对于基于 Vecsigrafo 的嵌入，词元和概念嵌入都具有高质量**。对于基于 SW2V 的嵌入，概念嵌入的质量较高，而联合训练的词嵌入质量较差。因为这两种方法是相似的，所以我们不清楚为什么会出现这种情况。

我们惊讶地发现 NASARI 的概念嵌入（基于词法特异性）与其他的嵌入相比是如此之差。这是出乎意料的，因为文献 [29] 中的结果对于相似的单词相似度测试非常好，尽管只限于少数较小（因此不太稳定）的数据集。我们注意到，使用的预训练嵌入只提供名词概念嵌入，尽管该方法能够支持动词和其他语法类型的概念。然而，即使是基于名词的数据集，我们也不能重现文献 [29] 中报道的结果：对于 MC-30，我们测量到 0.68ρ 而不是 0.78ρ；对于 SIMLEX-999-Nou，我们测量到 0.38ρ，而不是 0.46ρ；对于 WS-353-SIM，我们测量到 0.61ρ，而不是 0.68ρ。不同结果的一个解释可能是我们没有使用任何词性过滤，因为这在基于概念的单词相似度评估方法中没有明确规定。相反，不管这些概念是名词还是动词，我们找到单词键值对中所有匹配词的概念，并返回了

⊖ 或者基于概念或者基于词元的相似度。

⊖ 只基于概念。

最大的余弦相似度。此外，由于我们无法访问完整的 BabelNet，因此我们使用 REST API 下载了从单词到 BabelNet 概念的映射。可能是因为 [29] 使用了一个内部 API，它在单词和概念之间执行了更彻底的映射，从而影响了结果。

在嵌入间一致性方面，从图 7.7 我们可以看到，即使那些概念来源于不同的语义网（BabelNet 和 Sensigrafo），**这种基于概念的嵌入与其他基于概念的嵌入有更高的一致性**。类似地，**基于单词和词元的嵌入倾向于与其他基于单词的嵌入对齐**。由于这两种类型的嵌入都能在单词相似度方面获得高分（相对于黄金标准而言），**这表明混合单词相似度评估方法可以产生更好的结果**。

此外，我们还清楚地看到，在中等规模的语料库中，所有词嵌入之间的一致性都很高，而在较大规模语料库中训练的词嵌入之间的一致性则较低。在较大的语料库中，词嵌入和概念嵌入即使在其他语料库中训练也表现出较高的相互一致性。对于较大的语料库，我们发现用于训练嵌入的方法（Vecsigrafo、fastText、SW2V 等）或用于预测单词相似度的方法（基于单词的方法对比基于概念的方法）对测量的相互一致性有较大的影响。

从单词预测图（图 7.8）和结果（表 7.6）中，我们看到了不同的词嵌入算法有着非常不同的学习模式：

- GloVe 倾向于产生倾斜的预测，擅长预测非常高频的单词（方差很小），但随着单词的出现频率降低，平均预测精度下降，方差增加。这种模式对于在 CommonCrawl 上训练的 GloVe 来说尤其明显。同样的模式也适用于 wiki glove。然而，图表显示，对于大多数单词（除了最常见的那些），这些嵌入算法的表现几乎不比随机算法好（平均余弦相似度接近 0）。这表明缺省超参数有问题，或者 GloVe 需要的训练周期数量比其他算法高得多（注意，我们最初用 8 个周期训练了大多数的嵌入，但由于性能差，我们将 Wikipedia 提供的 GloVe 嵌入增加到了 25 个周期）。
- fastText 产生非常一致的结果：预测质量不随着单词频率的变化而变化。
- 应用于 UMBC 的 word2vec 模式介于 fastText 和 GloVe 之间。它显示了预测结果的高方差，特别是对于非常高频的词，并且随着单词频率变低，性能呈现线性下降趋势。
- 使用标准标记化的 Swivel 也显示出了大部分一致的预测。然而，频率高的单词预测质量的方差较大，这几乎与 GloVe 相反：一些高频单词的预测分数往往较低，但频率较低的单词的平均分数往往更高。同样的模式也适用于 Vecsigrafo（基于 Swivel），不过对于 wiki vecsi ls 就不那么清楚了。由于在 UN 语料库上训练的 Vecsigrafo 的词汇表相对较小，因此在将词汇表规范化为 200 万个单词时，很难确定一种学习模式。

通过比较 wiki swivel 和三种基于 Vecsigrafo 的嵌入方式的单词预测结果，我们可以看到一些反直观的结果。

- 首先，使用 Vecsigrafo 会降低单词预测的平均质量，这是令人惊讶的（尤其是如上所述，基于单词相似度结果，词嵌入的质量显著提高）。其中一个可能的原因是，基于 Vecsigrafo 预测的上下文向量通常是上下文标记数量的平均值的两倍（因为它将同时包含词元和概念）。然而，对于 UN vecsi ts 的结果似乎也会受到同样问题的影响，但情况并非如此。实际上，UN vecsi ts 在这个任务上的表现和 wiki swivel 一样好。

- 其次，两种基于 UN 语料库的 Vecsigrafo 嵌入比基于 wiki 的 Vecsigrafo 嵌入更好地完成了这项任务。当比较 UN vecsi ls f 和 wiki vecsi ls 时，我们看到由于词汇表的大小不同，基于 UN 的嵌入必须以更少的标记执行更少的预测。因此在执行单词预测时，低频单词可能会引入噪音。为了解释这些结果，还需要进一步的研究。目前的研究结果表明，对于单词预测任务，基于小型语料库的 Vecsigrafo 嵌入优于基于大型语料库的 Vecsigrafo 嵌入。这与基于 vecsigrafo 的消歧任务特别相关，对于这些任务，标准的词嵌入并不起作用。

词汇预测研究的其他结果是：

- 大多数嵌入在古腾堡测试语料库中比在 webtext 中表现更好。唯一的例外是 cc glove 和 wiki glove。这可能是由于测试语料库的规模（古腾堡比网络文本大一个数量级）或语言的正式性造成的。我们假设 webtext 包含了更多的非正式语言，这些语言在维基百科或 UN 语料库中都没有表示，但可以在 CommonCrawl 中表示。由于平均差异相当小，我们将不得不进行进一步的研究，以验证这些新的假设。

- 训练和测试语料库的问题：对于大多数嵌入，我们看到 Europarl 的标记平均值与 webtext 相似或更糟（因此比古腾堡更糟）。然而，这并不适用于根据 UN 语料库训练的嵌入，我们期望这些语料库具有与 Europarl 相似的语言和词汇表。对于这些嵌入——UN vecsi ts 和 UN vecsi ls f，Europarl 的预测比古腾堡数据集更好。同样，基于 GloVe 的嵌入不符合这个模式。因为 wiki glove 嵌入的质量很差，所以这并不奇怪。对于 cc glove 来说，我们不清楚为什么结果会比 webtext 和古腾堡更好。

- 最后，毫无疑问的是，词元化显然会在词汇表规模上产生压缩效果。这种效果可以提供切实的收益：例如，我们可以将搜索限制在 60 万个词元（并避免为同一个词找到许多形态变体），而不必在 250 万个词汇中搜索 top-k 邻近的词。

从表 7.7 中的动词关系预测结果中，我们再一次看到，`UN vecsi ls f` 的嵌入性能优于包括 `wiki vecsi ls f` 在内的其他嵌入性能。随机嵌入结果的平均精度在 0.55 左右，这表明数据集结构良好，结果表明训练后的模型对新词对的表现有多好。可以看到，这两个任务都相对具有挑战性，模型的准确率最多在 70% 左右。

7.5.2.2 Vecsigrafo 与知识图谱嵌入的比较

表 7.3 显示，对于基于知识图谱嵌入，词元嵌入（`HolE 500e`）的表现较差，而基于概念的相似性嵌入（`HolE c 500e`）则表现相对较好。然而，使用 HolE 学习的概念嵌入明显低于使用性能最好的词嵌入方法（fastText on wiki 和 GloVe on CommonCrawl）和概念嵌入方法（SW2V 和 Vecsigrafo）。这个结果支持了我们的假设，即**基于语料库的概念嵌入优于基于图的概念嵌入，因为前者可以通过考虑来自训练语料库的隐性知识来改进概念表示**，而这些隐性知识并没有在知识图中被显式捕获。特别是，毫无疑问，源自知识图谱的词元嵌入质量要比源自（消除歧义的）文本语料库的词元嵌入质量差得多。

图 7.7 中的嵌入一致性结果表明，HolE 嵌入与其他嵌入特别是常规词嵌入有较低的一致性。基于概念的 HolE 相似度结果与其他基于概念的相似度（Vecsigrafo、SW2V 和 NASARI）有较高的一致性。

词汇预测任务的结果与单词相似度任务的结果一致。当应用于从上下文标记来预测中心词或概念时，HolE 嵌入的性能很差。

在图 7.8 中，我们看到 HolE 词汇表中的前 17.5 万个单词在语料库中没有表示。这样做的原因是，这些引用的单词或者指代实体的单词（因此是地名、人名的大写）已经被应用于测试语料库的 `ls f` 标记化过滤掉了。此外，我们还看到标记的预测质量在 24.5 万个单词的左右出现了跳跃，这个数字一直保持到 67 万个单词。这对应于概念标记出现频率的范围，它被编码为 `en # concept-id`。因此，介于 17.5 万和 24.5 万个之间的单词是从 "a" 到 "en" 的词元，67 万个之后的单词是从 "en" 到 "z" 的词元，这再次表明 HolE 更善于学习概念嵌入，而不是学习词元的嵌入（Sensigrafo KG 中的叶子节点）。

7.6 本章小结

本章主要介绍评估嵌入质量的方法。我们看到有大量的方法可以用来以各种权衡评估嵌入。有些方法更容易应用，因为数据集已经存在，而且各种预训练嵌入的结果可以很容易地进行比较。其他方法需要花费更多的努力，而解释结果可能不那么容易。最后，我们看到，根据希望对嵌入执行的任务，读者可以决定关注一种类型的评估而不是另外一种。

现有评估方法的概述，结合应用各种方法的实际练习以及案例研究，应该为读者提供了大量关于如何评估特定用例的一系列嵌入的思想。

利用 Vecsigrafo 捕获词法、语法和语义信息

摘要：嵌入算法通过优化一个单词与其上下文之间的距离来工作，生成一个嵌入空间来编码它们的分布表示。除了单个单词或单词片段之外，其他特征是对文本进行深入分析的结果，可以用额外的信息来丰富这种表达。这些特征受到用于文本组块的标记化策略影响，不仅包括单词和词性信息，还包括根据结构化知识图谱对词义消歧的注释。在本章中，我们将分析在 Vecsigrafo 的训练过程中显式加入词法、语法和语义信息对结果表示的影响，以及这样是否能够提高他们的下游表现。为了说明这种分析，我们聚焦于科学领域的语料库，其中有丰富且频繁的多词表达，因此需要先进的标记策略。

8.1 引言

正如我们已经看到的，以密集向量形式的分布式单词表示，即词嵌入，已经成为非常流行的自然语言处理任务，如词性标注、组块分析、命名实体识别、语义角色标注和同义词检测。这种收益在文献 [117] 中提出的 word2vec 算法中得到了显著的体现，该算法提供了一种基于单词上下文和负采样的有效方法来学习大型语料库中的词嵌入，并且一直持续到现在。人们已经投入了大量的研究，开发越来越有效的方法来生成词嵌入，从而产生了诸如 GloVe[138]、Swivel[164] 或 fastText[23] 之类的算法。最近，大部分的努力都集中在神经语言模型上，这些模型产生了前所未有的上下文单词表达，比如 ELMo[139]，BERT[44] 和 XLNet[195]。

一般来说，词嵌入算法的训练是为了实现一个标记与其在文档语料库中相邻标记的常用上下文之间关系的最小化距离。应用某种标记化后以文本形式出现的标记集可能包括：单词（如"making"）、标点符号（如"；"）、多词表达（如"day-care center"），或者单词与标点符号的组合（如"However,"）。事实上，在最终词嵌入中

实际编码的信息不仅取决于一个单词的相邻上下文或者它在语料库中的出现频率，还取决于将文本分块为单个标记序列的策略。

在表 8.1 中，我们给出了几个通过使用不同策略处理一个句子而产生标记的例子。在这个示例中，原始文本使用关于空格分隔的标记（t）和 surface form（sf）的信息进行注释。其他的词法、语法和语义标注也可以从文本中提取，比如与每个标记相关的词元（l）、通过词义消歧（c）提取的相应意义或概念[⊖]，以及关于每个标记在特定句子上下文中所起作用的词性信息（g）。

表 8.1　句子 "With regard to breathing in the locus coeruleus，..."
当 W=3 时第一个窗口的标记化

Context	t^{i-3}	t^{i-2}	t^{i-1}	t^{i}	t^{i+1}	t^{i+2}	t^{i+3}
t	With	regard	to	breathing	in	the	locus coeruleus
sf	With regard to	breathing	in	the	locus coeruleus	∅	
l	With regard to	breathe	∅	∅	locus coeruleus	∅	
c	en#216081	en#76230	∅	∅	en#101470452	∅	
g	PRE	VER	PRE	ART	NOU	PNT	

注：我们首先展示基于空间的标记化，然后是 surface form、词元、句法和语法类型的序列。

我们可以看到，用于训练词嵌入标记的结果序列在标记的数量和复杂性方面都有很大的不同。这可能对词嵌入中实际编码的信息有决定性的影响。事实上，最佳标记策略的分析和选择及其在训练单词（word2vec）、字符（ELMo）、字节对编码（BPEmb[76]）或词片（BERT）级别词嵌入方面的应用已经在文献中得到了很好的阐述。然而，像上面提到的那样，这些方法都没有研究明确的语言学和语义标注（以下简称一般性语言标注），以及它们的组合在词嵌入训练中可以发挥的作用。

在本章中，我们利用这一观察来研究从文本中提取的语言标注如何被用来产生丰富的、高质量的词嵌入。为此，我们把重点放在科学领域，因为这是一个术语非常复杂、多词表达式和其他语言工件丰富的领域。科学资源，如 Springer Nature 的 SciGraph[73]，其中包含超过 300 万种学术出版物，领域特定的多词表达相当丰富。如表 8.2 所示，这一点上，在诸如副词（ADV）、名词（NOU）、名词短语（NPH）、专有名称（NPR）或实体（ENT）等语法类型中尤其明显，而其他类型如连词（CON）或命题（PRO）则是独立于领域的。

⊖ 在这个例子中，概念信息通过一个唯一标识符链接到一个知识图谱。

表 8.2 SciGraph 中每种语法类型（PoS）的多词表达（mwe）与单词表达（swe）的比较

词性	示例	# 单词表达	# 多词表达
ADJ	single+dose	104.7	0.514
ADV	in+situ	21	1.98
CON	even+though	34.6	3.46
ENT	august+2007	1.5	1.24
NOU	humid+climate	216.9	15.24
NPH	Ivor+Lewis	0.917	0.389
NPR	dorsal+ganglia	22.8	5.22
PRO	other+than	13.89	0.005
VER	take+place	69.39	0.755

注：swe 和 mwe 发生的数量以百万计

我们用不同的方法量化了每种单独类型的语言标注及其可能的组合对最终词嵌入的影响。首先，本质上是利用单词相似度和类比推理任务。在这方面，我们注意到，单词相似度和类比基准在具有高度专业化词汇的领域中帮助不大，这突出表明需要特定领域的基准。其次，我们还评估了外部的两个下游任务：一个提取自对科学语料库 SciGraph 和 Semantic Scholar[3] 的单词预测任务，也适用于 Wikipedia 和 UMBC[74] 这样的通用语料库，以及一个基于科学学科语料库 SciGraph 分类法的分类任务。

接下来，我们将讨论在一个单一嵌入空间获取各种类型的语言学和语义信息的不同方法（8.2 节），并呈现实验结果（8.3 节）。以下是一些有趣的发现，从语料库中学习的词嵌入意义信息会不断地提高单词相似度和类比推理能力，而类比推理能力更多地受益于 surface form 的词嵌入。其他结果表明，使用词性信息来影响目标领域中生成的词嵌入，显著地提高了分类任务的精度，但对单词预测不利。

8.2 方法

使用基于 Vecsigrafo[39] 的方法，它允许使用联合学习单词、词元和概念嵌入等不同的标记策略以及语言学标注。

8.2.1 Vecsigrafo：基于语料的单词 – 概念嵌入

如第 6 章所述，Vecsigrafo[39] 是一种利用文本语料库和知识图谱联合学习单词和概念嵌入的方法。像 word2vec 一样，它使用语料库上的滑动窗口来预测成对的中心单词和上下文单词。Word2vec 依赖于一种基于空格分隔符号（t）的简单标记策略，而 Vecsigrafo 的目标是学习语言学标注的词嵌入，包括 surface form（$sf \in SF$）、词元

（$l \in L$）、语法信息如词性（$g \in G$）和知识图谱概念（$c \in C$）。为了从文本语料库中获得这些额外的信息，需要适当的标记策略和单词消歧的流水线。

与基于空格分隔的简单标记化策略相反，surface form 是语法分析的结果，其中一个或多个标记可以利用词性信息进行分组，例如名词或动词短语。surface form 可以包括多词表达来指向概念，例如"癌症研究中心（Cancer Research Center）"。一个词元是单词的基本形式，例如 surface form 的"is""are""were"都有词元"be"。

由于除了原文本之外还包括语言学标注，word2vec 方法不再直接适用。标注后的文本是一个词和标注的序列，因此，从中心词滑动的上下文窗口需要同时考虑单词和标注。基于这个原因，Vecsigrafo 扩展了 Swivel[164] 算法，首先使用滑动窗口计算语料库中对语言学标注对之间的共现计数，然后使用这些语言学标注来估计每对语言学标注之间的点间互信息（PMI）。然后，该算法试图尽可能准确地预测所有的键值对。最后，Vecsigrafo 生成一个嵌入空间：$\Phi = \{ (x, e) : x \in SF \cup L \cup G \cup C, e \in \mathbf{R}^n \}$。也就是说，对于每个条目 x，它学习一个维数为 n 的嵌入，这样两个向量的点积就可以预测出这两个条目的 PMI。

8.2.2 联合嵌入空间

为了使用 Vecsigrafo 嵌入，需要使用语言学标注来标注一个词汇表 D。在 D 中一个标注后的文档是一个标注元组的序列：$D_j = ((sf, l, g, c)_i)_{i=0}^{|D_j|-1}$。然后我们需要为 D 中的每个语言学标注生成一个词汇表 $V(D) = \{v : v \in SF_D \cup L_D \cup G_D \cup C_D\}$，将任何带标注的文档表示为此词汇表中各项的有限序列 $S(D_j) = (sf_i, l_i, g_i, c_i)_{i=0}^{|D_j|-1}$。按照这种方法，在 $S(D_j)$ 中的任何序列元素和 Φ 中的 Vecsigrafo 词嵌入之间有一个直接映射。

此外，还可以将 Vecsigrafo 词嵌入，例如 surface form 和概念嵌入，以类似的方式合并为语境化嵌入 [44, 139] 或创建多模态嵌入空间 [179]。不同的操作可以应用于词嵌入，包括连接、平均、加法和降维技术，如主成分分析 PCA、奇异向量分解 SVD 或神经自动编码器。

8.2.3 嵌入的评估

评估嵌入的方法可以分为内在方法 [158] 和外在方法，前者评估嵌入空间是否实际编码了单词的分布式上下文，后者的评估是根据下游任务的表现进行的。在这里，我们关注以下几点。

单词相似度 [150] 是一种内在的评价方法，用来评价嵌入空间是否捕获单词之间的语义相关性，将人类评判所定义的相关性评分与嵌入相似度指标进行了比较。为了处理

Vecsigrafo 产生的概念嵌入，我们使用了一个基于概念的单词相似性度指标，其中每对单词被映射到概念上，以最常见的单词意义为参考，并且相似度计算也对应相应的概念嵌入。

单词类比 [121] 是另一种内在的评估方法，其目的是通过对相应的单词向量进行操作找到 y，使得给定 x 的关系 x：y 类似于样本关系 a：b。

在文献 [39] 中介绍的**单词预测**，提出了使用一个测试语料库来模拟由此产生的嵌入如何准确地预测语言学标注（*t*、*sf*、*l*、*c* 或 *g*）。这基本上模拟了在训练过程中不会在测试语料库上看到的 word2vec skipgram 损失函数。它使用上下文窗口遍历语料库中的标记序列。对于每个中心词或语言学标注，取上下文标记词嵌入的（加权）平均值，并将其与使用余弦相似度的中心词嵌入进行比较。如果余弦相似度接近 1，那么就表明该方法根据上下文正确地预测了中心词。我们用这个来描绘整个嵌入词汇表的相似性，提供关于常见和不常见词汇质量的可能差异的洞见，以及由此产生的词嵌入对不同语料库的适用性。

文本分类：因为词嵌入通常位于解决 NLP 任务的神经网络架构输入端，后者的性能表现可以作为前者适应性的一个指标。在这里，我们选择文本分类作为在 NLP 中最广泛使用的任务之一。与在高维空间中工作的朴素贝叶斯（Naive Bayes）和支持向量机（SVM）[189] 等文本分类常用的模型不同，深度神经网络由于使用了固定长度的嵌入，在压缩的空间中工作。使用单层 [36, 96] 或多层 [155, 200] 的卷积层 CNN[100] 神经网络，在无须手工制作特征的 NLP 任务中表现出了最先进的性能 [36]，而这正是传统方法的主要局限之一。

8.3 评估

接下来，我们描述语料库，对于从语言学标注中学习的词嵌入，进行实验，以了解它们在不同评价任务中的有用性。我们提出了一个综合性的词嵌入质量实验研究，使用额外的科学语料库生成词嵌入，从文本中提取明确的语言学标注和语义信息。为此，我们遵循 Vecsigrafo 提出的方法。然而，与文献 [39] 中描述的使用一般领域语料库的实验相比，这里依赖于科学出版物中特定领域的文本，并在实验中包括语法信息（词性）的使用。我们将讨论所有词嵌入组合的可能结果，包括相关的空格分隔标记、surface form、词元、概念和语法信息相关的组合。最后，我们将在科学文本分类中增加一个外在评价任务，以进一步评价词嵌入的质量。

8.3.1　数据集

以下实验中使用的科学语料库是从科学论文知识图谱 SciGraph[73] 中提取的。我们从中提取了 2001 年至 2017 年间出版的文章和图书章节的标题和摘要。由此产生的语料库大约由 320 万篇出版物、140 万个不同的单词和 7 亿个标记组成。

接下来，我们使用 Cogito（Expert System 公司的 NLP 套件）解析和消除文本的歧义，并添加与每个标记或标记组相关联的语言学标注。为此，Cogito 依靠自己的知识图谱——Sensigrafo。注意，只要能够支持生成此工作中使用的语言学标注，我们也可以使用任何其他的自然语言处理工具包。

表 8.3 展示了由 Cogito 生成的语料库解析和注释。对于空间分隔的标记，我们使用 Swivel 学习了一组初始的词嵌入，这是 Vecsigrafo 的参考算法。对于其余的语言学标注（sf、l、g、c），以及它们包括两个和三个元素的组合，我们使用 Vecsigrafo 学习它们的词嵌入。由于过滤的不同，不同数量的标注和实际的嵌入数量之间存在差异。根据以前的发现 [39]，我们筛选出语法类型为冠词、标点符号或助动词的元素，并用语法类型实体或人称专有名词来生成标记，分别用特殊标记 *grammar#ENT* 和语法 *grammar#NPH* 替换原始标记。

表 8.3　基于 2001 年至 2017 年期间出版的英文研究论文和图书章节标题及摘要，对于从这些文本中所学到的标记类型和嵌入说明，可在 SciGraph 中查阅

算法	类型	总数	不同	嵌入
Swivel	t	707M	1 486 848	1 486 848
Vecsigrafo	sf	805M	5 090 304	692 224
	l	508M	4 798 313	770 048
	g	804M	25	8
	c	425M	212 365	147 456

8.3.2　单词相似度

在表 8.4 中，我们公布了在单词相似度评估任务中使用的 16 个数据集。在 Vecsigrafo 词嵌入的训练中，我们在学习过程的每个步骤对这些数据集进行了测试。我们在表 8.5 中给出了 11 个数据集子集中 Vecsigrafo 词嵌入的相似度计算结果，尽管上表公布的平均值是针对 16 个数据集的。注意，我们只在没有 sf 或 l 的组合中应用了概念相似度。

从数据中我们观察到，有明显的证据表明，从语言学标注中单独或联合学习的词嵌入，在相似度任务中比使用标记的词嵌入执行得更好。对每个语言学标注的单独分析表明，c 嵌入优于 l 嵌入，而 l 嵌入又优于 sf 嵌入。注意，表 8.4 中的大多数相似度

数据集主要包含名词和非标准化动词。因此，语义嵌入和词元嵌入是这些数据集较好的表示方式，因为它们将不同的词和形态变化压缩在一个表达方式中，而 surface form 则可能产生多个嵌入，对于这项任务来说，不必要的形态变化可能会妨碍相似度的估算。

表 8.4　用于词嵌入评估的相似度和相关性数据集

数据集	主要内容	词对	每对评分
The RG-65 [154]	Nouns	65	51
MC-30 [122]	Nouns	30	51
WS-353-ALL [60]	Nouns	353	13–16
WS-353-REL [1]	Nouns	252	13–17
WS-353-SIM [1]	Nouns	203	13–18
YP-130 [194]	Verbs	130	6
VERB-143 [13]	Conjugated verbs	143	10
SIMVERB3500 [64]	Lemmatized verbs	3500	10
MTurk-287 [148]	Nouns	287	23
MTurk-771 [98]	Nouns	771	20
MEN-TR-3K [26]	Nouns	3000	10
SIMLEX-999-Adj [77]	Adjectives	111	50
SIMLEX-999-Nou [77]	Nouns	666	50
SIMLEX-999-Ver [77]	Verbs	222	50
RW-STANFORD [111]	Noun，Verbs，Adj	2034	10
SEMEVAL17 [28]	Named entities，MWE	500	3

对于联合学习两种或两种以上语言学标注的 Vecsigrafo 词嵌入，语义嵌入 c 改进了所有使用它的组合结果，即概念嵌入增强了基于 surface form 的词汇表示，以及相似度任务中词元表示的分组形态变化。另一方面，语法信息 g 除了与语义嵌入 c 共同学习外，似乎对动词的词嵌入性能有一定的影响。如果我们集中分析表 8.5 中的前 5 个结果，联合或单独学习的 l 和 c 词嵌入，是词嵌入组合中在相似度任务中表现最好的共同元素。另一方面，来自 surface form sf 和相关组合的词嵌入性能位于表的底部。一般来说，基于 l 和 c 的词嵌入，无论是单独的还是联合的，似乎比基于 l 和 g 的词嵌入更符合人类感知的相似度概念。

总而言之，从相似度任务中得到的结果来看，词嵌入似乎受益于语言学标注带来的额外语义信息。在 surface form 的层面上，表达的词汇变异比空格分隔的标记在这方面表现得更好，而在词元层面上将这些变异以基本形式合并，并将其与一个明确的概念联系起来，可以提高单词相关度预测的表现。联合学习 surface form、词元和概念嵌入可以获得最好的整体相似度结果。

文献 [39] 对从 2018 年维基百科备份中学到的词元和概念进行了 Vecsigrafo 词嵌

表 8.5　所有相似度数据集的子集和最终学习的 Vecsigrafo 和 Swivel 词嵌入的平均 Spearman 的 rho 值

Embed.	MC_30	MEN_TR_3k	MTurk_771	RG_65	RW_STANFORD	SEMEVAL17	SIMLEX_999	SIMVERB3500	WS_353_ALL	YP_130	Average ↓
sf_l_c	**0.6701**	0.6119	0.4872	0.6145	**0.2456**	0.4241	0.2773	0.1514	**0.4915**	0.4472	**0.4064**
c	0.6214	0.6029	0.4512	0.5340	0.2161	**0.5343**	0.2791	0.2557	0.4762	0.4898	0.3883
l_g_c	0.5964	**0.6312**	**0.5103**	0.5206	0.1916	0.4535	0.2903	0.1745	0.4167	0.4576	0.3826
l_c	0.5709	0.5787	0.4355	0.5607	0.1888	0.4912	0.2627	0.2378	0.4462	0.5180	0.3807
l	0.6494	0.6093	0.4908	**0.6972**	0.2002	0.4554	0.2509	0.1297	0.4410	0.3324	0.3763
g_c	0.4458	0.5663	0.4046	0.4985	0.1803	0.5280	**0.3040**	**0.2637**	0.3957	**0.5322**	0.3671
sf_l	0.5390	0.5853	0.4229	0.5448	0.2139	0.3870	0.2493	0.1374	0.4670	0.3627	0.3652
sf_c	0.5960	0.5603	0.4430	0.4788	0.2013	0.4958	0.2722	0.2433	0.3957	0.4835	0.3607
sf_g_c	0.5319	0.6199	0.4565	0.4690	0.2315	0.3938	0.2789	0.1452	0.4201	0.2663	0.3559
sf	0.5150	0.5819	0.4387	0.4395	0.2325	0.3855	0.2673	0.1524	0.4370	0.3630	0.3538
sf_l_g	0.5096	0.5645	0.4008	0.3268	0.2077	0.3427	0.2376	0.1100	0.3909	0.3179	0.3220
l_g	0.5359	0.5551	0.4238	0.5230	0.1648	0.3791	0.2139	0.1204	0.3087	0.3853	0.3057
sf_g	0.5016	0.5239	0.3950	0.3448	0.1681	0.3469	0.1979	0.1028	0.3699	0.3322	0.2990
t	0.1204	0.3269	0.1984	0.1546	0.0650	0.2417	0.1179	0.0466	0.1923	0.2523	0.1656

注：结果按照最后一列中所有数据集的平均值降序排序。粗体值表示最大的相关行。

入，通过在相同设置下的分析，得到了 Spearman 的 rho 值为 0.566，与从 SciGraph 语料库中学到的相同嵌入的 rho 值为 0.380 形成了对比。这些结果可能无法直接比较，因为两者的语料库大小不同（维基百科的 30 亿个标记与 SciGraph 的 7 亿个标记）。另一个因素是维基百科的通用性质，而 SciGraph 是专注于科学领域的。

8.3.3 类比推理

对于类比任务，我们使用谷歌类比测试集[⊖]，其中包含了 19，544 个问题对（8869 个语义问题和 10，675 个句法问题）和 14 种关系类型（5 个语义问题和 9 个句法问题）。表 8.6 中公布了类比任务中词嵌入的准确性。

表 8.6 根据总体结果按降序排列的类比任务结果

嵌入	类比任务		
	语义类比	句法类比	总体结果
sf_c	11.72%	**14.17%**	**12.94%**
sf_g_c	14.13%	11.65%	12.89%
sf_l_c	9.27%	12.10%	10.69%
l_g_c	**14.83%**	3.09%	8.96%
sf_l	7.18%	8.63%	7.91%
l_c	10.47%	4.06%	7.26%
sf	6.69%	6.43%	6.56%
sf_l_g	6.60%	5.74%	6.17%
sf_g	6.07%	3.79%	4.93%
l	4.07%	1.27%	2.67%
l_g	2.33%	0.79%	1.56%
t	0.64%	0.09%	0.37%

注：粗体表示最大的准确度。

与单词相似度的结果相似，在这项任务中，语言学标注也比空格分隔的标记产生更好的词嵌入。然而，在这种情况下，surface form 比词元更有意义。surface form 的嵌入在语义类比和句法类比中都能达到很高的准确性。然而，词元嵌入的准确性对于语义类比来说是很大的，对于句法类比来说则是很小的。在这种情况下，考虑词的形态变化而生成的词嵌入比使用基本形式要好。例如，一些句法类比实际上需要在 surface form 的层次上工作，如 "bright-brighter cold-colder"，因为亮和冷的词元分别是 "bright" 和 "cold"，因此在词元的嵌入空间中没有 "brighter" 和 "colder" 的表示。

联合学习 *sf* 和 *c* 的词嵌入可以达到更高的准确性，事实上，这两个语言学标注与

⊖ https://aclweb.org/aclwiki/Google_analogy_test_set_(State_of_the_ art)。

g 或 l 一起排在前 3 位。与单词相似度一样，语义的词嵌入 c 改善了使用它们的每个组合。如果专注于语义类比，我们可以看到 l、g 和 c 达到了最高的精确度。然而，这种组合的表现在句法类比方面非常差，因为 l 不包括在句法类比中大量表达的单词的形态变化。一般来说，当组合不包含 c 时，我们将得到最坏的结果。

面向维基百科和 Gigaword，Shazeer 等人[164]使用 Swivel 学习得到了词嵌入，在这个实验中使用的相同数据集中取得了 0.739 的类比精度，而我们的分析报告的最佳结果是 0.129。在相似度评估中，SciGraph 语料库的规模较小，领域特异性较强，这些因素阻碍了通用评估任务的评价结果。

8.3.4　单词预测

我们从 Semantic Scholar 中挑选了 17 500 篇论文，这些论文都不在 SciGraph 语料库中，作为试图根据上下文预测某些单词（或语言学标注）嵌入的不可见文本。我们将相同的标注流水线应用于测试语料库，以便使用从 SciGraph 中学到的词嵌入。作为基准，我们使用了预训练的词嵌入来进行语言学标注，这些注释来自通用语料库，即非科学语料库：2018 年 1 月的维基百科备份文件，其中包含 28.9 亿个标记和基于 Web 的 29.5 亿个标记的语料库 UMBC[74]。

表 8.7 展示了整体的结果，我们还为一些预测任务的完整结果绘制了图 8.1。结果显示了一个清晰的模式：从语言学标注中学习的词嵌入显著地优于纯空格分隔标记的词嵌入（t）。也就是说，在 Semantic Scholar 上语言学标注的预测词嵌入和从 SciGraph 中学到的实际嵌入之间的余弦相似度更高。回想一下，预测的嵌入是通过平均上下文窗口中单词或其标注的嵌入来计算的。

表 8.7　语言学标注的词嵌入预测结果

Corpus	Embed.	pred	Cosine Sim.	#tokens	Out- of-voc oov	oov %
SciGraph	sf	sf	0.765	3 841 378	617 094	16.064
SciGraph	sf_c	sf	0.751	3 841 378	617 144	16.066
SciGraph	sf_l	sf	0.741	3 841 378	617 121	16.065
SciGraph	l_c	l	0.733	2 418 362	81 087	3.353
SciGraph	l	l	0.730	2 418 362	81 041	3.351
SciGraph	l_c	c	0.690	2 012 471	1481	0.074
SciGraph	c	c	0.690	2 012 471	1572	0.078
Wiki	l_c	l	0.676	2 418 362	116 056	4.799
UMBC	l_c	l	0.674	2 418 362	93 169	3.853
UMBC	l_c	c	0.650	2 012 471	1102	0.055
Wiki	l_c	c	0.650	2 012 471	2216	0.110
SciGraph	t	t	0.576	3 396 730	205 154	6.040

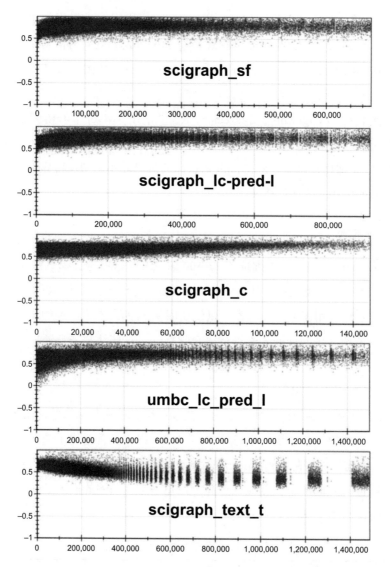

图 8.1　词嵌入预测图。横轴与词汇表中按频率排序的术语对齐。纵轴是预测在
Semantic Scholar 语料库中的词嵌入和实际从 SciGraph 中学到的词嵌入之
间的平均余弦相似度（范围从 0 到 1）。根据这个任务，越接近 1 越好。空
格表示没有覆盖的范围

　　一般来说，从 SciGraph 上语言学标注中学习的词嵌入更适合预测 Semantic Scholar
语料库中的词嵌入。对于这些词嵌入，更容易预测 surface form 的词嵌入，其次是词元
和概念的词嵌入。我们这样假设是因为 *sf* 标注包含了更多的信息，它们保存了形态学
信息。同样，因为可能的消歧错误或者因为用来指代一个概念的特定词元，仍然会为
预测任务提供有用的信息，所以概念信息可能更难预测。

联合学习 *sf* 的嵌入和其他注释（*c* 或 *l*）产生的 *sf* 嵌入比单独训练时稍微难以预测。然而，联合学习 *l* 和 *c* 嵌入可以产生更好的结果，即联合学习词元和概念具有协同效应。

在比较基线时，我们看到基于 SciGraph 的词嵌入比基于 Wikipedia 和 UMBC 的词嵌入更好。词汇表外（oov）的数字提供了一个解释：两个基线都产生了词嵌入，这种词嵌入遗漏了测试语料库中的许多术语，但这些术语包含在基于 SciGraph 的词嵌入中。维基百科遗漏了 11.6 万个词元，UMBC 漏掉了 9.3 万个，但是 SciGraph 只遗漏了测试语料库中的 8.1 万个词元。维基百科遗漏了大多数概念（2200 个），其次是 SciGraph（1500 个）和 UMBC（1100 个）。然而，尽管遗漏了更多的概念，基于 SciGraph 的词嵌入性能仍优于这两个基线。

人工检查遗漏的单词，UMBC 遗漏了基于 SciGraph 的词嵌入包含的近 1.4 万个词元（主要用于科学术语），如"负偏置温度不稳定性""超粒度""QHD"等。相反，SciGraph 的词汇表遗漏了近 7 千个词元，这些词元包括"Jim Collins""Anderson School of Management"等通用实体，但也有拼写错误。然而，大多数遗漏的单词（大约 4.2 万个）既不在 UMBC 中，也不在 SciGraph 中，而是包括了非常具体的指标（如"40 千帕斯卡"）、首字母缩略词（如"DB620"）和命名实体（如"维州法医学研究所"）。在比较遗漏的概念时，我们也观察到了类似的模式。

8.3.5 科学文档的分类

利用 SciGraph 的元数据，我们制定了一个多标签分类任务，旨在预测一个或多个第一级类别，如数学科学、工程或医学和健康科学。为了学习这个分类器，我们使用了一个在 Keras 实现的普通 CNN 模型，有 3 个带有 128 个过滤器的卷积层和一个 5 元素的窗口大小，每个都有一个最大池层，一个完全连接的 128 单元的 ReLU 层和一个 s 形输出。回想一下，我们的目标不是设计最好的分类器，而是通过其性能来评估不同类型的嵌入。

为了评估分类器，我们选择了 2011 年发表的文章，并使用了十倍的交叉验证。我们定义了 20K 元素的词汇表大小和 1000 的最大序列大小。作为基线，我们训练一个分类器，它可以根据正态分布从随机生成的词嵌入中学习。作为上界，我们学习到了一个能够在特定任务训练期间优化词嵌入的分类器。此外，我们使用为 *t*、*sf*、*l* 和 *c* 生成的词嵌入来训练分类器。

分类器在精度、召回率和 *f* 度量方面的性能如表 8.8 所示。*l* 嵌入有助于学习最好的分类器，然后是 *sf* 和 *t* 嵌入。如果关注 *f* 度量，我们可以再次看到语法分析（*l*，*sf*）

比词法水平的分析（t）表现得更好。但是，c 嵌入对于这个任务的性能相当低，少量 c 嵌入（见表 8.3）似乎对学习过程产生了负面影响。另一方面，所有的分类器，包括 c 训练的分类器，都改善了随机嵌入的基线。但是没有一个分类器达到效果的上限。

表 8.8　学习结果使用基于标记的词嵌入随机生成（基线），并通过卷积神经网络（上限）和 Swivel 词嵌入的 t、sf、l 和 c 进行学习

嵌入算法	类型	P	R	f 度量
正态随机	t	0.7596	0.6775	0.7015 △
从 CNN 学习	t	0.8062	0.767	0.7806 ▽
Swivel	t	0.8008	0.7491	0.7679
Vecsigrafo	sf	0.8030	0.7477	0.7684
Vecsigrafo	**l**	0.8035	0.7539	0.7728
Vecsigrafo	c	0.7945	0.7391	0.7583

接下来，我们使用 Vecsigrafo 嵌入来训练分类器，这些词嵌入来自语言学标注（sf、l、g、c）与大小为 2 和 3 的所有 10 种可能的组合。分类器使用 8.2.2 节中描述的合并技术进行训练：组合每个语言学标注类型的单个嵌入，并使用向量运算符作为平均值、连接符和 PCA 合并嵌入。分类器的平均效果如表 8.9 所示。每个列都根据公布的评估指标进行排序。

表 8.9　使用不同的策略混合并合并 Vecsigrafo 嵌入，训练的分类器的平均效果

精确度		查全率		f 度量	
类型	平均值↓	类型	平均值↓	类型	平均值↓
sf_l_g	0.8126	sf_l	0.7605	sf_l	0.7776
sf_g	0.8091	l_c	0.7556	sf_l_g	0.7750
l_g	0.8090	sf_l_c	0.7538	l_g_c	0.7730
sf_g_c	0.8084	l_g_c	0.7524	l_c	0.7728
l_g_c	0.8073	sf_l_g	0.7524	sf_l_c	0.7720
g_c	0.8060	sf_c	0.7520	sf_g_c	0.7716
sf_l	0.8056	sf_g_c	0.7504	l_g	0.7702
sf_l_c	0.8031	l_g	0.7477	sf_c	0.7699
l_c	0.8021	sf_g	0.7374	sf_g	0.7638
sf_c	0.8006	g_c	0.7338	g_c	0.7599

注：每个列按相应的度量指标降序排序。

在精确度方面，前 3 个分类器分别来自 sf、l 和 g 的不同组合，表示精确度和语法信息比语义信息（c）更为重要。然而，请注意前 6 个分类器中的共同语言元素是 g，即使将它与 c 组合在一起也是如此，而且通常删除 g 嵌入会产生最不精确的分类器。这意味着不管其他语言要素如何，语法信息都会产生差异，尽管 g 的影响在与 sf 和 l 结合

使用时会增强。还需要注意，前 5 个分类器的精确度要优于上限分类器（表 8.8），其中词嵌入是在分类训练时学习的，尽管基于语言的嵌入不是为了这个特定目的而学习的。

召回分析显示了一个不同的图景，因为语法嵌入 g 对分类器的召回效果似乎没有决定性作用，而 c 增加了更多的相关性。sf 和 l 一起可以帮助学习最好的分类器。正如前 4 个分类器中的 3 个所示，c 和 l 的组合似乎有利于召回。相比之下，当概念与 sf 结合时，召回率较低。当涉及这三个元素时，l 的嵌入与 c 的关系比与 sf 的关系更直接，这一事实似乎会在召回分析中产生差异。一般来说，基于 g 的嵌入组合生成的分类器具有较低的召回率。

最后，f 度量的数据显示出更多的异质性结果，因为根据定义，它是准确率和召回率的调和平均值，因此产生最佳 f 度量的组合需要高精度和高召回率。sf 和 l 的组合位于顶部（最佳召回率），其次是它们与 g 的组合（最佳精度）。c 在排名中出现在第 3 至第 6 位，然而当单独与 sf 或 g 组合时，f 度量的结果最差。另一方面，当 g 与至少两个其他元素组合时，它在 f 度量中的排名较高，而当它与单个语言学标注类型组合时，分类器的性能最差。

8.4　讨论

虽然不同的评估任务从不同的角度对词嵌入进行评估，但我们都观察到从语言学标注中学习的词嵌入优于通过空格分隔标记生成的词嵌入。在内在评估任务中，从语言学标注中学习的词嵌入表现不同，主要是由于评估数据集中使用的词汇量不同造成的。对于类比推理，在类比推理数据集中，句法类比比语义类比更具代表性。此外，大多数句法类比通常包括词的形态变化，这比词元嵌入更好地涵盖了 surface form 的词嵌入，其中形态变化被合并为一个单一的基础形式。例如，比较级和最高级的类比，比如 *cheap-cheaper* 和 *cold-colder*，可能需要使用形态变化加上 *-er* 和 *-(e)st* 后缀，一些形容词和副词可能产生不规则的形式，唯一包括在数据集中的是 *good-better*、*bad-worse*、*good-best* 和 *bad-worst*。

相比之下，在相似度的数据集（见表 8.4）中，大多数可用于评估的单词对要么是名词、命名实体，要么是词元化动词，只有 Verb-143 数据集包含了词形变化的动词。因此，大多数单词对是固定形式，因此概念和词元嵌入更适合这项任务，这与表 8.5 中公布的评估结果一致。

值得注意的是，在类比任务中，surface form 的嵌入和概念嵌入联合学习的效果最好，在相似度任务中，联合学习概念和词元嵌入也提高了词元嵌入任务的效果。因此，在其他词嵌入的学习过程中加入概念嵌入通常有助于学习更好的分布式表达。

单词预测任务提供了额外的洞察力，从这个意义上说，对照训练不可见的文本进行评估，词嵌入从语言特征中学到的知识似乎可以更好地捕获分布的上下文。surface form 和词元嵌入是最容易预测的。

最后，在文本分类任务中，词元和 surface form 标注的单个词嵌入比空格分隔标记的词嵌入更有用。然而，在这个任务中，概念嵌入表现得最差，主要是因为这些词嵌入相对于整个词汇表提供的覆盖率低，这表明用于标注文本的知识图谱可能只提供了有限的领域覆盖率。我们还证明了联合学习词元和 surface form 的词嵌入有助于在 f 度量和召回方面训练最佳的分类器。此外，添加语法嵌入可以产生最佳的整体精度。

接下来，我们用实际代码演示本章中所做的一些实验。

8.5 练习：使用 surface form 对科学文献进行分类

在这里，我们展示了如何使用 Vecsigrafo 和一个基于 surface form 的标记策略从"Springer Nature SciGraph"科学文献中进行分类的实际练习。文章被分类为 SciGraph 22 个一级分类中的一个或多个。在此之前，我们从 SciGraph 中提取了 2011 年发表的论文。对于每篇论文，我们只考虑标题和摘要中的正文。

8.5.1 导入所需的库

```
In [0]: from keras.preprocessing.text import Tokenizer
        from keras.preprocessing.sequence import pad_sequences
        from keras.layers import Embedding, Input, Conv1D, MaxPooling1D, Flatten, Dense
        from keras.layers import Dropout, LSTM
        from keras.models import Model, Sequential
        from keras.metrics import categorical_accuracy
        from keras.utils import to_categorical
        from sklearn.preprocessing import MultiLabelBinarizer
        from sklearn.metrics import classification_report, f1_score, precision_score
        from sklearn.metrics import recall_score
        from sklearn.model_selection import KFold
        from tqdm import tqdm
        from random import sample
        import numpy as np
        import json
        import re
        import h5py
        import mmap
```

8.5.2　下载 surface form 的词嵌入和 SciGraph 论文

从 Google Drive 中下载数据

```
In [3]: pip install gdown

Out[3]: Requirement already satisfied: gdown in /usr/local/lib/python3.6/dis...
        Requirement already satisfied: six in /usr/local/lib/python3.6/dist-...
...

In [4]: import gdown
        url = 'https://drive.google.com/uc?id=1MRL2mYnJUb-qGitAZ53BFeNi4HLyqK1N'
        out = 'data-embeddings.zip'
        gdown.download(url,out,False)

Out[4]: Downloading...
        From: https://drive.google.com/uc?id=1MRL2mYnJUb-qGitAZ53BFeNi4HLyqK1N
        To: /content/data-embeddings.zip
        1.13GB [00:45, 24.8MB/s]
        'data-embeddings.zip'
```

解压内容并设置指向数据和嵌入的变量。

```
In [5]: !unzip data-embeddings.zip

Out[5]: Archive:  data-embeddings.zip
        inflating: data/scigraph-2011-sf.json
        inflating: embeddings/row_embedding.tsv
```

8.5.3　读取并准备分类数据集

为了加快分类器的学习过程，我们采用了整个数据集的一个抽样。如果读者想使用整个数据集，请注释掉下面代码的倒数第二行。

```
In [6]: sample_size = 10000
        texts = []
        labels_index = {}
        labels = []
        word_index = {}
        dataset_file="data/scigraph-2011-sf.json"
        embeddings_file="embeddings/row_embedding.tsv"

        # Read the articles dataset that will be used to train and validate the model.
        with open(dataset_file, "r", encoding="utf-8", errors="surrogatepass") as file:
          dataset = json.load(file)

        file.close()

        #Prepare data
        for doc in tqdm(dataset,total = len(dataset), desc="extracting labels") :
          # Extract the 2-number field code, that is, the most general one.
          fields = [x for x in doc["fieldcodes"] if len(x)==2]
          label_ids = set()
          for field in fields:
            # if the field is not already stored assign a new label to it.
            if field not in labels_index:
                label_id = len(labels_index)
                labels_index[field] = label_id
```

```
        else:
            label_id = labels_index[field]
        # Add the corresponding field label
        label_ids.add(label_id)
    labels.append(label_ids)
    # Extract the title and abstract of each article
    texts.append(doc["sf"])

#To speed up the training we obtain a sample of sample_size of the data.
#To work with the full dataset comment the line below
labels, texts = zip(*sample(list(zip(labels, texts)), sample_size))
print('\n'+str(len(texts))+' papers')
```

```
Out[6]: extracting labels: 100% 187795/187795 [00:00<00:00, 350375.49it/s]
        10000 papers
```

获取数据和标签张量（使用 Keras tokenizer）：

```
In [7]: max_nb_words = 40000
        max_sequence_length = 1000
        #standar keras tokenizer filters except the + symbol which is used
        #in our sf to glue multiword expressions
        tokenizer_filters = '!"#$%&()*,-./:;<=>?@[\\]^_`{|}~\t\n'

        # Tokenize the sentences of all the articles
        tokenizer = Tokenizer(num_words=max_nb_words, filters=tokenizer_filters)
        tokenizer.fit_on_texts(texts)
        sequences = tokenizer.texts_to_sequences(texts)

        # Get the vocabulary index
        word_index = { w:c for (w,c) in tokenizer.word_index.items() if c < max_nb_words}

        print("Found %s unique tokens." % len(word_index))

        # Fit the sequences into the maximum length
        data = pad_sequences(sequences, maxlen=max_sequence_length, padding="post",
        truncating="post")
        print("Shape of data tensor:", data.shape)

        # Transform the labels into a binary vector, with one element for each category
        mlb = MultiLabelBinarizer()

        labels_cat = mlb.fit_transform(labels)

        print("Shape of label tensor:", labels_cat.shape)

        print("Found %s unique tokens." % len(word_index))
```

```
Out[7]: Found 39999 unique tokens.
        Shape of data tensor: (10000, 1000)
        Shape of label tensor: (10000, 22)
        Found 39999 unique tokens.
```

浏览一下标记器收集的词汇表。注意，多词表达式的 surface form 使用符号"+"来连接单个单词。

```
In [8]: list(word_index.keys())[-20:]
```

```
Out[8]: ['moseri',
         'gilbert',
         'acanthocephalan',
         'obscurus',
         'rbcs',
```

```
'inelastic+collision',
'percutaneous+coronary+intervention',
'october+2006',
'pisaura',
'mirabilis',
'slits',
'polaritons',
'spps',
'cell+division+cycle',
'side+effect',
'photochemical+reaction',
'sulfosalicylaldehyde',
'displace',
'israeli+ibd',
'electrophiles']
```

8.5.4 surface form 的词嵌入

下面我们使用从 SciGraph 中学习得到的预训练的 Vecsigrafo（surface form）的词嵌入，加载 Vecsigrafo 的词嵌入：

```
In [9]: dimensions = 300

        def get_num_lines(file_path):
            fp = open(file_path, "r+")
            buf = mmap.mmap(fp.fileno(), 0)
            lines = 0
            while buf.readline():
                lines += 1
            return lines

        file_size = get_num_lines (embeddings_file)
        print("loading file"+embeddings_file)

        # Load the word embeddings
        file = open(embeddings_file, "r", encoding="utf-8", errors="surrogatepass")
        embeddings_index = {}

        with open(embeddings_file) as infile:
            for line in tqdm(infile, total = file_size, desc="Embeddings file") :
                values = line.split()
                wordlimit=len(values)-dimensions
                vector = np.asarray(values[wordlimit:], dtype='float32')
                word = values[0]
                index=0
                for value in values[1:wordlimit]:
                    word = word + "+"+value
                embeddings_index[word] = vector

        print('Found %s word vectors.' % len(embeddings_index))

Out[9]: loading fileembeddings/row_embedding.tsv
        Embeddings file: 100% 692224/692224 [00:48<00:00, 14275.49it/s]
        Found 692214 word vectors.
```

浏览一下包含在词嵌入文件中的一些 surface form：

```
In [10]: l=[w for w,e in embeddings_index.items()]
         print(*l[10000:10010],sep='\n' )

Out[10]:
         irrigated
         sequelae
```

```
chronic+diseases
landolt-börnstein+homepage+volume+iv
tick
vte
until+now
bootstrap
2+%
authentic
```

8.5.5　创建嵌入层

嵌入层是一个矩阵，所有的词嵌入都对应于所有的词汇表单词。换句话说，行是词汇表中的单词，列是嵌入维度。

```
In [11]: embedding_dimensions = len(list(embeddings_index.values())[0])

         #dictionary_size = len(word_index)
         dictionary_size = list(word_index.values())[-1]

         print("dim ->"+str(embedding_dimensions))
         print("word_index len ->"+str(len(word_index) + 1))
         print("last position in the dictionary ->"+ str(dictionary_size))

         embedding_matrix = np.zeros((dictionary_size + 1, embedding_dimensions))
         for word, i in word_index.items():
             embedding_vector = embeddings_index.get(word)
             if embedding_vector is not None:
                 # Words not found in the embedding index will be all-zeros
                 embedding_matrix[i] = embedding_vector

         # Create an embedding layer based on the embedding matrix
         # This layer is not trainable: the embeddings will not be changed
         embedding_layer = Embedding(dictionary_size + 1,
                                     embedding_dimensions,
                                     weights = [embedding_matrix],
                                     input_length = max_sequence_length,
                                     trainable = False)
Out[11]:   dim ->300
         word_index len ->40000
         last position in the dictionary ->39999
```

8.5.6　训练一个卷积神经网络

```
[12]:precisions = []
     recalls = []
     f1s = []
     kfold = KFold(n_splits=10, shuffle=True)

     for train, test in kfold.split(data, labels_cat):
         # Define, train and validate the neural network model
         sequence_input = Input(shape=(max_sequence_length,), dtype="int32")
         embedded_sequences = embedding_layer(sequence_input)
         x = Conv1D(128, 5, activation="relu")(embedded_sequences)
         x = MaxPooling1D(5)(x)
         x = Conv1D(128, 5, activation="relu")(x)
         x = MaxPooling1D(5)(x)
         x = Conv1D(128, 5, activation="relu")(x)
         x = MaxPooling1D(35)(x)
         x = Flatten()(x)
         x = Dense(128, activation="relu")(x)
```

```
preds = Dense(len(labels_index), activation="sigmoid")(x)
model = Model(sequence_input, preds)
model.compile(loss="binary_crossentropy", optimizer="rmsprop",
              metrics=[categorical_accuracy])
model.fit(data[train], labels_cat[train],
          validation_data=(data[test],labels_cat[test]),
          epochs=5, batch_size=128)

# Evaluate the model assigning zeros and ones according to a threshold
pred = model.predict(data[test], batch_size=128)
pred[pred >= 0.5] = 1
pred[pred < 0.5] = 0
print(classification_report(labels_cat[test], pred, digits=4))
precisions.append(precision_score(labels_cat[test], pred, average="weighted"))
recalls.append(recall_score(labels_cat[test], pred, average="weighted"))
f1s.append(f1_score(labels_cat[test], pred, average="weighted"))
print("Precision: %.4f (+/- %.4f)" % (np.mean(precisions), np.std(precisions)))
print("Recall: %.4f (+/- %.4f)" % (np.mean(recalls), np.std(recalls)))
print("F1 Score: %.4f (+/- %.4f)" % (np.mean(f1s), np.std(f1s)))
```

```
Out[12]: Train on 9000 samples, validate on 1000 samples
Epoch 1/5
9000/9000 [==============================] - 8s 902us/step - loss: 0.1578
- categorical_accuracy: 0.3662 - val_loss: 0.1181 - val_categorical_accuracy: 0.5390
Epoch 2/5
9000/9000 [==============================] - 3s 299us/step - loss: 0.0991
- categorical_accuracy: 0.5926 - val_loss: 0.0959 - val_categorical_accuracy: 0.5740
Epoch 3/5
9000/9000 [==============================] - 3s 300us/step - loss: 0.0829
- categorical_accuracy: 0.6673 - val_loss: 0.0824 - val_categorical_accuracy: 0.6540
Epoch 4/5
9000/9000 [==============================] - 3s 301us/step - loss: 0.0734
- categorical_accuracy: 0.7080 - val_loss: 0.0835 - val_categorical_accuracy: 0.6620
Epoch 5/5
9000/9000 [==============================] - 3s 302us/step - loss: 0.0653
- categorical_accuracy: 0.7396 - val_loss: 0.0808 - val_categorical_accuracy: 0.6750
```

	precision	recall	f1-score	support
0	0.8595	0.9007	0.8796	292
1	0.8871	0.3929	0.5446	140
2	0.7864	0.7788	0.7826	104
3	1.0000	0.0526	0.1000	38
4	0.8214	0.6133	0.7023	75
5	0.6667	0.7742	0.7164	31
6	0.7861	0.8395	0.8119	162
7	0.0000	0.0000	0.0000	18
8	0.2857	0.3333	0.3077	6
9	0.7778	0.1061	0.1867	66
10	0.7105	0.5294	0.6067	51
11	0.0000	0.0000	0.0000	19
12	0.0000	0.0000	0.0000	6
13	0.4103	0.8889	0.5614	36
14	0.2857	0.2222	0.2500	9
15	0.0000	0.0000	0.0000	3
16	0.0000	0.0000	0.0000	10
17	0.0000	0.0000	0.0000	11
18	0.0000	0.0000	0.0000	1
19	0.0000	0.0000	0.0000	12
20	0.0000	0.0000	0.0000	0
21	0.0000	0.0000	0.0000	0
micro avg	0.7719	0.6211	0.6884	1090
macro avg	0.3762	0.2924	0.2932	1090
weighted avg	0.7442	0.6211	0.6351	1090
samples avg	0.6258	0.6290	0.6184	1090

8.6　本章小结

在本章中，我们提出了一个实验性的研究，使用固定领域的语言学标注来学习词嵌入，如科学领域。该领域拥有特别具有挑战性的多词表达式和丰富的词汇。实验结果表明，从语言学标注中学习的词嵌入在所有评估任务中都比传统的空格分隔标记的词嵌入有更好的效果。此外，实验还表明，在每个评估任务中使用的语汇及其语法特征与使用语言学标注训练的词嵌入质量直接相关。

根据这项研究的结果，显然没有一种单一的语言学标注能够始终如一地产生最佳结果。然而，确定一些模式是可能的，这些模式可以帮助从业者为每个特定的任务和数据集选择最合适的组合。

在相似度任务中，基于词元学习的词嵌入一般更有效，因为这些数据集中包含大量的名词、命名实体和多词表达。相反，在类比推理数据集中，大多数的句法类比包含了单词的形态变化，这些变化更好地表达了单一的 surface form 词嵌入。联合学习概念嵌入和词元或 surface form 可以提高每种单独类型词嵌入在所有评估任务中的质量。在单词预测任务中，从语言学标注中学习的嵌入表明，与空格分隔的词嵌入相比，它能更好地捕获未训练文本中单词的上下文分布。在分类中，联合学习词元和 surface form 的词嵌入有助于训练最好的分类器，如果还使用了语法嵌入，那么也可以获得最高的精度。

将来，我们使用语言学标注来增强像 BERT 这样的神经语言模型，并评估这种语言学标注是否也有助于学习更好的语言模型，提高针对各种下游任务进行微调时的效果。在这方面，一个探索的途径是扩展基于当前 Transformer 的用于学习语言模型的架构，这样不仅可以汲取单词片段，而且可以汲取其他种类的语言学标注（如本章中讨论的标注），并在模型中传播其影响。

知识图谱的词嵌入空间对齐与应用

摘要：在前面的章节中，我们已经看到了各种训练模型的方法，这些模型可以导出单词和概念以及知识图谱中其他节点的嵌入空间。通常，由于读者无法控制整个训练过程，可能会发现自己有多个嵌入空间，它们（在概念上）具有重叠的词汇表。如何最好地组合这些嵌入空间呢？在本章中，我们将介绍对齐不同词嵌入空间的各种技术。词嵌入空间对齐技术在混合设置的场景中特别有用，例如使用词嵌入空间进行知识图谱的管理和互连。

9.1　引言

在现实世界中，自然语言处理通常可以通过在高度特定的领域和环境中分析文本来提取价值，例如关于经济学、计算机科学的科学论文或英语和西班牙语的语言学。为了构建有效的自然语言处理流水线，读者可能发现自己会试图将词嵌入空间与不同的但重叠的词汇表结合起来。例如，一些词嵌入空间可以从通用大型的语料库中派生出来，并且只包含单个语言（英语和西班牙语）中的单词。其他的词嵌入可以从已经用概念标注过的较小语料库中派生出来，因此这些词嵌入包括了词元和概念。最后，其他词嵌入可能直接从特定领域的自定义知识图谱派生而来。甚至在许多情况下，读者可能有不同语言的单独的知识图谱，因为它们可能是由不同的团队构建的，以满足不同市场的不同目标（例如，美国与拉丁美洲）。

由于维护单独的词嵌入空间和知识图谱是昂贵的，理想情况下，读者希望减少嵌入空间和知识图谱的数量，或者至少使它们彼此对齐，这样就可以使得依赖于特定嵌入空间或知识图谱的下游系统能够重用，例如一个分类器或规则引擎。

在符号世界中，知识图谱的监管和相互链接是几十年来一个活跃的研究领域[52]。在机器学习的世界中，也提出了最新的技术。在本章中，我们将简要地看一下其中的一些技术。在 9.2 节中，首先将概述已经被提出的现有方法，还将概述如何将这些技术应用于各种问题。然后，在 9.3 节中，我们将研究一些基本的词嵌入空间对齐技术，并应用这些技术找到两种不同语言中的词嵌入之间的映射。在本章的最后，9.4 节中我们将介绍一个寻找古英语和现代英语之间对应关系的实际练习。

9.2　概述及可能的应用

在 word2vec 的一篇原始论文中，Mikolov 等人[120] 已经提出了词嵌入的对齐方法，这些词嵌入是从不同语言的语料库中学到的[⊖]。这种最初的技术依赖于这样一个假设，即学习到的词嵌入空间可以通过线性变换对齐。不幸的是，词嵌入空间的几何形状是非线性的。其中，由此产生的空间存在枢纽现象（hubness）[45] 等问题，这意味着词汇表中的许多词的集群彼此非常接近，即向量在空间中的分布并不均匀。目前，我们尚不清楚如何操纵词嵌入学习算法来避免这些区域，或者这样做是否是可取的。

即使我们设法避免了嵌入空间的几何问题，词汇表和基础训练数据的差异也会导致文字被分配到空间的不同区域。考虑英语中的 *cat* 和西班牙语中的 *gato* 这两个词，虽然它们都主要是指猫科动物，但在西班牙语中，这个词也常常用来指举起重物的机械千斤顶。因此，在单词层面上，这些词嵌入必须占据空间的不同区域，因为我们希望西班牙语的这个单词接近与猫科动物有关的其他单词，但也接近与机械工具有关的单词（英语中的这个单词不是这样）。近年来，已经有许多工作在研究预计算的词嵌入空间的非线性对齐 [37, 70]。当然，深度学习系统非常善于发现非线性函数。因此，使用标准机器学习来解决这个校准问题也是可能的。在 9.3.2 节中，我们将讨论如何实现这一点。

在传统上，这个领域的大多数工作都集中在多种语言的词嵌入对齐上。然而，同样的技术可以应用于许多其他的词嵌入对齐问题。在混合神经网络与符号系统的领域，考虑如何使用词嵌入来改进知识图谱是很有趣的。正如在前面的章节中所看到的，知识图谱在知识管理和复杂的信息系统中是至关重要的 [135]，但是它们的建立和维护非常昂贵。

这包括发现是否有新的概念应该添加到知识图谱中（包括决定图谱中正确的位置应该是什么，或者是否已经有相关的概念，甚至是相同的概念）。这种知识图谱的管理还包括在知识图谱中查找由于人为输入失误或自动导出知识而引起的错误。在接下来的小节中，我们将概述在这些领域正在开展的工作。

　　⊖　我们将在 9.3.1 节采用所建议的方法。

9.2.1　知识图谱的补全

知识图谱的补全（KGC）是预测一个已存在的、不完全的图是否应该在两个特定节点之间添加一个节点的任务。例如，在 DBpedia 中，读者可能希望在页面和类别之间生成新的链路。由于知识图谱通常是不完全的，通过填补其缺失的链路[125]，业界已经提出了一些算法来改进这些表示。解决这个问题的主要方法是基于统计模型使用概念嵌入来表示实体和关系（完整的概述参见 2.5 节）。

事实上，正如第 2 章所介绍的那样，机器学习算法能够学习这些向量表示，并利用它们解决实体识别或链路预测等问题[188]。用于预测知识图谱中链路的最具代表性的转换算法是 TransE 模型[25] 及其所有的改进方法，包括 TransH[190]、TransR[106]、TransD[54]、TransM[57]、TorusE[48]、TranSparse[30] 和 TranSparse-DT[85]。双线性模型是 RESCAL[131] 和 DISTMULT[193]。DISTMULT 的扩展是 ComplEx[181]，ComplEx-N3[99]。

使用神经网络架构可以实现多种算法，在 IRN[165] 和 PTransE-RNN[105] 中使用了递归神经网络。相反，HolE[130]（全息图的词嵌入）的灵感来自联想记忆的全息图模型[61]。其他的神经网络模型有 SME[24]（语义匹配能量）、NTN 模型[171]（神经张量网络）和 ProjE[167]。基于卷积神经网络的模型有 ConvE[43]，ConvKB[126]，Conv-TransE[163] 和 CapsE[128]。

在 RDF2Vec[152] 和 KG-BERT[196] 中提出了用语言模型的实现来解决知识图谱补全任务的算法。最后，最近的研究实验提到了 CrossE[199]、GRank[49]、RotatE[174]、SimplE[90] 和 TuckER[14]。

尽管知识图谱的词嵌入更适合于这种任务，但单词（和跨模态）嵌入也可以提供有价值的输入，因为它们除了知识图谱的内容之外，还涉及来自补充形式的信息，如文本或图像。

9.2.2　超越多语言性：跨模态的词嵌入

在本节中，我们将展示一个用于在概念级别对跨模态词嵌入进行对齐的技术示例。Thoma 等人[179] 在 *Towards Holistic Concept Representations: Embedding Relational Knowledge, Visual Attributes, and Distributional Word Semantics* 一书中描述了一种结合知识图谱、词嵌入和视觉嵌入的方法。作者使用了三个预训练模型来为同一个概念创建嵌入：

- 在视觉方面，他们使用 Inception-v3[176]。
- 对于单词使用 word2vec。
- 对于知识图谱，他们使用了通过 TransE 的 DBpedia 产生的词嵌入。

然后他们对这些词嵌入进行平均，并使用 ImageNet、WordNet 和 DBpedia 之间预先存在的映射将这些嵌入连接到一个单独的词嵌入中。

作为评估的一部分，作者们研究了实体类型预测的问题（知识图谱补全的一个子任务），使用了 DBpedia 的一个子图，该子图覆盖了 1538 个概念。他们的结果显示，与仅使用知识图谱的词嵌入相比，使用多模态词嵌入有着显著的提升（详细信息请参阅原始论文 [179]）。在本书的第 10 章，读者会看到另一种利用跨模态的方法。

9.3 词嵌入空间的对齐技术

在这个部分的练习中，我们将实现一些词嵌入对齐的技术。首先，我们实现一个简单的线性对齐技术，然后扩展到非线性对齐技术的使用。

9.3.1 线性对齐

两个词嵌入空间之间最直接的对齐可以通过使用转移矩阵来实现，如文献 [120] 所示。基本上，一个转移矩阵 W 可以得到 $z = Wx$，其中 z 是属于目标向量空间的向量，x 是在源空间中的等价物。

要计算转移矩阵，需要一个为词汇表的子集提供映射的**词典**。然后可以使用现有的线性算法来计算广义逆矩阵。为了获得最佳结果，建议使用大型语料库。如果不可能使用大型语料库的话，在使用较小的语料库时，最好使用平行语料库，以便通过类似的方式编码相同的单词。

在下面的示例中，我们对 UN 平行语料库 [202] 中最常见的 5000 个词元使用预训练的词嵌入。

首先得到教程代码，然后导入我们将要使用的库。

```
In [ ]: %cd /content
        !git clone https://github.com/hybridnlp/tutorial.git
        from tutorial.scripts.swivel import vecs
        import os
        import pandas as pd
        import numpy as np
        from IPython.display import display
```

这应该输出类似下面的内容：

```
/content
Cloning into 'tutorial'...
remote: Enumerating objects: 592, done.
remote: Total 592 (delta 0), reused 0 (delta 0), pack-reused 592
Receiving objects: 100% (592/592), 47.53 MiB | 39.32 MiB/s, done.
Resolving deltas: 100% (337/337), done.
```

接下来，加载预训练词嵌入：

```
In [ ]: en_path = '/content/tutorial/datasamples/UNv1.0/en_lemma_5k/'
        es_path = '/content/tutorial/datasamples/UNv1.0/es_lemma_5k/'
        en_vecs = vecs.Vecs(en_path + 'vocab.txt',
                en_path + 'vecs.bin')
        es_vecs = vecs.Vecs(es_path + 'vocab.txt',
                es_path + 'vecs.bin')
```

这应该会产生这样的结果：

```
Opening vector with expected size 5000 from file
  /content/tutorial/datasamples/UNv1.0/en_lemma_5k/vocab.txt
vocab size 5000 (unique 5000)
read rows
Opening vector with expected size 5000 from file
  /content/tutorial/datasamples/UNv1.0/es_lemma_5k/vocab.txt
vocab size 5000 (unique 5000)
read rows
```

就像在前面章节中所做的那样，让我们检查每个词嵌入空间中的几个单词：

```
In [ ]: import pandas as pd
        pd.DataFrame(en_vecs.k_neighbors('knowledge'))

Out[ ]:      cosim           word
        0  1.000000      knowledge
        1  0.631812          skill
        2  0.603642       know-how
        3  0.574704        sharing
        4  0.537305    information
        5  0.536732       learning
        6  0.534542     innovation
        7  0.533146     technology
        8  0.531260  understanding
        9  0.513664        science

In [ ]: pd.DataFrame(es_vecs.k_neighbors('conocimiento'))

Out[ ]:      cosim           word
        0  1.000000   conocimiento
        1  0.780866  conocimientos
        2  0.603392        aptitud
        3  0.586549     comprensión
        4  0.557678     intercambio
        5  0.537809      capacidad
        6  0.526911        difusión
        7  0.525315     científico
        8  0.521962     información
        9  0.516031       fomentar
```

除了英语和西班牙语的嵌入，我们还提供了一个自动生成的**词典**，将 1000 个英语词元映射为西班牙语。

```
In [ ]:
en2es_dict_path = '/content/tutorial/datasamples/UNv1.0/en2es-lemma-dict-1k.txt'
!head -n 5 {en2es_dict_path}
```

这里打印字典文件的前 5 行：

```
be:ser
by:por conducto de
report:informe
state:estado
country:estado
```

将字典加载到一个 python 对象中：

```
In [ ]: def load_dict(path, invert=False):
            result = {}
            with open(path, 'r') as lines:
                for line in lines:
                    (key, val) = line.split(':')
                    if invert:
                        result[val.strip('\n')] = key
                    else:
                        result[key] = val.strip('\n')
            return result

In [ ]: en2es = load_dict(en2es_dict_path)
        es2en = load_dict(en2es_dict_path, invert=True)
        len(en2es), len(es2en)

Out[ ]: (1000, 882)
```

我们可以从得到的数字中看出，一些英语词元映射到了同一个西班牙语词元。让我们来检查一下词典中的一些词条：

```
In [ ]: min = 5
        max = min + 5
        for en in list(en2es)[min:max]:
            print(en, '->', en2es[en])
        print('')
        for es in list(es2en)[min:max]:
            print(es, '->', es2en[es])
```

这应该会产生如下输出：

```
also -> también
provide -> proporcionar
all -> todo
development -> intensificación
other -> otro

proporcionar -> supply
todo -> all
intensificación -> development
otro -> another
programar -> programme
```

为了创建转移矩阵，我们需要创建两个**对齐**的矩阵：

- M_{en} 将包含 n 个来自字典的英语词嵌入。
- M_{es} 将包含 n 个来自字典的西班牙语词嵌入。

然而，由于字典是自动生成的，因此可能会出现这样的情况：字典中的某些词条不在英语或西班牙语的词汇表中。我们只需要对应于 vecs 中的 id：

```
In [ ]: en_dict_ids = []
        es_dict_ids = []
        es_dict_voc = []
        for es in es2en:
            es_id = es_vecs.word_to_idx.get(es)
            en_id = en_vecs.word_to_idx.get(es2en[es])
            if en_id and es_id :
                es_dict_voc.append(es)
                en_dict_ids.append(en_id)
                es_dict_ids.append(es_id)
        print(len(en_dict_ids), len(es_dict_ids))
```

477 477

在 1000 个词条的词典中，只有 477 对词同时使用了英语和西班牙语的 vecs。为了验证翻译是否有效，我们可以将其分成 450 对，用于计算转移矩阵，剩下的 27 对用于测试：

```
In [ ]: train_en_dict_ids = en_dict_ids[:450]
        train_es_dict_ids = es_dict_ids[:450]
        test_en_ids = en_dict_ids[450:]
        test_es_ids = es_dict_ids[450:]
        print(len(train_en_dict_ids), len(test_en_ids))
```

450 27

在计算转换矩阵之前，验证一下是否需要一个转移矩阵。我们选择了三个例子：

- *conocimiento* 和 *proporcionar* 在训练集中。

- *tema* 在测试集中。

对每个单词，我们得到：

- 英语向量的 5 个西班牙语近邻。

- 这 5 个西班牙近邻是根据字典的西班牙语翻译。

```
In [ ]:
es_examples = ['conocimientos', 'proporcionar', 'tema']
from IPython.display import display
for i, es in enumerate(es_examples):
    print(es, '->', es2en[es])
    print('top k for Spanish vector in English vector space:')
    k = 5
    df1 = pd.DataFrame(en_vecs.k_neighbors(es_vecs.lookup(es), k=k,
        result_key_suffix='_es_vec'))
    print('top k for English translation in English vector space:')
    df2 = pd.DataFrame(en_vecs.k_neighbors(es2en[es], k=k,
        result_key_suffix='_en'))
    df3 = pd.concat([df1, df2], axis=1)
    display(df3)
```

这应该输出 3 个搜索词的表格，这些词根据字典翻译成 *knowledge*、*supply* 和 *theme*。这些表格应类似于：

cosim_es_vec	word_es_vec	cosim_en	word_en
0.195447	jewish	1.000000	knowledge

0.194971	concept	0.631812	skill
0.185432	once	0.603642	know-how
0.183663	theme	0.574704	sharing
0.183211	cross	0.537305	information
0.175961	sister	0.536732	learning
0.175771	saudi	0.534542	innovation
0.172918	business	0.533146	technology
0.169612	united kingdom	0.531260	understanding
0.165519	pronounce	0.513664	science

cosim_es_vec	word_es_vec	cosim_en	word_en
0.222659	candidate	1.000000	supply
0.195560	arrest warrant	0.748887	supplies
0.187525	king	0.542984	spare part
0.185336	trading	0.537591	purchase
0.183837	selection	0.500451	fuel
0.183204	select	0.499277	medical
0.179192	commit	0.483074	transportation
0.179038	pool	0.482907	ration
0.174210	rule	0.480970	service
0.172928	business plan	0.470521	shortage

cosim_es_vec	word_es_vec	cosim_en	word_en
0.204613	accumulate	1.000000	theme
0.202783	per cent	0.695908	topic
0.190149	wood	0.636073	panel discussion
0.179899	go on	0.634660	thematic
0.174604	than	0.612211	cross-cutting
0.174476	ten	0.565744	sustainable development
0.171583	accumulation	0.562757	round table
0.167805	correctly	0.547525	discussion
0.167107	vision	0.541553	high-level
0.166883	scene	0.536971	focus

显然，在英文嵌入空间中简单地使用西班牙语向量是行不通的，我们得到了矩阵：

```
In [ ]: m_en = en_vecs.vecs[train_en_dict_ids]
        m_es = es_vecs.vecs[train_es_dict_ids]
        print(m_en.shape, m_es.shape)

(450, 300) (450, 300)
```

正如所预期的那样，因为词嵌入是 300 维的，有 450 个训练样本，我们得到了 450×300 的两个矩阵。现在，我们可以计算转移矩阵，并定义一种方法来线性地将西班牙语词嵌入空间中的一个点转换成英语词嵌入空间中的一个点。

```
In [ ]: tm_es2en = np.linalg.pinv(m_es).dot(m_en)
        def es_vec_to_en_vec(es_vec):
            return np.dot(es_vec, tm_es2en)
        print(tm_es2en.shape)

(300, 300)
```

正如我们所看到的，转移矩阵只是一个 300 × 300 的矩阵。现在有了转移矩阵，让我们检查一下示例单词，看看它是如何执行的：

```
In [ ]:
for i, es in enumerate(es_examples):
    print(es, '->', es2en[es])
    k = 5
    print('\t%s: Spanish vector for "%s" in English vector space' % ('es_vec', es))
    df1 = pd.DataFrame(en_vecs.k_neighbors(es_vecs.lookup(es), k=k,
        result_key_suffix='_es_vec'))
    print('\t%s: English vector for "%s" in English vector space' % ('en', es2en[es]))
    df2 = pd.DataFrame(en_vecs.k_neighbors(es2en[es], k=k, result_key_suffix='_en'))
    print('\t%s: Spanish vector for "%s" *mapped* to English space using tm_es2en' % (
        'tm_es_vec', es))
    df3 = pd.DataFrame(en_vecs.k_neighbors(es_vec_to_en_vec(es_vecs.lookup(es)), k=k,
        result_key_suffix='_tm_es_vec'))
    df4 = pd.concat([df1,df2,df3], axis=1)
    display(df4)
```

查询词汇的 3 个更新表的输出如下所示。为了节约版面，我们省略了上面所示的第一列。前 3 列与上面相同：在英语词嵌入空间中直接查找西班牙语向量时的结果，就是根据字典查找翻译时的结果。最后两列是使用转移矩阵得到的结果：

word_es_vec	cosim_en	word_en	cosim_tm_es_vec	word_tm_es_vec
jewish	1.000000	knowledge	0.894568	knowledge
concept	0.631812	skill	0.652778	skill
once	0.603642	know-how	0.597379	know-how
theme	0.574704	sharing	0.581842	technology
cross	0.537305	information	0.568328	capacity
sister	0.536732	learning	0.566806	information
saudi	0.534542	innovation	0.564072	technical
business	0.533146	technology	0.563809	sharing
united kingdom	0.531260	understanding	0.551107	scientific
pronounce	0.513664	science	0.545087	training

word_es_vec	cosim_en	word_en	cosim_tm_es_vec	word_tm_es_vec
candidate	1.000000	supply	0.742566	supply
arrest warrant	0.748887	supplies	0.577888	supplies
king	0.542984	spare part	0.442933	food
trading	0.537591	purchase	0.427956	provision
selection	0.500451	fuel	0.423716	provide
select	0.499277	medical	0.419686	service
commit	0.483074	transportation	0.419077	purchase
pool	0.482907	ration	0.411310	medical
rule	0.480970	service	0.411244	spare part
business plan	0.470521	shortage	0.401046	transportation

word_es_vec	cosim_en	word_en	cosim_tm_es_vec	word_tm_es_vec
accumulate	1.000000	theme	0.772404	theme
per cent	0.695908	topic	0.610194	topic
wood	0.636073	panel discussion	0.602442	session
go on	0.634660	thematic	0.585061	discussion
than	0.612211	cross-cutting	0.576319	thematic
ten	0.565744	sustainable development	0.550427	agenda
accumulation	0.562757	round table	0.549161	high-level
correctly	0.547525	discussion	0.539559	panel discussion
vision	0.541553	high-level	0.538621	meeting
scene	0.536971	focus	0.533962	discuss

我们可以看到，由转移矩阵提供的结果类似于我们在两种语言之间有一个完美的

词典而得到的结果。值得注意的是，这些结果也适用于种子词汇表中没有的单词，比如 *tema*，请随意使用其他单词来探索。

9.3.2   非线性对齐

对于上面这样的词嵌入集，线性对齐似乎可以正常工作。在我们的经验中，当处理较大的词汇表（以及混合词元和概念的词汇表）时，因为参数的数量限制在 $d \times d$ 转移矩阵中，这种方法不具备可伸缩性。

对于这种情况，可以采用同样的方法，但是我们不推导广义逆矩阵，而是训练一个神经网络来学习一个非线性的转移函数。这些非线性的转移函数可以通过使用类似 ReLU 这样的激活函数来引入。更多详细信息，请参见：*Towards a Vecsigrafo: Portable Semantics in Knowledge-based Text Analytics*[40]。

除了使用简单的神经网络，还可以使用一些数学和统计分析的库来试图学习这样的映射。尤其是 Facebook AI⊖的 MUSE 库值得一试，因为它提供了有监督和无监督的方法，包括了使用或不使用种子字典。

9.4   练习：寻找古代英语和现代英语的对应

这个练习的目的是使用两个 Vecsigrafo，一个基于 UMBC 和 WordNet，另一个对莎士比亚的全部作品语料库直接运行 Swivel 生成，试图找出古代英语和现代英语之间的相关性，例如 "thou" -> "you"，"dost" -> "do"，"raiment" -> "clothing"。例如，读者可以尝试在 "ye olde" 语料库中选择一组 100 个单词，看看它们是如何与 WordNet 及 UMBC 联系起来的。

接下来，我们准备来自莎士比亚语料库的词嵌入，并加载 UMBC 的 Vecsigrafo，这将提供两个向量空间进行相互关联。

9.4.1   下载小型文本语料库

首先，将语料库下载到我们的环境中。我们将使用莎士比亚全集的语料库，该语料库作为古腾堡工程语料库的一部分发表并公开发布⊜。如果尚未克隆教程，现在可以执行以下操作：

```
In [ ]: !git clone https://github.com/hybridnlp/tutorial
```

⊖   https://github.com/facebookresearch/MUSE。
⊜   http://www.gutenberg.org。

看看语料库是否在我们设想的地方：

```
In [ ]: %cd tutorial/lit
        %ls

/content/tutorial/lit
coocs/  shakespeare_complete_works.txt  swivel/  wget-log
```

9.4.2　学习基于老莎士比亚语料库的 Swivel 词嵌入

为此，我们假设读者已经下载并提取了 Swivel 的一个版本。关于下载和使用 Swivel 的说明见 4.4 节。

9.4.2.1　计算共现矩阵

```
In [ ]: corpus_path = './lit/shakespeare_complete_works.txt'
        coocs_path = './lit/coocs'
        shard_size = 512
        freq=3
        !python ./scripts/swivel/prep.py --input={corpus_path} \
          --output_dir={coocs_path} \
          --shard_size={shard_size} \
          --min_count={freq}
```

这应该输出如下内容：

```
running with flags
...

vocabulary contains 23552 tokens
Computing co-occurrences: 140000..., last lid 1820, sum(1820)=188.256746
writing shard 2116/2116
Wrote vocab and sum files to /content/tutorial/lit/coocs
Wrote vocab and sum files to /content/tutorial/lit/coocs
done!


In [ ]: %ls {coocs_path} | head -n 10
```

输出应该类似于：

```
col_sums.txt
col_vocab.txt
row_sums.txt
row_vocab.txt
shard-000-000.pb
shard-000-001.pb
shard-000-002.pb
shard-000-003.pb
shard-000-004.pb
shard-000-005.pb
```

9.4.2.2　从矩阵中学习词嵌入

```
In [ ]: vec_path = './lit/vec/'
        !python ./scripts/swivel/swivel.py --input_base_path={coocs_path} \
          --output_base_path={vec_path} \
```

```
                --num_epochs=20 --dim=300 \
                --submatrix_rows={shard_size} --submatrix_cols={shard_size}
```

输出将显示来自 TensorFlow 的消息，并进一步学习词嵌入。接下来，我们检查 "vec" 目录的上下文，应该包含模型的检查点以及列和行词嵌入的 tsv 文件。

```
In [ ]: os.listdir(vec_path)
Out[ ]: ['model.ckpt-0.index',
         'model.ckpt-42320.index',
         'model.ckpt-42320.data-00000-of-00001',
         'model.ckpt-0.data-00000-of-00001',
         'row_embedding.tsv',
         'checkpoint',
         'col_embedding.tsv',
         'model.ckpt-42320.meta',
         'model.ckpt-0.meta',
         'graph.pbtxt',
         'events.out.tfevents.1539004459.46972dad0a54']
```

将 tsv 转换成 bin：

```
In [ ]: !python ./scripts/swivel/text2bin.py --vocab={vec_path}vocab.txt \
              --output={vec_path}vecs.bin \
              {vec_path}row_embedding.tsv \
              {vec_path}col_embedding.tsv
```

这将导致：

```
executing text2bin
merging files ['./lit/vec/row_embedding.tsv', './lit/vec/col_embedding.tsv'] into
output bin
```

最后，读者可以使用以下命令检查生成的文件：

```
In [ ]: %ls {vec_path}
```

9.4.2.3　读取存储的二进制嵌入并检查它们

```
In [ ]:
import importlib.util
spec = importlib.util.spec_from_file_location("vecs", "./scripts/swivel/vecs.py")
m = importlib.util.module_from_spec(spec)
spec.loader.exec_module(m)
shakespeare_vecs = m.Vecs(vec_path + 'vocab.txt', vec_path + 'vecs.bin')
```

这将加载读者先前创建的向量：

```
Opening vector with expected size 23552 from file /content/tutorial/lit/vec/vocab.txt
vocab size 23552 (unique 23552)
read rows
```

定义打印给定单词的 k 近邻的基本方法：

```
In [ ]:
def k_neighbors(vec, word, k=10):
```

```
res = vec.neighbors(word)
if not res:
    print('%s is not in the vocabulary, try e.g. %s' % (
        word, vecs.random_word_in_vocab()))
else:
    for word, sim in res[:10]:
        print('%0.4f: %s' % (sim, word))
```

然后，用它来探索一些单词的近邻，例如：

```
In [ ]: k_neighbors(shakespeare_vecs, 'strife')

1.0000: strife
0.4599: tutors
0.3981: tumultuous
0.3530: future
0.3368: daughters'
0.3229: cease
0.3018: Nought
0.2866: strike.
0.2852: War
0.2775: nature.

In [ ]: k_neighbors(shakespeare_vecs,'youth')
1.0000: youth
0.3436: tall,
0.3350: vanity,
0.2945: idleness.
0.2929: womb;
0.2847: tall
0.2823: suffering
0.2742: stillness
0.2671: flow'ring
0.2671: observation
```

9.4.3　在 WordNet 之上加载 UMBC 的 Vecsigrafo

接下来，读者可以修改 10.4.3 节中提供的步骤，加载在 UMBC 语料库上训练的 Vecsigrafo 词嵌入，并查看它们与 9.4.2 节中在莎士比亚语料库上训练的词嵌入相比如何。

读者要么按照 9.3.1 节中的说明查找两个词嵌入空间之间的线性对齐方式，要么尝试使用 MUSE 库。其目的是找出从莎士比亚语料库中提取的古英语词汇与从 UMBC 中提取的现代英语词汇之间的相关性。如果读者选择尝试线性对齐，就需要生成一个与两个词汇表之间的词元键值对相关的词典，并使用它生成一对转移矩阵来把向量从一个向量空间转换到另一个向量空间。然后应用 k 近邻方法进行相关性识别。

9.4.4　练习的结论

这个练习建议读者使用莎士比亚全集和 UMBC 提供的词嵌入，可以利用两个向量空间之间的不同操作。特别地，我们建议识别这些空间上的术语及其相关性。如果读者想贡献自己的解决方案，可以将自己的解决方案作为一个请求提交到 GitHub[⊖]上相应的教程 Jupyter Notebook 上。

9.5 本章小结

本章提出了处理多个重叠词嵌入空间的问题。在实践中，读者通常需要构建结合模型和来自不同词嵌入空间结果的应用程序，这是个迟早需要处理的问题。在本章中，我们提出了一些处理这个问题的方法，并提供了实际的练习。我们还着重介绍了这种词嵌入对齐方法在知识图谱的补全、多语言和多模态等更普遍问题中的具体应用。

⊖ https://github.com/hybridnlp/tutorial/blob/master/06_shakespeare_exercise.ipynb。

A Practical Guide to Hybrid Natural Language Processing: Combining Neural Models and Knowledge Graphs for NLP

应　用

第 10 章

A Practical Guide to Hybrid Natural Language Processing: Combining Neural Models and Knowledge Graphs for NLP

一种虚假信息分析的混合方法

摘要：虚假信息和假新闻是一个复杂而又重要的问题，而自然语言处理在帮助人们浏览网络内容方面发挥着重要的作用。在本章中，我们提供了各种实践教程，其中应用了几种混合的 NLP 技术，包括神经网络模型和前面章节中介绍的知识图谱，来构建原型，解决虚假信息引起的一些紧迫问题。

10.1　引言

在本章中，我们将构建一个虚假信息分析背景下的真实世界应用程序原型。这个原型展示了如何将 NLP 和知识图谱的深度学习方法结合起来，从而受益于最好的机器学习和符号学习的方法。

在其他方面，我们将看到把概念嵌入引入简单的深度学习文本分类模型可以改进这种模型。类似地，我们将证明用于识别误导信息文本的深度学习分类器的输出可以用作在社交知识图谱中传播此类信号的输入。

本章有四个主要部分：

- 在 10.2 节中，我们将概述虚假情报检测的领域知识，并在本章的其余部分对我们想要构建的内容提出了高层次的概念。
- 在 10.3 节中，我们将建立一个关于断言的数据库，这些断言都经过了人工的事实核查，还有一个基于神经网络的索引，以便给出一个查询语句，可以找到以前经过事实核查的类似断言。
- 在 10.4 节中，我们将使用混合单词 / 概念嵌入来建立一个检测有使用欺骗性语言迹象文档的模型。
- 在 10.5 节中，我们将展示如何将基于人类和机器学习标注提供的信息与知识图谱结构中的传播可信度评分结合起来。这使我们能够估计没有直接证据的节点的可信度。

10.2 虚假信息检测

在这部分中，我们将提供一些关于如何理解虚假信息的背景信息，并提供关于试图构建内容的背景。本节不包含任何实际操作的步骤。

10.2.1 定义和背景

在撰写本书时，虚假信息和误导信息是一个热门的研究课题。虽然虚假信息在社会中一直是一种普遍现象，但在如今权力下放和社交媒体的时代，它却产生了进一步的影响。虚假信息过去需要大众传播媒体的控制，但现在任何拥有社交媒体账户的人都能够传播（错误）信息。此外，由于传播信息的门槛已经大大降低，控制错误信息的传播变得更加困难。在本节中，我们提供了一个已经发表的关于虚假信息的学术研究摘要，并讨论它如何影响我们的设计，我们将在本章的其余部分实现这种设计。

首先，对虚假信息有一个精确的定义是很有用的，虚假信息的精确定义可以指导我们的设计。Fallis 等人 [56] 考虑了各种哲学方面的问题，例如假情报和说谎之间的关系（和区别）。分析表明，在谈论虚假信息时，除了以这种方式传播的信息之外，关键是要考虑到来源的意图以及传播过程。作者对虚假信息给出了如下的正式定义。一个人造谣 X，当且仅当：

- 他散布消息。
- 他相信 p 是假的。
- 他可以预见 X 可能会从信息 I 的内容推断出 p。
- p 是假的。
- X 从信息 I 的内容推断出 p 是合理的。

虽然这似乎是一个非常好的虚假信息的正式定义，但在实践中，它造成了一些技术上的困难。主要的困难在于，当前的 NLP 系统对命题层次的内容分析只有有限的支持：NLP 系统可以从信息的内容中识别行为者、实体、情感、话题和主题，但对命题的提取却非常有限。即使在这些情况下，当前的系统也难以理解命题中的否定，这使得判断命题是否正确变得非常困难。由于这些原因，在开发虚假信息检测模块时，我们使用了一种弱化的检测形式：我们给一个代表包含虚假信息可能性的文档赋予了虚假信息评分。这就为使用统计学方法而不必处理命题层面的知识提供了可能性。

另一方面，最新基于 Transformer 的语言模型在句子语义相似性任务中表现出色。因此，如果我们知道一个特定断言 p 的准确程度，这样的模型应该有助于找到相同断言的释义或类似的公式。在 10.3 节中，我们将研究如何使用句子级别的嵌入来实现这一点。

在心理学领域，Porter 等人 [145] 指出，欺骗是"人类行为的一个基本方面"，因为人们承认在 14% 的电子邮件、27% 的面对面交流和 37% 的电话中说谎。从这个角度来看，还有一点值得注意的是，即使使用最好的情况：即使能够接触到所有形式（视觉、听觉、语言风格）和直接互动（没有时间掩饰谎言）并传播高风险的谎言，人们也不善于发现谎言。几乎没有理由相信，机器的信息范围要窄得多，但它们会比人类表现得更好。这种虚假信息的观点进一步强化了我们模块的设计：通过选择报告的不可信度评分，我们可以期待许多文档包含某种形式的不可信度，同时，不可信度评分纯粹是作为一个标志。有助于引起群体代理人（例如记者、执法人员）对某些文件的注意，但不足以确定一个文档是否包含虚假信息。

自动化系统可以获得的最丰富的信息来源之一是基于文本的文档。在语言学领域，Hancock 等人 [75] 试图通过分析对话的记录来识别谎言，他们考虑了各种与欺骗相关的语言线索，如词汇量、代词使用、情感词汇和认知复杂性。

虚假信息检测与事实核查领域密切相关，事实核查介于纯科学研究和工业研究之间，一些新闻机构和互联网公司在这一领域进行了深入研究。Babakar 等人对这一领域的最新技术进行了很好的回顾 [9]，将事实核查看作一个 4 阶段的问题。定位断言是在给定的大文档中提取断言的任务。在检查断言方面，文献 [9] 提出了三种主要的方法。通过引用来检查断言可以使用第三方知识库实现，如 DBpedia、Wikidata 或 EventKB 等通用知识图谱。最近，业内也正在构建专门的知识图谱，如 ClaimsKG [177]。在 10.3 节中，我们将实现一个类似的断言知识图谱，这些断言知识先前已经由人类进行了事实核查。最后，使用与文档相关的元数据，并且查看我们所拥有的关于文档作者或发行者的信息，进而可以根据上下文来检查断言。在 10.5 节中，我们将查看利用这类信息的方法。

当通过查看上下文的方式来检查断言的时候，或者更一般地，评估社交网络可信度另一个相关的研究领域是网络分析，其中包括 Ziegler 等人 [201] 和 Jiang 等人 [86] 的工作。这些方法主要应用于（和需要）社交网络知识（例如，Facebook 和 Twitter 用户之间的关系）。这样的网络分析算法有很多种类，但其思想是：如果能给网络中的一些用户一个信任评分，就可以估计其他用户可能有多值得信任。

最后，计算文本分析被用来建立误导信息的复杂模型，例如文献 [8] 和文献 [2]，这些模型着眼于确定短文本对断言的态度。这个想法可以应用到社交网络上：如果第一条推文发表了一个断言（或者分享了一个文件代表的断言），而且很多回复要么是赞成要么是反对某些东西（可能是这个断言），这是一个很好的迹象，表明最初的推文是有争议的，可能包含虚假信息。

10.2.2　技术方法

在实现虚假信息检测系统或组件方面，科学研究提出了各种不同的方向。在本节中，我们将用技术术语描述此类组件的设计。在接下来的部分中，我们将介绍为各个子组件生成原型实现的过程。

首先，应该尽可能地重复使用那些已经由声誉好的事实核查人员在网上发布的信息。这要求我们建立一个已经被事实核查过的断言数据库。目前网上提供的材料的主要问题是，在线事实核查是最近才出现的一种现象，以一种易于收集的格式发布经过事实核查的断言，直到现在才被事实核查界采用。此外，全世界的事实核查人员的数量仍然相对较少，与可在网上找到的断言或句子数量相比，经过事实核查的断言数量非常少。因此，我们不仅需要一个断言数据库，还需要一种方法，对于一个给定查询语句来找到相关的断言，以便我们在线查询。在 10.3 节中，我们将为这样的数据库和索引构建一个原型。

除了由事实核查人员提供的断言和注释数据库之外，自动分类器也很有用，它可以进一步提供关于我们在线找到的文本的可信度输入。虽然断言数据库工作在单个句子的层面，但是数据集可以帮助我们估计文档的可信度。在 10.4 节中，我们将研究如何实现一个检测欺骗性语言的模型。实际上，我们可以实现多种这样的模型，进而可以看到文档的不同视角。

最后，我们假设最终可以建立一个包含文档和断言以及足够元数据的数据库，例如：

- 文档中的哪些句子与我们数据库中的断言相似。
- 谁是特定文档的作者。
- 该文档在何时何地发表。

拥有这样一个数据库意味着我们拥有了文档、断言、人员（作者、评论员、记者等）和出版商的知识图谱。我们只对其中的一小部分进行了可靠的准确性评估（通过事实核查人员）。对于大部分节点，我们还可以基于机器学习模型来估计文本文档的可信度。然而，对于在这个图谱中的大多数节点，我们对它们的可信度没有一个可靠的估计。因此，需要一种方法来将我们拥有的知识传播到知识图谱中的其他节点。在 10.5 节中，我们将实现这样一个子组件的原型。

10.3　应用：构建断言数据库

在本节中，我们将使用 BERT 构建一个用于经过事实核查的断言的语义搜索引擎。整体方案是：

1）创建一个 BERT 经过优化的版本，它能够以这样一种方式生成断言嵌入，即让语义相似的断言在嵌入空间中彼此接近。

2）使用 BERT 生成的断言编码器，为可用于查找断言的事实核查的断言数据集创建索引。

10.3.1　训练一个语义断言编码器

如上所述，我们希望训练一个深度学习模型，包括：

- 给定一个断言 c，通过如下方法产生一个断言的嵌入 v_c：
- 如果 c_1 和 c_2 是语义相似的（例如它们可以互相解释），那么对一些距离函数有 $f_{dist}(v_{c1}, v_{c2}) \approx 0$。

10.3.1.1　训练数据集：STS-B

幸运的是，SemEval系列研讨会 / 挑战赛已经产生了许多这样的任务，旨在测试这种语义相似性。

这些各种各样的 SemEval 任务数据集已经被集成到一起，被称为 **STS-B：语义文本的相似性基准**，它是 NLP 基准数据集 GLUE 集合的一部分。

STS-B 包括句子对，这些句子被人工评定为 0（没有语义相似性）到 5 的语义等价的量表。我们下载并加载数据集到一个 pandas 的 `DataFrame`：

```
In [ ]:
!wget http://ixa2.si.ehu.es/stswiki/images/4/48/Stsbenchmark.tar.gz
!tar -xzf Stsbenchmark.tar.gz
```

应该有如下的输出：

```
...
Stsbenchmark.tar.gz 100%[====================>]

... - 'Stsbenchmark.tar.gz' saved [409630/409630]
```

不幸的是，我们不能使用标准 pandas 的 `read_csv` 方法，因为 csv 文件中的一些行有额外的字段，这些字段没有很好的文档说明，会导致 pandas 解析失败。我们执行

自己的实现方法：

```
In [ ]: import pandas as pd
def read_sts_csv(path, columns=['source', 'type', 'year', 'id',
        'score', 'sent_a', 'sent_b']):
  rows = []
  with open(path, mode='r', encoding='utf-8') as f:
    lines = f.readlines()
    print('Reading', len(lines), 'lines from', path)
    for lnr, line in enumerate(lines):
      cols = line.split('\t')
      assert len(cols) >= 7, 'line %s has %s columns instead of %s:\n\t%s' % (
          lnr, len(cols), 7, "\n\t".join(cols)
      )
      cols = cols[:7]
      assert len(cols) == 7
      rows.append(cols)
  result = pd.DataFrame(rows, columns=columns)
  # score is read as a string, so add a copy with correct type
  result['score_f'] = result['score'].astype('float64')
  return result

In [ ]: sts_dev_df = read_sts_csv('stsbenchmark/sts-dev.csv')
        sts_train_df = read_sts_csv('stsbenchmark/sts-train.csv')

Reading 1500 lines from stsbenchmark/sts-dev.csv
Reading 5749 lines from stsbenchmark/sts-train.csv
```

通过查看一个小样本，读者可以探索这个数据集：

```
In [ ]: sts_train_df.sample(n=5)

Out[ ]:          source  ...  score_f
        3946  main-news  ...    2.400
        4836  main-news  ...    5.000
        4794  main-news  ...    2.600
        3281  main-news  ...    4.333
        5534  main-news  ...    1.800

        [5 rows x 8 columns]
```

10.3.1.2　加载 BERT 模型

我们将使用 BERT 作为一个起点，因为它代表了 NLP 任务的深度学习架构的当前水平，也是基于 Transformer 的深度学习模型的代表。使用 BERT 的优点是它已经在大型语料库上进行了预训练，因此只需要在 STS-B 数据集上进行微调即可。

我们将使用 Huggingface PyTorch-Transformers[一]库作为 BERT 模型的接口。可以在我们的环境中安装它，如下所示：

```
In [ ]: !pip install PyTorch-transformers
```

这将安装所需要的库和相关依赖。下一步，我们导入各种库：

[一]　https://github.com/huggingface/PyTorch-transformers。

```
In [ ]: import torch
        from PyTorch_transformers import *
        import torch.nn.functional as F
```

然后，我们可以加载 BERT，它包括两个主要的部分：

1）**模型**自身，包括：

● 根据预训练期间定义的词汇表，接收一系列标记 id 作为输入。

● 一个初始嵌入层，它结合了非上下文和位置的嵌入。

● n 个 Transformer 层（seq 2 seq），它为复杂性不断增加的输入标记生成了上下文嵌入。

2）将输入句子转换为标记 id 序列的**标记器**。

● BERT（和其他基于 Transformer 的架构）通常基于词片段或子词单元来标记输入的句子。有关变体的更多信息，请参阅 sentencepiece 的 github 仓库[⊖]。

● 作为标记化的一部分，BERT（和其他模型）添加了特殊的标记，以帮助模型理解句子的开始和结束，这在训练期间非常有用。

BERT 有两个主要的变体：base（有 12 个层）和 large（24 个层）。在这个 Jupyter Notebook 中，我们将使用 bert-base-cased 变体，但是，读者可以随意探索其他预训练的模型[⊜]。我们加载标记器和模型的方式如下：

```
In [ ]: bert_model_name = 'bert-base-cased'
tokenizer = BertTokenizer.from_pretrained(bert_model_name,
    do_lower_case=False)
bert = BertModel.from_pretrained(bert_model_name,
    output_hidden_states=True)
if torch.cuda.is_available():
  bert = bert.cuda()
```

现在，有了 BERT 标记器和模型，我们可以给它传递一个句子，但是需要定义 BERT 的输出，作为句子嵌入。我们有一些选择：

● 输入序列预先准备好的，带有一个特殊的标记 [cls]，用于对序列进行分类。

● 我们可以合并上下文嵌入的最后一层，例如通过连接或把它们集中起来（取和或平均值）。

● 我们可以组合任意多个层（例如，最后的 4 个层）。

此外，由于模型和标记器需要一起使用，我们定义了一个可以传递给函数的 tok_model 字典。我们将把实现分为以下几种方法：

1）pad_encode：为给定的句子创建一组统一序列长度的标记 id。

⊖ https://github.com/google/sentencepiece。

⊜ https://huggingface.co/transformers/pretrained_models.html。

2）`tokenize`：将一批句子标记化，并生成一个可以作为模型输入的张量。

3）`embedding_from_bert_output`：根据某种编码策略，从 BERT 模型的输出中生成一个句子嵌入。

4）`calc_sent_emb`：通过对调用的其他方法进行编排，接收一个句子列表并生成一个句子嵌入的张量。

```
In [ ]:
def pad_encode(text, tokenizer, max_length=50):
    """creates token ids of a uniform sequence length for a given sentence"""
    tok_ids = tokenizer.convert_tokens_to_ids(tokenizer.tokenize(text))
    tok_ids2 = tokenizer.add_special_tokens_single_sentence(tok_ids)
    att_mask = [1 for _ in tok_ids2]
    n_spectoks = len(tok_ids2) - len(tok_ids)
    if len(tok_ids2) > max_length: # need to truncate
        #print('Truncating from', len(tok_ids2))
        n_to_trunc = len(tok_ids2) - max_length
        tok_ids2 = tokenizer.add_special_tokens_single_sentence(tok_ids[:-n_to_trunc])
        att_mask = [1 for _ in tok_ids2]
    elif len(tok_ids2) < max_length: # need to pad
        padding = []
        for i in range(len(tok_ids2), max_length):
            padding.append(tokenizer.pad_token_id)
        att_mask += [0 for _ in padding]
        tok_ids2 = tok_ids2 + padding
    assert len(tok_ids2) == max_length
    assert len(att_mask) == max_length
    return tok_ids2, att_mask

def tokenize_batch(sentences, tok_model, max_len=50, debug=False):
    assert type(sentences) == list
    encoded = [pad_encode(s, tokenizer=tok_model['tokenizer'],
                          max_length=max_len)[0] for s in sentences]
    att_masks = [pad_encode(s, tokenizer=tok_model['tokenizer'],
                          max_length=max_len)[1] for s in sentences]
    input_ids = torch.tensor(encoded)
    att_masks = torch.tensor(att_masks)
    if debug: print(input_ids.shape)

    if torch.cuda.is_available():
        input_ids = input_ids.cuda()
        att_masks = att_masks.cuda()
    return input_ids, att_masks

def embedding_from_bert_output(bert_output, strategy="pooled"):
    """Given the output tensor from a BERT model, return embeddings for the batch.
    :param strategy can be:
    1. a tuple ("reduce_mean_layer", n) where n is the index of the layer in model
    2. a tuple ("layer", n)
    2. "pooled" returns the default pooled embedding for the model. E.g. for BERT,
       this is the last output for token [CLS]
    """
    assert len(bert_output) == 3, "Expecting 3 outputs, make sure to output hidden states"
    last_layer, pooled, hidden_layers = bert_output
    if strategy == "pooled":
        return pooled
    if not type(strategy) == tuple:
        raise ValueError("Expecting a tuple, but found %s " % (type(strategy)))
    strat_name, strat_val = strategy
    if strat_name == "reduce_mean_layer":
        layer_index = strat_val
        layer_to_pool = hidden_layers[layer_index]
        pooled_layer = torch.sum(layer_to_pool, dim=1) / (layer_to_pool.shape[1] + 1e-10)
```

```
        if debug: print('pooled layer %s of %s' % (layer_index, len(hidden_layers)),
                         pooled_layer.shape,
                         'pooled from', layer_to_pool.shape)
        return pooled_layer
    if strat_name == "layer":
        layer_index = strat_val
        return hidden_layers[layer_index]
    raise ValueError("Unsupported strategy %s " % strategy)

def calc_sent_emb(sentences, tok_model, strategy="pooled", seq_len=50, debug=False):
    """Returns the embeddings for the input sentences, based on the `tok_model`
    :param tok_model dict with keys `tokenizer` and `model`
    :param strategy see `embedding_from_bert_output`
    """
    input_ids, att_masks = tokenize_batch(sentences, tok_model, debug=debug,
        max_len=seq_len)

    model = tok_model['model']
    model.eval() # needed to deactivate any Dropout layers

    with torch.no_grad():
        model_out = model(input_ids, attention_mask=att_masks)

    return embedding_from_bert_output(model_out, strategy)
```

对预训练的 BERT 模型进行优化，以预测一对句子中的掩码标记或下一个句子。这意味着我们不能期望预训练的 BERT 在我们的语义相似性任务中表现良好。因此，我们需要对模型进行微调。在 PyTorch 中，我们可以用如下方式定义 PyTorch 模块：

```
In [ ]:
class BERT_Finetuned_Encoder(torch.nn.Module):
  def __init__(self,
               bert_model_name='bert-base-cased',
               pooling_strategy="pooled",
               train_from_layer=6,
               seq_len=50):
    super(BERT_Finetuned_Encoder, self).__init__()
    tokenizer = BertTokenizer.from_pretrained(bert_model_name, do_lower_case=False)
    bert_model=BertModel.from_pretrained(bert_model_name, output_hidden_states=True)
    if train_from_layer is not None:
      assert type(train_from_layer) == int
      assert train_from_layer >= 0 and train_from_layer <= len(bert_model.encoder.layer)
      print("Freezing wordpiece embeddings")
      for param in bert_model.embeddings.parameters():
        param.requires_grad = False
      for i, layer in enumerate(bert_model.encoder.layer):
        if i < train_from_layer:
          print("Freezing layer", i)
          for param in layer.parameters():
            param.requires_grad = False
        else:
          print("Trainable layer", i)
      print("Trainable pooling layer") # pooler layer is always trained
    self.tokenizer = tokenizer
    self.bert_model = bert_model
    self.pooling_strategy = pooling_strategy
    self.seq_len = seq_len

    # power func parameters
    self.min_val = 0.8
    self.k = 1.0
```

```
def forward(self, sentences, sents_to_compare=None):
  assert type(sentences) == list
  if sents_to_compare is not None:
    return self.predict_similarity(sentences, sents_to_compare)
  else:
    return self.encode(sentences)

def predict_encoded_similarity(self, semembs_as, semembs_bs):
  cosim = F.cosine_similarity(semembs_as, semembs_bs) # (batch_size, 1)
  # make prediction a value between 0.0 and 1.0
  return self.power_fun_cosim2predfn(cosim)

def predict_similarity(self, sentsA, sentsB):
  """Predict pairwise similarity between two lists of sentences
  Predicted values range from 0 (no similarity) and 1(semantically equal)
  """
  assert type(sentsB) == list
  assert len(sentsB) == len(sentsA)
  #print('semembs_as', type(semembs_as))
  return self.predict_encoded_similarity(
      self.encode(sentsA), self.encode(sentsB))

def power_fun_cosim2predfn(self, cosim, min_val=0.8, k=25, steps=100):
  """Converts a cosine similarity result onto a value in range [0.0, 1.0] using
  a non-linear mapping. This is useful because cosine similarities between
  vectors in embedding spaces are usually skewed towards a specific value."""
  assert min_val < 1.0
  cosim_step = (1.0-min_val)/steps
  val = torch.clamp(cosim, min=min_val, max=1.0)
  step_i = (val - min_val)/cosim_step
  pred = (step_i/steps)**k
  assert len(pred.shape) == 1, pred.shape # (batch_size)
  return torch.clamp(pred, min=0.0, max=1.0)

def linear_cosim2predfn(self, cosim):
  """Alternative mapping from a cosim tensor to a prediction range
  Use `power_fun_cosim2predf` instead since it better aligns with the
  distribution of cosine similarities.
  """
  return (cosim + 1.0) / 2.0 # make prediction a value between 0.0 and 1.0

def encode(self, sentences):
  # essentially the same as calc_sent_emb, but without explicitly setting model
  #  for evaluation (since we can be in training mode)
  input_ids, att_masks = tokenize_batch(sentences, {"tokenizer": self.tokenizer,
      "model": self.bert_model}, max_len=self.seq_len)
  model_out = self.bert_model(input_ids, attention_mask=att_masks)
  return embedding_from_bert_output(model_out, self.pooling_strategy)
```

10.3.1.3　定义训练方法

我们现在准备定义主要的训练循环。这是 PyTorch 的一个标准循环。这里的主要问题是：

- 迭代 STS-B 数据集的批次并为两个句子生成编码；

- 然后，我们计算两个编码之间的余弦相似度，并将其映射到 0 到 1 之间的预测相似性评分上；

- 我们使用 STS-B 值（归一化为相同的范围）来定义损失函数并训练模型。

```
In [ ]:
import time
import copy
from scipy import stats

def train_semantic_encoder(semantic_encoder,
                           dataloaders,
                           optimizer, criterion, scheduler, num_epochs=25,
                           device="cuda"):
    """ Trains a semantic encoder model
    :param semantic_encoder maps a list of sentences onto a semantic embedding
      space
    :param dataloaders a dict with keys `train` and `val`, the values must be PyTorch
      DataLoader instances providing STS-B item batches
    :param cosim2predfn a function that maps a cosine similarity metric onto a
      value in the range [0.0, 1.0]
    """
    since = time.time()

    assert getattr(semantic_encoder, 'state_dict', None) is not None, "No model to train!!"

    def run_epoch(phase):
        """"Execute a single epoch through the datasets.
        :param phase can be `train` or `val`
        returns a result dict with `loss` and `pearson`
        """

        def run_step(sts_itembatch):
            """"Execute a step in this epoch, i.e. process a batch.
            Returns a triple with the batch (loss int, labels floats, predictions floats)
            """
            #print('sts_itembatch', type(sts_itembatch))
            sent_as = [item['sent_a'][0] for item in sts_itembatch]
            sent_bs = [item['sent_b'][0] for item in sts_itembatch]
            assert type(sent_as[0]) == str
            label_scores = torch.tensor([float(item['score'][0]) for item in sts_itembatch])

            label_scores = label_scores.to(device)
            optimizer.zero_grad()

            with torch.set_grad_enabled(phase == 'train'):
                pred_score = semantic_encoder(sent_as, sent_bs)
                loss = criterion(pred_score, label_scores/5.0) # make label between 0.0 and 1.0

                if phase == 'train':
                    loss.backward()
                    optimizer.step()
            return loss.item(), label_scores.tolist(), pred_score.tolist()

        # run epoch:
        if phase == 'train':
            semantic_encoder.train()  # Set model to training mode
        else:
            semantic_encoder.eval()   # Set to evaluate mode (important for Dropout layers)

        running_loss, _label_scores, _pred_scores = 0.0, [], []
        for sts_itembatch in dataloaders[phase]: # Iterate over data in epoch
            batch_loss, batch_labels, batch_preds = run_step(sts_itembatch)
            running_loss += batch_loss # * len(sts_itembatch) # update state
            _label_scores += batch_labels
            _pred_scores += batch_preds

        if phase == 'val' and scheduler is not None:
            scheduler.step(running_loss) #

        epoch_loss = running_loss / len(dataloaders[phase])
        epoch_correl, p_val = stats.pearsonr(_label_scores, _pred_scores)
```

```
    print('{} Loss: {:.4f}, Pearson: r={:.4f} p={:.4f} n={}'.format(
        phase, epoch_loss, epoch_correl, p_val, len(_label_scores)))
    return {"loss": epoch_loss,
            "pearson": {"r": epoch_correl,
                        "p": p_val,
                        "n": len(_label_scores)}} # run_epoch

def is_better_result(current_best, new_val):
  return new_val['pearson']['r'] > current_best['pearson']['r']

best_weights = copy.deepcopy(semantic_encoder.state_dict())
print('Validating initial model')
best_val = run_epoch('val') # run a validation epoch before the actual training

for epoch in range(num_epochs):
  print('Epoch {}/{}'.format(epoch, num_epochs - 1))
  print('-' * 10)

  # Each epoch has a training and validation phase
  for phase in ['train', 'val']:
    epoch_result = run_epoch(phase)
    if phase == 'val' and is_better_result(best_val, epoch_result):
      best_val = epoch_result   # store state of best model
      best_weights = copy.deepcopy(semantic_encoder.state_dict())
  print()

time_elapsed = time.time() - since
print('Training complete in {:.0f}m {:.0f}s'.format(
    time_elapsed // 60, time_elapsed % 60))
print('Best loss: {:4f} correl: {:.4f}'.format(best_val['loss'],
                                          best_val['pearson']['r']))

# load best model weights
semantic_encoder.load_state_dict(best_weights)
return semantic_encoder
```

这个 `train_semantic_encoder` 方法期望通过 PyTorch 的 Dataset[一]和 DataLoader[一]机制提供数据。因此，我们需要将 STS 训练和开发数据集（目前是 pandas `DataFrame`）包装到类中：

```
In [ ]:
import torch.utils.data
import math

class STSDataset(torch.utils.data.Dataset):
  def __init__(self, sts_df, batch_size=20):
    super(STSDataset).__init__()
    self.sts_df = sts_df
    self.batch_size = batch_size

  def __len__(self):
    n_sents = self.sts_df.shape[0]
    n_batch = n_sents/self.batch_size
    result = math.ceil(n_batch)
    return result

  def __getitem__(self, index):
    begin, end = index*self.batch_size, (index+1)*self.batch_size
    values = self.sts_df[begin:end].values
    result = []
    for row in values:
```

```
        result.append({col: row[i] for i, col in enumerate(self.sts_df.columns.values)})
      return result

  def __iter__(self):
    raise NotImplementedError()
    #return self.sts_df.iterrows()
```

通过定义数据加载器，现在可以训练模型了：

```
In [ ]: dataloaders = {
      'train': torch.utils.data.DataLoader(STSDataset(sts_train_df, batch_size=64)),
      'val':   torch.utils.data.DataLoader(STSDataset(sts_dev_df,   batch_size=64))}
```

我们也可以创建模型来微调：

```
In [ ]: bert_finetuned_semencoder = BERT_Finetuned_Encoder(train_from_layer=8)
        if torch.cuda.is_available():
            bert_finetuned_semencoder = bert_finetuned_semencoder.cuda()
```

为了训练模型，我们需要创建优化器。下面的代码中，我们也启动了训练（在一个正常的 GPU 中，这也将花费 10 分钟的时间）。

```
In [ ]: # using learning rate for fine-tuning as suggested in BERT paper
adam_optim = AdamW(
    [p for p in bert_finetuned_semencoder.parameters() if p.requires_grad],
    lr=5e-5)

bert_finetuned_semencoder = train_semantic_encoder(
    bert_finetuned_semencoder,
    dataloaders=dataloaders,
    optimizer=adam_optim,
    criterion=torch.nn.SmoothL1Loss(reduction='sum'),
    scheduler=torch.optim.lr_scheduler.ReduceLROnPlateau(adam_optim),
    num_epochs=5)
```

应该有如下的输出：

```
Validating initial model
val Loss: 5.2647, Pearson: r=0.1906 p=0.0000 n=1500
Epoch 0/5
...
Epoch 5/5
...
Training complete in 9m 20s
Best loss: 1.688949 correl: 0.7717
```

注意，在训练之前，我们使用数据集的开发部分进行验证，并实现 $r_{pearson} = 0.1906$，这是预训练的 BERT 生成的结果。这表明默认的 BERT 嵌入没有很强的语义性，或者至少没有与人们所认为的语义相似性很好地结合起来。经过微调的模型应该可以得到接近 0.8 的 $r_{pearson}$ 评分，这个分数与人工的评分更加一致。

10.3.2　创建嵌入的一个语义索引并进行探索

现在，我们已经有了一个生成句子级别语义嵌入的模型，可以创建一个简单的语义索引，并定义填充和查询它的方法。

我们的语义索引是一个简单的带有 `sent_encoder` 字段的 Python `dict`，语义编码器也是一个从句子到相应嵌入的 `sent2emb` `dict`。

```
In [ ]:    index = {
               'sent_encoder': bert_finetuned_semencoder,
               'sent2emb': {}
           }
```

定义一个填充索引的方法

```
In [ ]:
def populate_index(sentence_generator, index, debug=False):
  """Populates a semantic sentence index with sentences from a generator
  Returns the `index` with the new embeddings."""

  def add_batch(index, batch):
    with torch.no_grad():
      batch_embs = index['sent_encoder'](batch)
    assert batch_embs.shape[0] == len(batch)
    for i, s in enumerate(batch):
      index['sent2emb'][s] = batch_embs[i]

  index['sent_encoder'].eval() # put into evaluation mode

  batch = []
  for snr, sentence in enumerate(sentence_generator):
    batch.append(sentence)
    if len(batch) > 32:
      if debug: print('At', snr, "processing batch..", )
      add_batch(index, batch)
      batch = []
  if len(batch) > 0:
    add_batch(index, batch)

  print('Index now has', len(index['sent2emb']), 'sentences')
  return index
```

以及一个迭代器，实现在本节开头加载的 `DataFrames` 中所有 STS-B 条目的方法：

```
In [ ]: def sts_df_as_sent_generator(df):
            """Create a sentence generator given a DataFrame with STS-B rows"""
            for rnr, row in df.iterrows():
              for s in [row['sent_a'], row['sent_b']]:
                yield s
```

10.3.3　以 STS-B 开发数据集填充索引

```
In [ ]: index = populate_index(sts_df_as_sent_generator(sts_dev_df), index)

Index now has 2941 sentences
```

为了探索新填充的数据集，我们可以定义一个方法来查找一个给定句子的 top *k* 元素：

```
In [ ]:
def find_most_similar(text, semb_index, k=5):
  text_emb = semb_index['sent_encoder']([text])

if len(text_emb.shape) == 2:
  text_emb = text_emb[0]
assert len(text_emb.shape) == 1, "" + str(text_emb.shape)
s2cosim = {}
for s, s_emb in semb_index['sent2emb'].items():
  assert len(s_emb.shape) == 1, "%s" % (s_emb.shape)
  s2cosim[s] = F.cosine_similarity(text_emb, s_emb, dim=0).item()
sorted_s2cosim = sorted(s2cosim.items(), key=lambda kv: kv[1], reverse=True)
results = [{'sentence': kv[0], 'cosim': kv[1]} for kv in sorted_s2cosim[:k]]
return pd.DataFrame(results).sort_values(by=['cosim'], ascending=False)
```

在本节的其余部分中，我们将使用一些示例来探索数据集。首先询问一个与交通事故新闻有关的句子：

```
In [ ]: find_most_similar("3 traffic accidents leave 56 dead", index)
```

cosim	Sentence
0.993376	'Around 100 dead or injured' after earthquake
0.992287	Hundreds dead or injured in quake\n
0.990573	Floods leave six dead
0.989853	At least 28 people die in coal mine explosion\n
0.989653	Heavy rains leave 18 dead \n

让我们来探讨另一个关于美国经济产出的例子：

```
In [ ]:
find_most_similar("US' industrial output growth slows to 9.2 pct in July", index)
```

这应该打印一个表格，内容大致如下：

cosim	Sentence
0.9973	North American markets grabbed early gains Monday morning, . . .
0.9969	North American markets finished mixed in directionless trading Monday . . .
0.9966	ROK's economic growth falls to near 3-year low\n
0.9963	The blue-chip Dow Jones industrial average .DJI climbed 164 points, . . .
0.9962	That took the benchmark 10-year note US10YT=RR down 9/32, its yield . . .

10.3.4　为一个断言数据集创建另一个索引

因此，STS-B 开发集的结果看起来还不错。现在，让我们为 Data Commons 的事实核查数据集创建一个索引[⊖]。首先，让我们下载数据集：

```
In [ ]:
!wget https://storage.googleapis.com/datacommons-feeds/claimreview/latest/data.json
!mv data.json datacommons-factcheck.json

... - 'data.json' saved [9801768/9801768]
```

10.3.5　加载数据集到一个 Pandas 的 DataFrame

此数据集使用 JSON-LD 进行格式化，因此我们可以简单地将其解析为 JSON。

```
In [ ]:
import json
with open('datacommons-factcheck.json', mode='r', encoding='utf-8') as f:
    js_datafeed = json.load(f)
```

我们还可以定义一个方法将嵌套的 Python `dict` 转换为 pandas 的 `DataFrame`。我们对 Json 数据格式的全部数据并不感兴趣，因此只填充几列。

```
In [ ]:
def load_datacommons_feed_df(js_datafeed):
    claims = []
    for feed_item in js_datafeed['dataFeedElement']:
        claim_items = feed_item.get('item', [])
        if claim_items is None:
            claim_items = []
        for claim_in_feed in claim_items:
            claim = claim_in_feed.get('claimReviewed', None)
            if claim is not None:
                claims.append({
                    'claimReviewed': claim,
                    'reviewed_by': claim_in_feed.get('author', {}).get('name', 'unknown'),
                    'review_altName': claim_in_feed.get('reviewRating', {}).get('alternateName', ""),
                    'claim_date': claim_in_feed.get('itemReviewed', {}).get('datePublished', None),
                    'claimed_by': claim_in_feed.get('itemReviewed', {}).get('author', {}).get('name',
                        None)
                })
    return pd.DataFrame(claims)

In [ ]: claims_df = load_datacommons_feed_df(js_datafeed)
        claims_df.shape

Out[ ]: (5647, 5)

In [ ]: claims_df.sample(n=4)
```

这应该会显示一个如下所示的表格：

claimReviewed	reviewed_by
"Sumber daya yang sebelumnya dikuasai asing，berhasil ..."	Tempo.co
The push by Assembly Democrats seeking Americans with . . .	PolitiFact
The EU sends Northern Ireland € 500 million a year	Fact Check NI
A claim that herdsmen walked into the terminal . . .	DUBAWA

⊖　https://www.datacommons.org/factcheck/download#research-data。

10.3.5.1 创建一个断言的迭代器

datafeed 包含了许多不同语言的断言，由于我们的模型只适用于英语，只能考虑英语的断言。不幸的是，Json 数据格式中不包含语言标记，因此需要过滤这些数据。

```
In [ ]: !pip install langdetect
```

读者的输出与下面相似：

```
Collecting langdetect
...
Installing collected packages: langdetect
Successfully installed langdetect-1.0.7

In [ ]:
from langdetect import detect

def is_english(sentence):
  try:
    return detect(sentence) == 'en'
  except:
    # e.g. because sentence is empty
    return False

In [ ]:
is_english("Tin bài hàng đàu"), is_english(
    "Claim: H Raja and S Ve Sekher supporters fighting in BJP TN office"), is_english(" ")

Out[ ]: (False, True, False)

In [ ]:
def claims_df_english_row_generator(df):
  for rnr, row in df.iterrows():
    s = row['claimReviewed']
    if is_english(s):
      yield row.to_dict()
```

10.3.5.2 填充一个断言的索引

我们可以重用上面定义的 populate_index 方法，但是，我们已经有了一些关于已评论索引的有趣元数据，所以将这些保留在索引中是有收益的。因此，我们定义了一个稍微修改过的版本：

```
In [ ]:
def populate_claim_index(claim_rows, index, debug=False):
    """Populates a semantic sentence index with sentences from a generator
    Returns the `index` with the new embeddings."""

    def add_batch(index, batch):
      sent_batch = [row['claimReviewed'] for row in batch]
      with torch.no_grad():
        batch_embs = index['sent_encoder'](sent_batch)
      assert batch_embs.shape[0] == len(batch)
      for i, s in enumerate(sent_batch):
        index['sent2emb'][s] = batch_embs[i]
        index['claim_meta'][s] = {
            'review_altName': batch[i]['review_altName'],
            'reviewed_by': batch[i]['reviewed_by']
            }
```

```
   index['sent_encoder'].eval() # put into evaluation mode

   batch = []
   for snr, claim_row in enumerate(claim_rows):
     batch.append(claim_row)
     if len(batch) > 32:
       if debug: print('At', snr, "processing batch..", )
       add_batch(index, batch)
       batch = []
   if len(batch) > 0:
     add_batch(index, batch)

   print('Index now has', len(index['sent2emb']), 'sentences')
   return index

In [ ]:
claim_index = {
     'sent_encoder': bert_finetuned_semencoder,
     'sent2emb': {},
     'claim_meta': {}
   }

In [ ]: claim_index = populate_claim_index(
            claims_df_english_row_generator(claims_df), claim_index)
```

读者应该可以看到如下的结果：

```
Index now has 3519 sentences
```

10.3.5.3 探索数据集

我们定义了一个自定义版本的 find_most_similar 来显示最相似断言的更多相关信息：

```
In [ ]:
def find_most_similar_claim(text, claim_index, k=5):
  text_emb = claim_index['sent_encoder']([text]) # shape (1, emb_dim)
  s2cosim = {}
  s2pred = {}
  for s, s_emb in claim_index['sent2emb'].items():
    ts_emb = s_emb.unsqueeze(0) # shape (1, emb_dim)
    pred_score = claim_index['sent_encoder'].predict_encoded_similarity(
        text_emb, ts_emb)

    s2pred[s] = pred_score.item()


  sorted_s2pred = sorted(s2pred.items(), key=lambda kv: kv[1], reverse=True)
  claim_meta = claim_index['claim_meta']
  results = [{'claim': claim,
             'true?': claim_meta[claim].get('review_altName', '??'),
             'reviewed by': claim_meta[claim].get('reviewed_by', "??"),
             'pred': pred

             } for claim, pred in sorted_s2pred[:k]]

  return pd.DataFrame(results).sort_values(by=['pred'], ascending=False)
```

现在，我们可以利用这种方法来探索查询语句索引中的相邻断言。首先，我们试图找出与英国脱欧主张相关的断言：

```
In [ ]: find_most_similar_claim("Most people in UK now want Brexit", claim_index)
```

我们运行的结果如表 10.1 所示。预测的数值就是模型输出的结果，即范围在 0（一点
也不相似）和 1（语义上非常相似）之间。在这种情况下，我们看到一个相关的，但是更狭
义的断言，被发现语义相似度评分为 0.76。其他结果低于 0.7，与英国脱欧完全无关。

接下来，我们使用一个与北爱尔兰和欧盟贡献相关的查询断言：

表 10.1 "Most people in UK now want Brexit（大多数英国人希望现在脱欧）"的断言搜索结果

Claim（断言）	Pred（预测）	True?（真实性）
英国 77% 的年轻人不想脱欧	0.766	不准确。英国的民意调查显示，18-24 岁的人对留在欧盟的支持率在 57% 到 71% 之间；在北爱尔兰……
据说尼日利亚独立国家选举委员会（INEC）禁止在投票站使用电话	0.681	INEC 禁止在投票站使用电话和摄像机的说法并不完全是错误的。虽然你没有被禁止去……
民主统一党（DUP）从未同意与英国政府、爱尔兰政府、新芬党或任何人建立爱尔兰语法案	0.636	准确。圣安德鲁协议使英国政府致力于爱尔兰语法案，但随后的立法迫使北爱尔兰……
据说附近的沃尔玛可能会发生大规模枪击事件	0.636	这是一个很普遍的恶作剧
声称穆斯林在开斋节祈祷后在克什米尔抗议废宪第 370 条的录像	0.630	假

```
In [ ]: find_most_similar_claim(
    "Northern Ireland receives yearly half a billion pounds from the European Union",
    claim_index)
```

表 10.2 展示了结果。在这个例子中，我们看到前两个匹配都是关于评分在 0.74 以
上的主题。请注意，在查询和顶部结果中出现的唯一单词是"Northern Ireland"，前 5
名中的其余部分仍然是关于货币和北爱尔兰的，尽管相似度分数在 0.73 和 0.74 之间，
但不再与欧盟有关。

表 10.2 "Northern Ireland receives yearly half a billion pounds from the European Union（北爱尔兰每年从欧盟收到 5 亿英镑）"的断言搜索结果

Claim（断言）	Pred（预测）	True?（真实性）
欧盟每年向北爱尔兰输送 5 亿欧元	0.752	考虑周全而准确。SDLP 引用的 5 亿欧元的数字得到了欧盟委员会关于欧盟地区资助的数据的证实……
北爱尔兰是欧盟的净捐助国	0.747	这一说法是错误的，因为我们估计北爱尔兰在 2014/15 财政年度的净收入为 7400 万英镑。其他人声称……
民主统一党领袖 Arlene Foster 说，该党为北爱尔兰提供了"额外的 10 亿英镑"	0.736	准确。这 10 亿英镑是针对北爱尔兰司法管辖区的，是在斯托蒙特大厦协议……

（续）

Claim（断言）	Pred（预测）	True?（真实性）
北爱尔兰曾经是英国财政部收入的净贡献者	0.732	直到 20 世纪 30 年代都是准确的。但数据显示，北爱尔兰自 1966 年以来一直存在财政赤字。最新的数据，从 2013 年到 2014 年，是……

让我们探讨一个最后的例子：**数字设备的国家黑客**。

```
In [ ]: find_most_similar_claim("The state can hack into any digital device",
    claim_index)
```

表 10.3 展示了结果。在最后一个例子中，我们看到一个断言评分高于 0.7，同样是一个相关的断言。其他结果在某种程度上是相关的，但与评估的查询请求没有直接的关系。

表 10.3　断言“The state can hack into any digital device”

（国家可以侵入任何数字设备）的查询结果

Claim（断言）	Pred（预测）	True?（真实性）
声明：现在所有的电脑都可以被政府机构监控	0.704	事实渐强等级：真
从用于循环旧事件的随机 FB 配置文件中声明不相关的图像	0.641	假
EVM 被 JIO 网络入侵	0.641	事实渐强等级：假
马克·扎克伯格的一段视频显示，他在谈论控制“数十亿人的被盗数据”以控制未来	0.633	彻头彻尾的谎言

10.3.6　构建一个断言数据库的总结

在这个章节的练习中，我们看到了如何使用像 BERT 这样基于 Transformer 的模型来创建一个用于寻找语义相似断言的自然语言索引。上面呈现的示例说明了这些模型的工作情况。尽管在许多情况下，模型能够找到语义上相似的句子，但是仅仅有一个余弦相似度并不能提供足够的信息来判断最相似的断言是否真的是查询语句的答案。幸运的是，ClaimReview 格式提供了丰富的上下文，可以帮助我们收集更多关于断言和文档可信度的信息。在接下来的章节中，我们将看到如何分析较长的文档，以预测它们是否包含欺骗性语言（10.4 节），以及如何结合关于文档可信度的不同信号（通常从带有人工注释的断言或通过机器学习模型获得）和 ClaimReview 提供的知识图谱结构，以估计图谱中其他节点的可信度（10.5 节）。

10.4　应用：假新闻和欺骗性语言检测

在本节中，我们将研究如何在 NLP 任务的上下文中使用混合嵌入。特别地，我们将看到如何使用并调整深度学习架构来考虑混合知识源，进而对文档进行分类。

10.4.1 使用深度学习的基本文档分类

首先，我们将引入一个深度学习模型的基本流水线，来执行文本分类。

10.4.1.1 数据集：欺骗性语言（假的酒店评论）

作为第一个数据集，我们将使用欺骗性的垃圾评论数据集[⊖]。请参阅下面的练习，以了解有关假新闻检测的几个更具挑战性的数据集。

这个语料库包括：

- 来自 TripAdvisor 中 400 个真实的正面评论。
- 来自 Mechanical Turk 中 400 个欺骗性的正面评论。
- 来自 Expedia、Hotels.com、Orbitz、Priceline、TripAdvisor 和 Yelp 的 400 个真实的负面评论。
- 来自 Mechanical Turk 的 400 个欺骗性负面评论。

这个数据集在 Ott 等人的论文中有更详细的描述 [133, 134]。为了方便起见，我们将数据集作为 GitHub 仓库的一部分。

```
In [ ]: %ls

In [ ]: %cd /content
        !git clone https://github.com/hybridnlp/tutorial
        !head -n2 /content/tutorial/datasamples/deceptive-opinion.csv
```

最后两行显示了数据集中作为带有逗号分隔值的各种字段的文件。就目的而言，我们只对以下字段感兴趣：

- deceptive：这是真实的还是欺骗性的。
- text：评论的纯文本。

其他字段：hotel（名称）、polarity（正面或负面）和 source（评论来自哪里）与这个练习没有关系。

首先，我们将数据集加载到一种更容易输入的文本分类模型的格式中。我们需要的是一个带有这些字段的对象：

- texts：一个文本的数组。
- categories：一个文本化标签的数组（例如，真实或者欺骗性）。
- tags：一个整数标签的数组（类别）。
- id2tag：从整数标识符到标签文本标识符的映射。

⊖ http://myleott.com/op-spam.html。

下面的执行单元会生成这样一个对象：

```
In [ ]: import pandas as pd # for handling tables a DataFrames
        import tutorial.scripts.classification as clsion # for text classification

In [ ]:
hotel_df = pd.read_csv('/content/tutorial/datasamples/deceptive-opinion.csv',
        names=["deceptive", "hotel", "polarity", "source", "text"])
hotel_df = hotel_df[1:].reset_index() # first row is the header, so remove
hotel_wnscd_df = pd.read_csv(
    '/content/tutorial/datasamples/deceptive-opinion.tlgs_wnscd',
    names=['text_tlgs_wnscd'])
hotel_df = pd.concat([hotel_df, hotel_wnscd_df], axis=1)
raw_hotel_ds = clsion.read_classification_corpus(
    hotel_df, text_fields=['text'], tag_field='deceptive')
raw_hotel_wnscd_ds = clsion.read_classification_corpus(
    hotel_df, text_fields=['text_tlgs_wnscd'], tag_field='deceptive')
```

实际上，前面的执行单元加载了数据集的两个版本：

- raw_hotel_ds 包含了初始发布的实际文本。
- raw_hotel_wnscd_ds 提供了 WordNet 消除歧义后的 tlgs 标记化（有关此格式的更多细节，请参见 Vecsigrafo 上的 6.5 节）。

这是必要的，因为我们在使用 WordNet 时没有一个 Python 方法来自动消除文本中的歧义，所以我们在本教程中提供了这个消除歧义的版本作为 GitHub 仓库的一部分。

```
In [ ]: hotel_df[:5]
```

我们可以从这两个数据集中打印两个例子。

```
In [ ]: clsion.sanity_check(raw_hotel_ds)
```

```
In [ ]: clsion.sanity_check(raw_hotel_wnscd_ds)
```

清理原始文本通常会产生更好的结果，我们可以执行如下的操作：

```
In [ ]: cl_hotel_ds = clsion.clean_ds_texts(raw_hotel_ds)
        clsion.sanity_check(cl_hotel_ds)
```

10.4.1.2 对数据集标记化并建立索引

如前所述，原始数据集由文本、类别和标签组成。在将文本传递到深度学习架构之前，有很多不同的方法来处理它们，但通常包括：

- **标记化**：如何将每个文件分割成可以用向量表示的基本形式。在本节中，我们将使用标记化来产生单词和同义词集，但也有一些架构可以接受字符级别或 n-gram 字符。
- 文本的**索引**：在这一步中，将标记化的文本与**词汇表**（或者，如果没有提供词汇表，可以使用它创建词汇表）进行比较，后者是一个单词的列表，这样就可以为每个标记分配一个唯一的整数标识符。读者需要这样做，以便把标记表示为嵌入或矩阵中的向量。因此，拥有一个标识符将使读者能够知道矩阵中的哪一行对应于词汇表中的哪些标记。

GitHub 仓库的教程中包含了 clsion 库，已经为文本分类数据集提供了各种索引方法。在下一个执行单元中，我们将使用空格标记的简单索引，并基于输入数据集创建词汇表。

```
In [ ]: csim_hotel_ds = clsion.simple_index_ds(cl_hotel_ds)
```

由于词汇表是基于数据集创建的，数据集中的所有标记也都在词汇表中。在下一节中，我们将看到在索引期间提供嵌入的示例。

下面的单元中打印了索引数据集的一些特征：

```
In [ ]: print(
            'vocab size:', len(csim_hotel_ds['vocab_embedding']['w2i']),
            'dim:', csim_hotel_ds['vocab_embedding']['dim'],
            'vectors:', csim_hotel_ds['vocab_embedding']['vecs'])
```

输出可以让我们看到词汇表非常小（大约 1.1 万个单词）。默认情况下，它指定的词汇表嵌入应为 150 维，但不指定向量。这意味着模型可以为 1.1 万个单词分配随机嵌入。

10.4.1.3　定义可运行的实验

clsion 库允许我们指定要进行的实验。给定一个索引数据集，我们可以通过指定以下各种超参数来执行文本分类实验：

```
In [ ]: experiment1 = {
            'hotel_csim': {
                'indexed_dataset': csim_hotel_ds,
                'executor': clsion.execute_experiment,
                'hparams': clsion.merge_hparams([
                    clsion.common_hparams, clsion.biLSTM_hparams,
                    clsion.calc_hparams(csim_hotel_ds),
                    {
                        'epochs': 20
                    }
                ])
            }
        }
```

在底层，这个库根据请求创建了一个双向的 LSTM 模型（还可以创建其他模型的架构，如卷积神经网络）。

由于我们的数据集非常小，所以不需要非常深的模型。一个相当简单的双向 LSTM 就足够了。生成的模型将由以下层组成：

- **输入层**是一个形状张量 (*l*)，其中 *l* 是每个文档的标记数。第二个空参数，只要它们具有相同数量的标记，就允许我们传递不同数量的输入文档。

- **嵌入层**将每个输入文档（单词 id 的一个序列）转换为嵌入的一个序列。由于我们还没有使用预先计算的嵌入，因此这些嵌入将被随机生成，并使用模型中的其余参数进行训练。
- **LSTM 层**是一个或多个双向的 LSTM。详细地解释这些内容已经超出了本书的范围。可以这么说，每个层都遍历了序列中的每一个嵌入，考虑之前和之后的嵌入，并生成了一个新的嵌入。最后一层只生成一个嵌入，它表示整个文档。
- **密集层**是一个全连接的神经网络，它将最终层输出的嵌入映射为一个二维向量，这个向量可以与手动标记的标签进行比较。

最后，我们可以使用 `n_cross_val` 方法进行实验。这可能有点慢，取决于是否有一个 GPU 的环境，所以我们只训练一次这个模型。（实际上，由于随机初始化，模型结果可能会有所不同，所以通常最好多次运行相同的模型，以获得平均评估度量和模型的稳定性。）

```
In [ ]: ex1_df, ex1_best_run = clsion.n_cross_val(experiment1, n=1)
```

结果的第一个元素是一个包含测试结果和所用参数记录的 DataFrame。读者可以通过执行以下命令来检查：

```
In [ ]: ex1_df
```

10.4.1.4 讨论

在引入基于 Transformer 的架构之前，双向 LSTM 非常擅长适于文本的学习模式，是最常用的架构之一。然而，这种训练模型的方法会倾向于过度适应训练的数据集。由于我们的数据集相当小且狭窄：它只包含了关于酒店评论的文本，所以不应该期望这个模型能够检测关于其他产品或服务的虚假评论。同样，我们也不应期望这个模型能够适用于检测其他类型的欺骗性文本，如假新闻。

这个模型之所以与训练数据非常相关，是因为即便是词汇表也是从数据集中派生出来的：它会偏向于与酒店评论相关的单词（以及这些单词的意思）。关于其他产品、服务和主题的词汇表不能从输入数据集中学习到。

此外，由于没有使用预训练嵌入，模型必须根据"欺骗性"标记提供的信号从头学习嵌入的权重。它没有机会从更广泛的语料库中了解更多的词汇之间的通用关系。

由于这些原因，正如我们将在以下章节展示的内容，使用预训练嵌入是一个好主意。

10.4.2 使用 HolE 的嵌入

在本节中，我们使用通过 HolE 学习并在 WordNet 3.0 上训练的嵌入。正如在前面的章节中看到的，特别是第 5 章，这样的嵌入捕获了 WordNet 知识图谱中指定的关系。因此，同义词集嵌入倾向于编码有用的知识。然而，从知识图谱中学习的词元嵌入往往质量较差（与从大型文本语料库中学习相比）。

10.4.2.1 下载嵌入

我们将执行以下单元下载并解压嵌入。作为本教程的一部分，如果读者最近执行了之前的 Jupyter Notebook，那么在环境中可能存在以下这些内容。

```
In [ ]:
!mkdir /content/vec/
%cd /content/vec/
!wget https://zenodo.org/record/1446214/files/wn-en-3.0-HolE-500e-150d.tar.gz
!tar -xzf wn-en-3.0-HolE-500e-150d.tar.gz

In [ ]: %ls /content/vec/
```

10.4.2.2 加载嵌入并通过 clsion 转换为预期的格式

提供的嵌入是在 swivel 中的"二进制 + 单词"格式。但是，clsion 库需要不同的 Python 数据结构。此外，将数据集中的词元与纯文本相匹配要比使用 lem_<lemma_word> 的格式对 HolE 词汇表进行编码容易得多。因此，我们需要对词汇表进行一些清理。这发生在下列执行单元中：

```
In [ ]:
import tutorial.scripts.swivel.vecs as vecs
vocab_file = '/content/vec/wn-en-3.1-HolE-500e.vocab.txt'
holE_voc_file = '/content/vec/wn-en-3.1-HolE-500e.clean.vocab.txt'
with open(holE_voc_file, 'w', encoding='utf_8') as wf:
  with open(vocab_file, 'r', encoding='utf_8') as f:
    for word in f.readlines():
      word = word.strip()
      if not word:
        continue
      if word.startswith('lem_'):
        word = word.replace('lem_', '').replace('_', ' ')
      print(word, file=wf)
vecbin = '/content/vec/wn-en-3.1-HolE-500e.tsv.bin'
wnHolE = vecs.Vecs(holE_voc_file, vecbin)
In [ ]:
import array
import tutorial.scripts.swivel.vecs as vecs

def load_swivel_bin_vocab_embeddings(bin_file, vocab_file):
    vectors = vecs.Vecs(vocab_file, bin_file)
    vecarr = array.array(str('d'))
    for idx in range(len(vectors.vocab)):
        vec = vectors.vecs[idx].tolist()[0]
        vecarr.extend(float(x) for x in vec)
    return {'itos': vectors.vocab,
```

```
                'stoi': vectors.word_to_idx,
                'vecs': vecarr,
                'source': 'swivel' + bin_file,
                'dim': vectors.vecs.shape[1]}
wnHolE_emb=load_swivel_bin_vocab_embeddings(vecbin, holE_voc_file)
```

现在，我们已经有了正确格式的 WordNet HolE 嵌入，可以探索词汇表中的一些
"单词"：

```
In [ ]: wnHolE_emb['itos'][150000] # integer to string
```

10.4.2.3　标记化并索引数据集

与前一种情况（参见 10.4.1.2 节）一样，我们需要对原始数据集进行标记化。但是，
由于现在可以访问 WordNet HolE 的嵌入，因此使用 WordNet 消歧版本的文本（`raw_hotel_wnscd_ds`）是有意义的。`clsion`库已经提供了一个 `index_ds_wnet` 方法，
用于执行预期同义词集的 WordNet 编码的标记化和索引。

```
In [ ]: wn_hotel_ds = clsion.index_ds_wnet(raw_hotel_wnscd_ds, wnHolE_emb)

In [ ]: print(
            'vocab size:', len(wn_hotel_ds['vocab_embedding']['w2i']),
            'dim:', wn_hotel_ds['vocab_embedding']['dim'])
```

上面的代码生成了输入文本的 `ls` 标记化，这意味着每个原始标记都被映射到词元
和同义词集。然后，模型将使用这两个标记，并将每个标记映射到词元和同义词集嵌
入的连接处。由于 WordNet HolE 有 150 个维度，每个标记将由一个 300 维的嵌入（词
元和同义词集嵌入的连接）来表示。

10.4.2.4　定义实验并运行

我们使用这个新的数据集来定义如下实验，主要的变化是不希望嵌入层是可训练
的，因为我们想要保持通过 HolE 从 WordNet 学到知识。该模型应该只训练 LSTM 和
密集层来预测输入的文本是否具有欺骗性。

```
In [ ]: experiment2 = {
            'hotel_wn_holE': {
                'indexed_dataset': wn_hotel_ds,
                'executor': clsion.execute_experiment,
                'hparams': clsion.merge_hparams([
                    clsion.common_hparams, clsion.biLSTM_hparams,
                    clsion.calc_hparams(wn_hotel_ds),
                    {
                        'epochs': 20,
                        'emb_trainable': False
                    }
                ])
            }
        }

In [ ]: ex2_df, ex2_best_run = clsion.n_cross_val(experiment2, n=1)
```

像以前一样，读者可以按以下方式查看训练的结果：

```
In [ ]: ex2_df
```

10.4.2.5 讨论

尽管该模型的性能比 csim 版本差，但可以预期该模型会适用于密切相关的领域。我们希望，对即使在训练数据集中没有出现的单词，该模型也能够利用从 WordNet 中学到的嵌入相似性来归纳"欺骗性"的分类。

10.4.3 使用 Vecsigrafo UMBC WNet 的嵌入

10.4.3.1 下载嵌入

如果读者执行了之前的 Jupyter Notebook，可能已经在环境中存在这些嵌入。

```
In [ ]:
%mkdir /content/umbc
%mkdir /content/umbc/vec
full_precomp_file = 'vecsigrafo_umbc_tlgs_ls_f_6e_160d_row_embedding.tar.gz'
full_precomp_url = 'https://zenodo.org/record/1446214/files/' + full_precomp_file
full_precomp_targz = '/content/umbc/vec/tlgs_wnscd_ls_f_6e_160d_row_embedding.tar.gz'
!wget {full_precomp_url} -O {full_precomp_targz}

In [ ]: !tar -xzf {full_precomp_targz} -C /content/umbc/vec/
        full_precomp_vec_path = '/content/umbc/vec/vecsi_tlgs_wnscd_ls_f_6e_160d'
```

因为这些嵌入是作为 tsv 文件发布的，所以我们可以使用 load_tsv_embeddings 方法。具备所有 140 万词汇元素的模型训练需要大量的内存，因此我们限定为前 25 万个词汇元素（这些是 UMBC 中最常见的词元和同义词集）。

```
In [ ]:
def simple_lemmas(word):
  if word.startswith('lem_'):
    return word.replace('lem_', '').replace('_', ' ')
  else:
    return word

wn_vecsi_umbc_emb = clsion.load_tsv_embeddings(
full_precomp_vec_path + '/row_embedding.tsv',
max_words=250000,
word_map_fn=simple_lemmas
)
```

10.4.3.2 标记化并索引数据集

```
In [ ]:
wn_v_umbc_hotel_ds = clsion.index_ds_wnet(raw_hotel_wnscd_ds, wn_vecsi_umbc_emb)

In [ ]: print(
            'vocab size:', len(wn_v_umbc_hotel_ds['vocab_embedding']['w2i']),
            'dim:', wn_v_umbc_hotel_ds['vocab_embedding']['dim'])
```

10.4.3.3 定义实验并运行

```
In [ ]: experiment3 = {
            'hotel_wn_vecsi_umbc': {
                'indexed_dataset': wn_v_umbc_hotel_ds,
                'executor': clsion.execute_experiment,
                'hparams': clsion.merge_hparams([
                    clsion.common_hparams, clsion.biLSTM_hparams,
                    clsion.calc_hparams(wn_v_umbc_hotel_ds),
                    {
                        'epochs': 20,
                        'emb_trainable': False
                    }
                ])
            }
        }

In [ ]: ex3_df, ex3_best_run = clsion.n_cross_val(experiment3, n=1)

In [ ]: ex3_df
```

10.4.4 HoLE 和 UMBC 嵌入的结合

嵌入作为知识表示装置的优势之一是可以简单地进行组合。在之前的实验中，我们尝试使用词元和同义词集嵌入的原因在于：

- WordNet via HoLE：这些嵌入的编码来自 WordNet 知识图谱结构的知识。
- UMBC 语料库的浅层连接消歧：这些嵌入编码的知识来自试图从其上下文预测的词元和同义词集。

由于这些嵌入编码了不同类型的知识，因此在将它们传递到深度学习模型时，同时使用这两种嵌入可能非常有用，如本节所示。

组合嵌入

我们使用 concat_embs 方法，它将遍历两个输入嵌入的词汇表并将它们连接起来。一个词汇表中缺少的嵌入将映射到零向量。注意，由于 wnHoLE_emb 的维数为 150，而 wn_vecsi_umbc_emb 的维数为 160，因此嵌入结果的维数为 310。（除了连接之外，还可以尝试其他合并操作，比如对嵌入进行累加、减法或平均值计算。）

```
In [ ]: wn_vh_emb = clsion.concat_embs(wn_vecsi_umbc_emb, wnHoLE_emb)

In [ ]:
synsets = [w for w in wn_vh_emb['itos'] if w.startswith('wn31_')]
print('vocab has ', len(wn_vh_emb['itos']), '"words"', len(synsets),
    'of which are synsets')

In [ ]: wn_vh_hotel_ds = clsion.index_ds_wnet(raw_hotel_wnscd_ds, wn_vh_emb)

In [ ]: experiment4 = {
            'hotel_wn_vecsi_umbc': {
                'indexed_dataset': wn_vh_hotel_ds,
                'executor': clsion.execute_experiment,
```

```
                'hparams': clsion.merge_hparams([
                    clsion.common_hparams, clsion.biLSTM_hparams,
                    clsion.calc_hparams(wn_vh_hotel_ds),
                    {
                        'epochs': 20,
                        'emb_trainable': False
                    }
                ])
            }
        }
```

```
In [ ]: ex4_df, _ = clsion.n_cross_val(experiment4, n=1)
```

10.4.5 讨论与结果

在本节中，我们展示了如何使用不同类型的嵌入作为深度学习文本分类流水线的一部分。我们还没有对这个 Jupyter Notebook 中使用的基于 WordNet 的嵌入进行详细的实验，由于数据集实在太小，结果可能会有相当大的差异，且结果取决于初始化参数。然而，我们已经对基于 Cogito 的嵌入进行了研究。下面的表格显示了一些结果：

Code	μ acc	σ acc	tok	vocab	emb	Trainable
sim	0.8200	0.023	ws	ds	random	y
tok	0.8325	0.029	keras	ds	random	y
csim	0.8513	0.014	clean ws	ds	random	y
ctok	0.8475	0.026	clean keras	ds	random	y

第一组结果与上面的实验 1 相对应，除了探索各种标记化策略，我们还训练了嵌入。

正如上面所讨论的，这种方法产生了最好的测试结果，但是训练好的模型对于训练数据集是非常特定的。因此，当前 BiLSTM 或类似架构的实践是使用了预训练的词嵌入（尽管现在要被基于 Transformer 架构的简单微调所取代，我们将其留作练习）。fastText 嵌入倾向于产生最佳效果。我们得到了以下结果：

Code	μ acc	σ acc	tok	vocab	emb	Trainable
ft-wiki	0.7356	0.042	ws	250K	wiki-en.vec	n
ft-wiki	0.7775	0.044	clean ws	250K	wiki-en.vec	n

接下来，我们尝试使用在 sensigrafo 14.2 训练的 HolE 嵌入，结果非常糟糕：

Code	μ acc	σ acc	tok	vocab	emb	Trainable
HolE_sensi	0.6512	0.044	cogito s	250K	HolE-en.14.2_500e	n

然后，我们尝试使用 Wikipedia 和 UMBC 上的 Vecsigrafo，或者只使用词元，或者只使用 syncons，或者同时使用词元和 syncons。同时使用词元和 syncons 总是被证明效果更好。

Code	μ acc	σ acc	tok	vocab	emb	Trainable
v_wiki_l	0.7450	0.050	cogito l	250K	tlgs_ls_f_6e_160d	n
v_wiki_s	0.7363	0.039	cogito s	250K	tlgs_ls_f_6e_160d	n
v_wiki_ls	0.7450	0.032	cogito ls	250K	tlgs_ls_f_6e_160d	n
v_umbc_ls	0.7413	0.038	cogito ls	250K	tlgs_ls_6e_160d	n
v_umbc_l	0.7350	0.041	cogito l	250K	tlgs_ls_6e_160d	n
v_umbc_s	0.7606	0.032	cogito s	250K	tlgs_ls_6e_160d	n

最后，像上面的实验 4 那样，我们连接了 Vecsigrafos（词元和 syncons）和 HolE 嵌入（只有 syncons，因为词元往往质量很差）。最好的结果是平均检验准确率为 79.31%。这仍然低于 csim，但我们希望这个模型更通用，并适用于酒店评论以外的其他领域。

Code	μ acc	σ acc	tok	vocab	emb	Trainable
vw_H_s	0.7413	0.033	cogito s	304K	tlgs_lsf, HolE	n
vw_H_ls	0.7213	0.067	cogito ls	250K	tlgs_lsf, HolE	n
vw_ls_H_s	0.7275	0.041	cogito ls	250K	tlgs_lsf, HolE	n
vu_H_s	0.7669	0.043	cogito s	309K	tlgs_ls, HolE	n
vu_ls_H_s	0.7188	0.043	cogito ls	250K	tlgs_ls, HolE	n
vu_ls_H_s	0.7225	0.033	cogito l	250K	tlgs_ls, HolE	n
vu_ls_H_s	0.7788	0.033	cogito s	250K	tlgs_ls, HolE	n
vu_ls_H_s	0.7800	0.035	cl cog s	250K	tlgs_ls, HolE	n
vu_ls_H_s	0.7644	0.044	cl cog l	250K	tlgs_ls, HolE	n
vu_ls_H_s	**0.7931**	0.045	cl cog ls	250K	tlgs_ls, HolE	n
vu_ls_H_s	0.7838	0.028	cl cog s	500K	tlgs_ls, HolE	n
vu_ls_H_s	?	?	cl cog l	500K	tlgs_ls, HolE	n
vu_ls_H_s	0.7819	0.035	cl cog ls	500K	tlgs_ls, HolE	n

我们最终开始尝试上下文嵌入，特别是在文献 [107] 中描述的 ELMo。然而，我们没能用这种方法再现出好的结果。

Code	μ acc	σ acc	tok	vocab	emb	Trainable
elmo	0.7250	0.039	nltk sent	∞	elmo-5.5B	n(0.1dropout)
elmo	0.7269	0.038	nltk sent	∞	elmo-5.5B	n(0.5dropout,20ep)

我们还没有尝试应用更新的上下文嵌入方法，但基于其他地方报告，我们认为这些方法应该会产生非常好的结果。鼓励读者使用在 3.4.2.1 节中引入的 Huggingface Transformer 库为此任务微调 BERT。

在这个章节的练习中，我们研究了创建一个检测欺骗性语言的模型所涉及的内容。我们看到，组合不同来源的嵌入可以提高模型的效果。我们还看到，当训练这样的模型时，总是要考虑模型在使用不同训练集的数据时表现如何。

在 10.3 节中，我们创建了一个关于断言的数据库，这些断言已经被事实核查人员审查过了。这个数据库的主要缺点是数据量非常有限，因此，我们认为有更多的自动化方法来判断一个文档是否应该被信任是有用的。在这一节中，我们已经创建了一个模型来做到这一点。所提供的模型只是许多自动化模型中的一个，这些模型可以被用来估计文本文档的可信度（参见 10.2 节中的其他方法）。假设我们能够实现这些模型，或可以使用其他人已经实现的这些模型，那么下一个问题是：我们如何把自动估算与带有人工注释的断言数据库结合起来呢？在下一节中，我们将介绍一种实现的具体方法。

10.5   通过一个知识图谱得到传播虚假信息的评分

在前面的章节中，我们已经知道了如何构建一个分类器来检测文本中的欺骗性语言，并且认识到要构建这样一个能够泛化很好的模型并不容易。我们还可以建立深度学习模型，以确定两个句子在语义上是否相似。在这个 Jupyter Notebook 中，我们研究了如何使用实体和断言的知识图谱，根据有限数量的人类可信度评分为所有实体分配可信度评分。

在本节中，我们将使用 kg-disinfo 库[○]来获得基于知识图谱的可信度估计。给定一个知识图谱和少量包含（缺少）可信性评分的种子节点（用数值表示），系统使用一个度量传播算法来估计邻近节点（没有以前的分数）的（缺少）可信性评分。使用的知识图谱是从 Data Commons claimReview datafeed[◎]创建的。kg-disinfo 实现了一个可信度评分的传播算法，称为 appleseed，首次发表于文献 [201]。

10.5.1 Data Commons ClaimReview 的知识图谱

为了构建知识图谱，我们处理 Data Commons claimReview datafeed[◎]。这是一个 json-ld[㉔]图，由 claimReview 列表组成。这样的一个 claimReview 例子如下：

```
{'@type':'DataFeedItem',
 'dateCreated':'2019-09-26T04:54:30.135723+00:00',
 'item': [{
 '@context':'http://schema.org',
 '@type':'ClaimReview',
 'author': {
```

○   https://github.com/rdenaux/kg-disinfo。

◎   https://github.com/rdenaux/kg-disinfo。

◎   https://storage.googleapis.com/datacommons-feeds/claimreview/latest/data.json。

㉔   https://json-ld.org。

```
          '@type':'Organization',
          'name':'Fact Crescendo',
          'url':'https://www.factcrescendo.com/'},
      'claimReviewed':'police found weapons hidden in a motorcycle in Jammu and Kashmir',
      'datePublished':'2019-09-25',
      'itemReviewed': {
        '@type':'Claim',
        'author': {
          '@type':'Person',
          'name':'Dinesh Gajera'},
        'datePublished':'2019-09-24',
        'firstAppearance':{
          '@type':'CreativeWork',
          'url':'https://www.facebook.com/dinesh.gajera.5015/videos/224778855168984/'}},
    'reviewRating': {
      '@type':'Rating',
      'alternateName':'FALSE'},
    'sdPublisher': {
      '@type':'Organization',
      'name':'Google Fact Check Tools',
      'url':'https://g.co/factchecktools'}}],
    'url':'https://www.factcrescendo.com/fact-check-...-police-...-in-jammu-and-kashmir/'}
```

在本节中，我们将只使用图谱中的几个实体，即通过路径访问的实体：

- claimReviewed,
- itemReviewed->author->name,
- itemReviewed->firstAppearance->url, and
- reviewRating->alternateName or reviewRating->rantingValue, when available.

10.5.1.1　知识图谱模式与可信度注入

为了创建所需的知识图谱，我们需要知道如何以 kg-disinfo 期望的格式来指定图谱并注入。要点如下：

- 图只是节点之间加权和有向边的列表。

- 注入是为传播度量指标的某些节点分配初始值。在我们的例子中，这些是不可信度评分。

- 边的权重控制了注入值如何在图中节点之间传播。读者可以根据节点定义不同的权重。

在模式级别，图和传播权重可以如下所示：

```
{
  "edges" : [ {
    "src-node" : "claim",
    "tgt-node" : "author",
    "meta" : {
      "weight" : 0.7,
      "explanation" : "Credibility of an author is based on the credibility of his claims",
      "name" : "hasAuthor"
    }
  }, {
    "src-node" : "author",
```

```
              "tgt-node" : "claim",
              "meta" : {
                "weight" : 0.5,
                "explanation" : "Credibility of a claim depends on who claims it",
                "name" : "AuthorOf"
              }
          }, {
              "src-node" : "claim",
              "tgt-node" : "publisherDomain",
              "meta" : {
                "weight" : 0.7,
                "explanation" : "Credibility of a publisher depends on the credibility of its claims",
                "name" : "published_in"
              }
          }, {
              "src-node" : "publisherDomain",
              "tgt-node" : "claim",
              "meta" : {
                "weight" : 0.5,
                "explanation" : "Credibility of a claim depends on who publishes it",
                "name" : "published"
              }
          }, {
              "src-node" : "claim",
              "tgt-node" : "article",
              "meta" : {
                "weight" : 0.7,
                "explanation" : "Credibility of an article depends on its claims",
                "name" : "appears_in"
              }
          }, {
              "src-node" : "article",
              "tgt-node" : "claim",
              "meta" : {
                "weight" : 0.5,
                "explanation" : "If an article is not credible, its claims are also less credible",
                "name" : "includes_claim"
              }
          }, {
              "src-node" : "claimReview_altName",
              "tgt-node" : "claim",
              "meta" : {
                "weight" : 1.0,
                "explanation" : "ClaimReview is the source of credibility",
                "name" : "is_reviewAltNameOf"
              }
          }
        ]
    }
```

注意，考虑到两个节点之间的某种关系应该传播多少不可信度值，目前的权重是由我们任意定义的。实际上，图的模式可能是隐式的，当读者将 Data Commons ClaimReview 数据集转换为这种格式时，将只看到图中节点之间的实例级关系，如下一节所示。

10.5.1.2 Data Commons ClaimReview 知识图谱的实例

一旦我们处理了 Data Commons claimReview datafeed，JSON 表示法中的知识图谱是这样的：

```
{
    "edges": [
        {
            "src-node": "Kamel Daoud Sentenced in Algeria for Injuries on His Wife",
            "tgt-node": "Oumma",
            "meta": {
                "weight": 0.7,
                "name": "hasAuthor",
                "explanation": "Credibility of an author is based on their claims"
            }
        },
        {
            "src-node": "Oumma",
            "tgt-node": "Kamel Daoud Sentenced in Algeria for Injuries on His Wife",
            "meta": {
                "weight": 0.5,
                "name": "AuthorOf",
                "explanation": "Credibility of a claim depends on who claims it"
            }
        },
        {
            "src-node": "Kamel Daoud Sentenced in Algeria for Injuries on His Wife",
            "tgt-node": "oumma.com",
            "meta": {
                "weight": 0.7,
                "name": "published_in",
                "explanation": "Credibility of a publisher depends on published claims"
            }
        },
        {
            "src-node": "oumma.com",
            "tgt-node": "Kamel Daoud Sentenced in Algeria for Injuries on His Wife",
            "meta": {
                "weight": 0.5,
                "name": "published",
                "explanation": "Credibility of a claim depends on who publishes it"
            }
        },
        {
            "src-node": "Kamel Daoud Sentenced in Algeria for Injuries on His Wife",
            "tgt-node": "https//oumma.com/kamel-daoud-condamne-en-...-contre-sa-femme/",
            "meta": {
                "weight": 0.7,
                "name": "appears_in",
                "explanation": "Credibility of an article depends on its claims"
            }
        },
        {
            "src-node": "https//oumma.com/kamel-daoud-condamne-en-...-contre-sa-femme/",
            "tgt-node": "Kamel Daoud Sentenced in Algeria for Injuries on His Wife",
            "meta": {
                "weight": 0.5,
                "name": "includes_claim",
                "explanation": "If an article is not credible, neither are its claims"
            }
        },
        {
            "src-node": "Wrong. Kamel Daoud reacted to the news and denied it",
            "tgt-node": "Kamel Daoud Sentenced in Algeria for Injuries on His Wife",
            "meta": {
                "weight": 0.85,
                "name": "is_reviewAltnameOf",
                "explanation": "ClaimReview is the source of credibility"
            }
        }, ...
    ]
}
```

10.5.1.3　Data Commons ClaimReview 的不可信度评分

如果 ClaimReview 包含了 reviewRating，则这是介于一个范围之间的数值。但是，数据中常常会缺少 reviewRating 值。在这种情况下，我们使用 claimReview 的 alternateName 值。为了获得不可信度评分，我们在可能的情况下对 rantingValue 的数值进行规范化，如果不行，我们在 alternateName 上应用启发式规则来获得一个不可信度评分。

下面是各种评论可信度评分的一个例子：

```
{
    "injection": {
        "Wrong. Kamel Daoud reacted to the news and denied it": 1.0,
        "Three Pinocchios": 0.8,
        "MISLEADING": 0.75,
        "FALSE": 1.0,
        "Sesat": 0.75,
        "Falso": 1.0,
        "Error": 0.0,
        "Partial error": 0.25,
        "Wrong. The doctor was sentenced to 18 months in prison, including 6 farms.": 0.75,
        "False": 0.4,
        "We Explain the Research": 0.5,
        "To know is to see the face of God": 0.33333333333333337,
        "THis is custom text": 0.5,
        "Pants on Fire": 0.4444444444444444,
        "Mostly False": 0.6666666666666667,
        "Who, really... can ever know?": 1.0,
        "Half True": 0.7777777777777778,
        "Half true": 0.5,
        "Stunt ad makes false claim": 0.5,
        "Ryan Allowed Them": 0.5,
        "This is misleading": 0.75,
        "False.": 1.0,
        "True": 0.0,
        "This is misleading.": 0.75,
        "This is exaggerated.": 0.75,
        "This is misleading. ": 0.75,
        "True.": 0.0,
        "Maybe.": 0.5,
        "False. ": 1.0
    }
}
```

我们可以看到，在某些情况下，不可信度是 0.0（如"Error"：0.0），但是它应该是 1.0，这是因为给定的评级可能在源数据集中编码不正确。在其他一些情况下（"我们解释研究"：0.5），我们不能知道某一节点的不可信度评分，这时候，我们默认分配 0.5。因此，这些评级不应被视为一个基本事实（有人可能已经创建了一个虚假的 claimReview），而是作为一个可信度的估计。

10.5.2　不可信度评分的传播

10.5.2.1　模式级别的不可信度传播

为了更好地理解传播是如何工作的，我们将首先在模式级别演示它。为了运行它，我们需要：

- 本教程的代码，因为它包含了将要使用的知识图谱数据。
- `kg-disinfo` 发行版，这是一个 java 的 `jar` 文件。

```
In [ ]: %cd /content
        !git clone https://github.com/hybridnlp/tutorial
In [ ]: !wget https://github.com/rdenaux/kg-disinfo/releases/download/0.2.0/\
  kg-disinfo-0.2.0-standalone.jar
... - 'kg-disinfo-0.2.0-standalone.jar' saved [23612836/23612836]
```

现在，我们可以在一个示例图谱上执行 `kg-disinfo`，应用中的主要参数是：

- `-g` 是 json 图的路径（如上所示的边列表）。
- `-i` 是 json 注入的路径（从图中的节点到初始不可信度的映射）。
- `--generate-viz` 是一个可选参数，它告诉 `kg-disinfo` 生成图的可视化效果。

```
In [ ]: !java -jar kg-disinfo-0.2.0-standalone.jar \
  -g tutorial/datasamples/datacommons-claimreview-kg/datacommons_schema_graph.json \
  -i tutorial/datasamples/datacommons-claimreview-kg\
  /datacommons_schema_graph_injections.json \
  --generate-viz svg
```

要查看注入的分数（在传播之前）：

```
In [ ]: from IPython.display import SVG, display

In [ ]:dir = 'tutorial/datasamples/datacommons-claimreview-kg/'
        SVG(filename= dir + 'datacommons_schema_graph_base_with_seed.svg')
```

这会打印一个如图 10.1 所示的图形。其思想是"claimReview_altName"节点注入了 1.0 的不可信度评分。然后，在运行 kg-disinfo 应用程序时，通过近邻传播这个评分。传播后的评分如图 10.2 所示。

这里我们可以看到 `claimReview_altName` 的不可信度首先被传播到 `claim`，然后通过相邻的节点传播。

10.5.2.2　实例级别的不可信度传播

现在是使用 Data Commons claimReview 知识图谱运行 `kg-disfo` 的时候了，了解不可信度评分是如何在图中传播的。

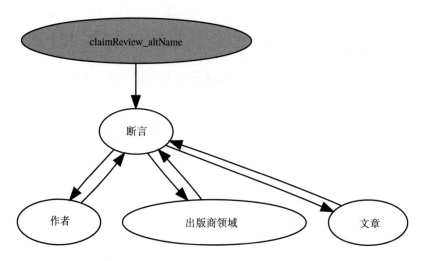

图 10.1   初始注入节点 `claimReview_altName` 的知识图谱模式

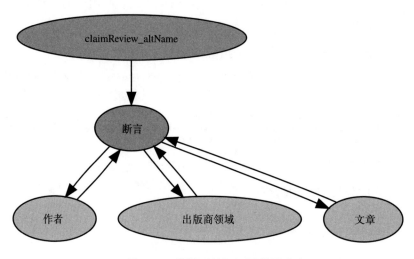

图 10.2   传播后的知识图谱模式

```
In [ ]: !java -jar kg-disinfo-0.2.0-standalone.jar \
    -g tutorial/datasamples/datacommons-claimreview-kg/datacommons-graph.json \
    -i ntutorial/datasamples/datacommons-claimreview-kg/datacommons-graph_injections.json \
    --generate-viz svg
```

读者应该可以看到该程序打印的输出，这不需要太多的时间，因为我们只用一小部分（100 个 claimReview）的数据（超过 2000 个 claimReview）创建了知识图谱。

该命令输出可视化图形为 SVG 的文件。然而，即使对于相对较小的 100 个 claimReview 图，如果我们没有使用过滤和缩放的工具，也很难直观地检查这个图。我们鼓励读者在浏览器或其他 SVG 查看器上加载生成的文件。如果读者在 Jupyter 环境或 Google Colaboratory 上执行本节，可以使用以下命令查看 SVG：

```
In [ ]: SVG(filename= dir + 'datacommons-graph_base_with_seed.svg')
```

如果这样做，读者应该能够看到我们的知识图谱中有不与其他子图连接的子图，唯一有颜色的节点是那些具有初始不可信度评分的节点，它们对应于 claimReview_altName 类型的节点。

类似地，读者可以在传播之后显示图表：

```
In [ ]: SVG(filename= dir + 'datacommons-graph_base_scored.svg')
```

读者应该能够看到，有些节点以前没有使用不可信度评分的估算。这不仅发生在断言上，也发生在作者、文章和出版商领域上。

当然，我们也可以得到每个节点的估计数字：

```
In [ ]:
import json
with open( dir + 'datacommons-graph_propagated.json') as json_file:
    data = json.load(json_file)

In [ ]: from collections import OrderedDict
        sorted_data = OrderedDict(sorted(data['scores'].items(),
                                         key=lambda kv: kv[1], reverse=True))
```

这会输出一个很长的值列表，其中：

```
Out[ ]: OrderedDict([
    ('Donald J. Trump', 0.6922187686181025),
    ('Falso', 0.4331510797439524),
    ('Who, really... can ever know?', 0.39875357252315535),
    ('Kamel Daoud Sentenced in Algeria for Injuries on His Wife',
     0.38533736548491027),
    ('False. ', 0.38211341999853476),
    ('FALSE', 0.380993216691560617),
    ...,
    ('Rubber bullets are supposed to be banned in Catalonia', 0.0),
    ('Error', 0.0),
    ('According to the Internet, "Papaya is the king of many medicines, and the US Dep',
     0.0),
    ('Pablo Iglesias', 0.0),
    ('True', 0.0)])
```

基于知识图谱的不可信度传播，除了 claimReview_altName 节点之外，一个最小的可信节点是"Donald J. Trump"。

10.5.2.3 讨论和进一步的改进

该算法将初始注入值分布在整个图中，但是在传播结束时所有注入值之和与初始注入值之和相同。这意味着最初的权重被稀释了，这使解释最终的评分变得困难。最后一个标准化步骤可以帮助解决这个问题。

当前，该算法只传播不可信度评分。然而，我们往往也有一个关于置信度分数的评分。最好有一种方法也可以传播这种置信度信息。

目前，我们只能对从 0.0 到 1.0 之间的不可信度评分进行传播。可以说，考虑可信度的一种更自然的方式是将可信度定义为从 –1（不可信）到 1（完全可信）之间的范围。

最后，值得注意的是，可信度注入可以有多种来源。ClaimReview 来自著名的事实核查机构，但也可以考虑选择其他的来源。例如，有各种各样的网站和服务为互联网领域提供信誉评分。

10.6　本章小结

在本章中，我们应用前几章介绍的混合自然语言处理技术，实现了几个原型来解决虚假信息和假新闻的问题。由于这是一个复杂的问题，没有简单的解决方案。实现的原型表明，虽然许多当前的技术可以应用在这一领域，但是它们都需要大量的工作才能正常运转：数据收集、数据清理、模型训练或微调、模型评估、模型结果的聚合（通过规则）等。除了虚假信息领域之外，本章所提出的大多数技术还可以应用于其他的问题领域，因此在遵循本章的实践部分之后，读者应该能够对所提出的方案进行改进，或者将它们应用于自己的复杂自然语言处理问题。

科学领域中文本与视觉信息的联合学习

摘要： 在本章中，我们将讨论领域中的多模态，不仅是文本，还包括图像，接下来我们将看到，科学图例和图表是当前任务的重要信息来源。与自然图像相比，理解科学图例对于机器来说尤其困难。然而，科学文献中有一个宝贵的信息来源至今仍未被开发，那就是一个图例与其标题之间的对应关系。我们在本章展示了通过观察大量的图例和阅读它们的说明所能学到的知识，并描述了一个利用这种观察的图例 – 标题对应关系的学习任务。在无监督的情况下训练视觉和语言网络，而不受限于图例与标题显示的成对约束，就可以成功地解决这一问题。我们也遵循前面的章节，并说明如何从知识图谱中迁移词法和语义知识，进而显著地丰富了结果的特征。最后，通过两个包含科学文本和图例的迁移学习实验，即多模态分类和机器理解的问答，展示了通过混合语义来丰富特征的积极作用。

11.1 引言

我们几乎来到了混合自然语言处理之旅的最后一站。读到这一章的读者现在已经熟悉了 Vecsigrafo 的概念及其基于神经语言模型的演变，了解了如何在虚假信息分析等实际应用中使用这些表示，以及如何检查它们的质量。在本章中，我们使事情更加复杂，不仅处理文本，还处理其他形式的信息，包括图像、图例和图表。在这里，我们展示了混合方法的优势，不仅涉及神经表示，还包括知识图谱，向读者展示了如何在这种情况下掌握它们来完成不同的任务。

为了这个目的，和第 8 章一样，我们聚焦在科学领域，这个领域词汇复杂，信息丰富，可以以多种形式呈现，而不仅仅是文本。先前的分析 [72] 产生了一个不同类型知识的清单，涉及如化学、生物或物理这样的科学学科，伴有几个细粒度的知识类型，如事实的、程序的、分类学的、数学的、图解的或表格式的知识。因此，要想成功地阅读和理解科学文献，无论是人类还是机器，都需要处理这些不同的表现形式，这仍然是当今一项具有挑战性的任务。

与人类思想的许多其他表现形式一样，科学论文通常采用叙述的形式，对于一种科学出版物，其中相关的知识以相互支持的方式通过不同的形式呈现出来。对于科学数据，如图像、图例和图表，通常会伴随着一个文本段落、一个标题，进而详细阐述这些以直观方式呈现的分析。本书所述的方法利用了从科学文献中提供的大量无监督资源中学习的潜力，这些文献中有数百万个图例及其标题，通过简单地看这些图例，阅读它们的标题，并了解它们是否对应。

理解自然图像一直是计算机视觉研究的一个主要领域，一般使用像 ImageNet[42]、Flickr8K[80]、Flickr30K[198] 和 COCO[104] 这样完善的数据集。然而，科学图例和图表等其他视觉表达方式的推理还没有得到同样的重视，并且存在着更多的挑战：科学图例更加抽象并具有象征性，其标题往往很长，使用专有词汇，科学图例与其标题之间的关系是独特的，即在科学出版物中，一般只有一个标题与一个图例对应，反之亦然。

本章研究的图例 – 标题对应（FCC）任务的课题是协同训练的一种形式[22]，其中有两个数据视图，每个视图提供了补充的信息。类似的双分支神经网络结构侧重于图像 – 句子[50, 187] 和音频 – 视频[5] 的匹配，也有其他像文献 [172] 这样的从图像和文本中学习的通用嵌入，然而，在这种情况下，一个或两个网络通常都是事先训练好的。

一些作者[161] 专注于几何学并最大限度地完成文本和视觉数据的一致性。在文献 [27] 中，作者应用机器视觉和自然语言处理从生物养护任务中的图例及相关文本中提取数据。在文献 [92] 中，他们将图表组件和连接器解析为图表解析图（Diagram Parse Graph，DPG），从语义上解释 DPG，并在图表问答模型中使用产生的特征。

文献 [179] 这样的知识融合方法，将跨越三种模式的信息整合到一个单一的潜在表示中，来研究用文本和自然图像补充知识图谱嵌入的潜力。然而，在这样做的时候，他们假设预训练的实体表示存在于每一个单独的模态中，例如编码一个球图像的视觉特征与标记"球"相关联的词嵌入，以及与球实体相关联的知识图谱嵌入，然后将它们缝合在一起。相比之下，FCC 是从图例及其标题中共同训练文本和视觉特征，并在训练过程中通过从知识图谱中迁移的词法和语义知识来丰富这些特征。

关于本章所描述的更多工作细节可以在文献 [69] 中找到，包括一个完整的关于模型激活的定性研究。与等效的单模态情况相比，该模型展示了文本和视觉语义辨别能力得到了改善的证据。所有的代码和数据，包括从不同数据集中提取的语料库，都可

以在 GitHub⊖中找到。实例包括 FCC 模型的训练代码、定性检验、与图像 – 句子匹配
方法的比较，以及在分类和问答中的应用，详见 11.8 节。

11.2　图例 – 标题对应分析的模型与架构

这项任务的主要思想是学习科学图例及它们在科学出版物上出现的标题之间的对
应关系。标题中捕获的信息用自然语言解释了相应的图例，为识别图例的关键特征提
供了指导，反之亦然。通过看一个图例并阅读标题中的文字描述，目的是学习捕获的
表达形式，例如，它意味着两个图是相似的或重点看起来像什么。

本质上，FCC 是一个二元分类任务，接收一个图例和一个标题，并确定它们是否
对应。对于训练来说，正相关对是从一系列的科学出版物中实际的图例和它们的标题
中提取的；负相关对是从图例和任何其他随机选择的标题组合中提取的。然后，神经
网络就可以从头学习文本和视觉特征，而不需要额外的标记数据。

为 FCC 任务提出的双分支神经结构（见图 11.1）非常简单。它包括三个主要部
分：分别提取视觉和文本特征的视觉子网络和语言子网络，以及一种融合子网络，融
合子网络从视觉和文本块中获取结果特征，并使用它们来评估图例 – 标题的对应
关系。

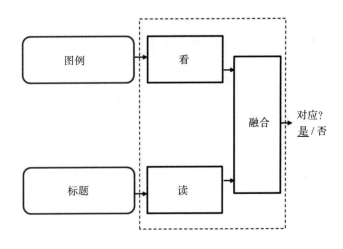

图 11.1　FCC 任务的双分支架构

视觉子网络遵循 VGG-style[170] 设计，有由四个块组成的 conv + conv + pool 层。
语言子网络基于文献 [96]，在输入端有 3 个卷积块和一个 300 维的嵌入层，最大序列

⊖　https://github.com/hybridNLP/look_read_and_enrich.

长度为 1000 个标记⊖。视觉子网络和语言子网络各自在最后一个卷积块中产生 512 维的向量。**融合子网络**计算视觉和文本特征中 512 维向量的元素乘积，形成一个向量 r，并产生一个双向分类输出（是否对应）。每种选择的概率是 r 的 softmax，例如 $\hat{y} = softmax(r) \in \mathbb{R}^2$。在训练过程中，正确选择的负对数概率最小。

现在，设 V 是来自一组文档 D 中的词汇表，让 L 表示这些词汇的词元，即没有形态或词性变化的基本形式，C 表示知识图谱中的概念（或意义）。在 V 中的每个单词 w_k，例如 made，都有一个词元 l_k（make），并且可能与 C 中的一个或多个概念 c_k 相关联（create 或 produce 等）。

对于每个单词 w_k，FCC 任务学习了一个 d-D 的嵌入 w_k，它可以与预训练的单词（w'_k）、词元（l_k）和概念（c_k）的嵌入相结合，生成单个向量 t_k。如果没有从外部来源迁移的预训练的知识，那么 $t_k = w_k$。请注意，D 之前已经对知识图谱进行了词元化和歧义消除，以便为每个特定出现的 w_k 选择正确的预训练词元和概念嵌入。式（11.1）显示了学习和预训练嵌入的不同组合：

（a）只有已学习的词嵌入。

（b）已学习和预训练的词嵌入。

（c）已学习的词嵌入和预训练的语义嵌入，包括了词元和概念嵌入，符合最近的研究结果 [39]。

$$t_k = \begin{cases} w_k & (a) \\ [w_k; w'_k] & (b) \\ [w_k; l_k; c_k] & (c) \end{cases} \qquad (11.1)$$

实验证明，与其他方法如求和、乘法、平均或不同表示的特定任务的权重学习相比，将神经网络学习的嵌入和预训练嵌入结合起来是最优的 [139]。由于某些单词可能没有与预训练的单词、词元或概念嵌入相关联，因此在需要时我们使用占位填充。t_k 的维数固定为 300，例如，在（a）、（b）和（c）中配置每个子向量的大小分别为 300、150 和 100。训练使用了 10 倍的交叉验证，学习率为 10^{-4} 及权重衰减为 10^{-5} 的 Adam 优化 [97]。该神经网络在 Keras 和 TensorFlow 上实现，批次大小为 32。正向和负向用例的数量在批次内是平衡的。

知识图谱嵌入方法，如 HolE[130] 和 Vecsigrafo[39]，可以用来学习并丰富预训练 FCC 特征的语义嵌入。与 Vecsigrafo 同时需要文本语料库和知识图谱相反，HolE 采

⊖ 注意，视觉和语言子网络的结构都可以被其他子网络所替代，包括（双向）LSTM 或基于神经语言模型的其他子网络。在这里，选择 CNN 是为了简单和便于检查。

用了基于图的方法，其中嵌入仅从知识图谱中学习。正如 11.4 节将要展示的，这使得 Vecsigrafo 在 FCC 任务中有一定的优势。继以前的工作[39]之后，这里使用的知识图谱也是 Sensigrafo，它是 Expert System 公司 Cogito NLP 平台的基础。正如本书前面介绍的那样，Sensigrafo 在概念上与 WordNet 相似。在训练 Vecsigrafo 之前，使用 Cogito 对文本语料库进行消歧。由 HolE 或 Vecsigrafo 产生的所有语义（词元和概念）嵌入均为 100 维。

接下来，我们将实际的 FCC 任务与两个监督基线进行了比较，并从定性的角度考察了由此产生的特征。然后，我们把学习科学图例与标题之间对应关系的任务置于更一般的图像－句子匹配情景中，以说明科学图例相对于自然图像的额外复杂性。

11.3　数据集

训练和评估使用了下列数据集：

语义学术语料库[3]（SemScholar）是由 AI2 提供的大型科学出版物数据集。我们从它的 3900 万篇文章中，下载了 330 万份 PDF 文件（其余的都需要付费或者无法链接），并通过软件 PDFFigures2[34]提取了 1250 万份图例和主题。随机选择 50 万篇论文作为样本，其中的图例和标题被用来训练 FCC 的任务，再选另外 50 万篇论文，其中的论文标题和文本摘要被用来训练 Vecsigrafo。

Springer Nature 的 SciGraph⊖包含了 700 万份由 22 个科学领域或分类组织起来的科学出版物。由于 SciGraph 没有提供出版物的 PDF 链接，因此选择了与 SemScholar 的交集，生成了一个较小的 8 万篇论文的语料库（除了上面提到 SemScholar 的 100 万篇论文之外）和 8.2 万个图例，用于训练某些 FCC 的配置和监督基线（11.4 节）。

教科书问答语料库[93]包括了中学科学课程中的 1076 节课和 26 260 道多模态试题。其复杂性和适用范围使其成为一个具有挑战性的文本和可视化问答数据集。

维基百科，2018 年 1 月的英文维基百科数据集作为训练 Vecsigrafo 的语料库之一。与特定科学领域的 SciGraph 或 SemScholar 相反，维基百科是一个通用信息的来源。

Flickr30K 和 COCO，作为图像－句子匹配的基准。

11.4　评估图例－标题的对应分析任务

该方法将在训练其要解决的任务中进行评估：确定一个图例和一个标题是否对应。

⊖　https://www.springernature.com/gp/researchers/scigraph。

我们还将 FCC 任务的效果与两个监督基线进行比较，根据 SciGraph 分类法对它们进行分类任务的训练。对于这样的基线，我们首先独立地训练视觉和语言网络，然后将它们结合起来。两个网络的特征提取部分与 11.2 节描述的相同。在它们之上，是一个全连接层，包括 128 个神经元和 ReLU 激活函数，以及关联的一个 softmax 层，该层拥有与目标类一样多的神经元。

通过两个网络的 softmax 输出之间的点积，**直接组合**基线就可以计算图例 – 标题的对应关系。如果它超过了设定为 0.325 的启发式阈值，结果是正向的。**有监督的预训练**基线冻结了来自两个训练网络的特征提取主干的权重，并将它们组装到 FCC 架构中，如 11.2 节所示，在全连接层上训练 FCC 任务。直接组合提供了两个分支之间一致的概念，有监督的预训练是与我们的方法最相似的监督方法。

表 11.1 显示了 FCC 任务和监督基线的结果。FCC_k 表示用于训练 FCC 任务的语料库和单词表示。Acc_{vgg} 展示了将视觉分支替换为在 ImageNet 上预训练的 VGG16 特征后的准确性。这提供了一个科学领域中具体的科学图例估计，因此产生的视觉特征可以与自然图像进行比较。如表所示，使用预训练的视觉特征得到的结果总体上明显较差（仅在 FCC_3 中稍好），这表明科学图例中包含的视觉信息确实与自然图像不同。

表 11.1 FCC 和监督基线结果（准确率为百分比）

	语料库	词嵌入表示	$Acc_{vgg.}$	Acc.
Direct	SciGraph	$\mathbf{w}_k$	60.30	
Pre-train		$\mathbf{w}_k$	68.40	
FCC_1		$\mathbf{w}_k$	78.09	78.48
FCC_2		$[\mathbf{w}_k; \mathbf{w}'_{k\_sem}]$	79.75	80.35
FCC_3	SciGraph	$[\mathbf{w}_k; \mathbf{l}_{k\_holE}; \mathbf{c}_{k\_holE}]$	78.64	78.08
FCC_4		$[\mathbf{w}_k; \mathbf{l}_{k\_wiki}; \mathbf{c}_{k\_wiki}]$	79.71	80.50
FCC_5		$[\mathbf{w}_k; \mathbf{l}_{k\_sem}; \mathbf{c}_{k\_sem}]$	**80.50**	**81.97**
FCC_6	SemScholar	$\mathbf{w}_k$	80.42	81.44
FCC_7		$[\mathbf{w}_k; \mathbf{l}_{k\_sem}; \mathbf{c}_{k\_sem}]$	**82.21**	**<u>84.34</u>**

注：粗体是每个语料类型中每个列的最佳结果，而带下划线的粗体是绝对最佳结果。

FCC 的神经网络是在两个不同的科学语料库上训练的：SciGraph（FCC_{1-5}）和 SemScholar（FCC_{6-7}）。FCC_1 和 FCC_6 都学习了自己的单词表示，也没有传递任何预训练的知识。即使在最基本的形式上，我们的方法也大大超过了监督基线，确认了视觉分支和语言分支的相互学习，而且图例 – 标题的对应分析也是无监督的有效来源。

在词元嵌入和概念嵌入来自 Vecsigrafo 的情况下（FCC_5），在语言子网络的输入层添加预训练的知识可以提供额外的帮助。Vecsigrafo 的表现明显优于 HolE（FCC_3），后者也被预训练的 fastText[23] 词嵌入（FCC_2）胜出。

虽然维基百科的规模几乎是 SemScholar 语料库的三倍，但是后者对 Vecsigrafo 进行的训练可以提高 FCC 的准确度（FCC_4 vs. FCC_5），这表明领域相关性比纯粹的数量更重要，这与以前的发现是一致的[62]。如 FCC_6 和 FCC_7 所示，在 SemScholar 上对 FCC 进行训练，结果比 SciGraph 大得多，从而进一步提高了准确度。

11.5　图例 – 标题的对应分析与图像 – 句子匹配的对比

我们将 FCC 任务放在更一般的图像 – 句子匹配问题的场景中，通过双向检索任务，在文本查询中寻找图像，反之亦然。表 11.2 侧重于自然图像数据集（Flickr30K 和 COCO），而表 11.3 显示了科学数据集（SciGraph 和 SemScholar）上科学图例和图表的丰富结果。选定的基线（词嵌入网络、2WayNet、VSE++ 和 DSVE-loc）报告是在 Flickr30K 和 COCO 数据集上获得的结果，也包含在表 11.2 中。效果以召回率 $k(Rk)$ 来度量，$k = \{1, 5, 10\}$。从基线开始，我们使用作者提供的代码成功地再现了 DSVE-loc$^{\ominus}$，并在 SciGraph 和 SemScholar 上进行了训练。

表 11.2　双向检索

Model	Flickr30K						COCO					
	Caption-to-image			Image-to-caption			Caption-to-image			Image-to-caption		
	R1	R5	R10	R1	R5	R10	R1	R5	R10	R1	R5	R10
Emb.net[187]	29.2	59.6	71.7	40.7	69.7	79.2	39.8	75.3	86.6	50.4	79.3	89.4
2WayNet[50]	36.0	55.6	n/a	49.8	67.5	n/a	39.7	63.3	n/a	55.8	75.2	n/a
VSE++[55]	**39.6**	n/a	**79.5**	**52.9**	n/a	**87.2**	52.0	n/a	92.0	64.6	n/a	95.7
DSVE-loc[53]	34.9	**62.4**	73.5	46.5	**72.0**	82.2	**55.9**	**86.9**	94	**69.8**	**91.9**	**96.6**
FCC_{vgg}	3.4	14.0	23.2	4.7	16.4	24.8	11.7	39.7	58.8	15.2	40.0	56.1
FCC	0.4	1.3	2.8	0.2	1.5	3.2	2.6	10.3	18.0	2.5	9.3	17.3
$FCC_{vgg-vec}$	5.4	17.8	27.8	6.8	20.3	32.0	12.8	40.9	59.7	17.3	41.2	57.4
FCC_{vec}	0.6	2.9	5.3	1.2	3.7	6.5	4.0	14.6	25.3	4.4	15.6	25.9

注：FCC 与图像 – 句子匹配基线的对比（%recall@k）。自然图像数据集（Flick30K，COCO）。粗体值表示列最佳。

FCC 的任务是在所有的数据集上进行训练，都在完全无监督的情况下进行，并且使用了预训练的语义嵌入，重点关注最佳的 FCC 配置。如表 11.1 所示，这种配置利用 Vecsigrafo（用下标 *vec* 表示）进行语义富集。然后，使用生成的文本和视觉特征运行双向检索任务。进一步的实验包括从 ImageNet（下标 *vgg*）中提取预训练的 VGG16 视觉

$\ominus$　https://github.com/technicolor-research/dsve-loc。

特征，数据集中有超过 1400 万手工标注的图像。按照图像 – 句子匹配的一般做法，我们分割出 1000 个样本用于测试，其余样本用于训练。

表 11.3   双向检索

模 型	SciGraph						SemScholar					
	Caption-to-figure			Figure-to-caption			Caption-to-figure			Figure-to-caption		
	R1	R5	R10	R1	R5	R10	R1	R5	R10	R1	R5	R10
Emb.net[187]	n/a	n/a	n/a	n/a	n/a	n/a	n/a	n/a	n/a	n/a	n/a	n/a
2WayNet[50]	n/a	n/a	n/a	n/a	n/a	n/a	n/a	n/a	n/a	n/a	n/a	n/a
VSE++[55]	n/a	n/a	n/a	n/a	n/a	n/a	n/a	n/a	n/a	n/a	n/a	n/a
DSVE-loc[53]	0.7	3.1	5.3	1.4	1.4	2.4	0.9	3	4.5	0.8	0.8	1.3
FCCvgg	1.4	6.6	11.3	1.3	6.4	10.6	2.9	9.5	17.4	3.1	12.1	18.0
FCC	0.7	5.7	11.4	1.2	4.9	10.0	2.8	11.4	18.8	2.1	10.6	18.2
FCCvgg-vec	**1.7**	7.8	14.2	2.1	7.7	15.8	2.9	13.9	24.0	**4.7**	14.9	23.2
FCCvec	1.5	**9.0**	**14.9**	**2.6**	**9.7**	**16.1**	**3.9**	**15.5**	**25.1**	4.4	**16.6**	**25.6**

注：FCC 与图像 – 句子匹配基线的对比（%recall@k）。科学数据集（SciGraph，SemScholar）。粗体值表示列最佳。

我们可以看到在自然图像数据集（表 11.2）和那些集中在科学图例（表 11.3）的结果之间有一个明显的区别。在前一种情况下，VSE++ 和 DSVE-loc 显然优于所有其他方法。相比之下，尽管结果通过预训练的视觉特征（"FCC$_{vgg}$"和"FCC$_{vgg-vec}$"）得到了改进，FCC 在这些数据集上仍然表现不佳。有趣的是，随着科学数据集的出现，情况发生了根本性的变化。虽然 DSVE-loc 的召回率在 SciGraph 中急剧下降，在 SemScholar 中更是如此，但 FCC 在图例和标题检索中表现出了相反的行为。在 FCC 任务的训练过程中，我们使用经过预训练的 Vecsigrafo 语义嵌入的丰富视觉特征，进一步提高了双向检索任务的召回率。

与 Flickr30K 和 COCO 不同的是，用 ImageNet 预训练好的视觉特征代替 FCC 的视觉特征，在 SciGraph 中几乎没有什么好处，在 SemScholar 中好处更少。在 SemScholar 中，FCC 和 Vecsigrafo（"FCC$_{vec}$"）的结合可以获得最佳效果。科学数据集中最佳图像 – 句子匹配基线（DSVE-loc）的性能极差，这表明处理科学数据比处理自然图像要复杂得多。事实上，图例 – 标题匹配的最佳结果（SemScholar 中的"FCC$_{vec}$"）仍然远不及图像 – 句子匹配中的 SoA（COCO 中的 DSVE-loc）。

接下来，我们在两种不同的迁移学习环境中，对 FCC 任务中学习到的视觉和文本特征进行测试：

1）根据给定的分类法对科学图例和标题进行分类；

2）在给定文本、图例和图像的背景下，对问答进行多模态的机器理解。

11.6　标题与图例的分类

我们在两个分类任务的场景下评估 FCC 产生的语言和视觉表达，目的是根据 SciGraph 分类法识别任意文本片段（标题）或图例所属的科学领域。后者是一项特别困难的任务，因为出现在我们语料库中的图例具有异想天开的性质：图例和图表的布局是任意的；表图，例如条形图和饼形图，用于展示从医疗健康到工程中任何领域的数据；图例和自然图像模糊地呈现等。注意，我们只使用了实际的图例，而不是论文中提到的文本片段。

我们通过有或没有经过预训练的语义嵌入（见表 11.1）研究了文本和视觉特征，这些特征产生了最好的 FCC 结果，并使用 11.2 节中介绍的语言和视觉子网络，在两个不同场景中的 SciGraph 上训练我们的分类器。首先，我们只微调了全连接层和 softmax 层，固定了文本和视觉的权重（在表中为不可训练，non-trainable）。其次，两个网络中的所有参数都是经过微调的（可训练的，trainable）。在这两种情况下，使用相同网络的基线进行比较，该网络使用未经 FCC 训练的随机权重进行初始化。在这样做时，第一个不可训练的场景试图量化 FCC 特征所提供的信息，在目标语料库上从头开始的训练应该为图例和标题分类提供了一个上限。此外，对于图例分类，基线固定预训练的 VGG16 模型。训练使用十倍交叉验证和 Adam 优化。对于标题分类任务，学习速率为 10^{-3}，批次大小为 128。在图例分类中，学习速率为 10^{-4}、权重衰减为 10^{-5}，并且批次大小为 32。

表 11.4 中的结果表明，使用 FCC 特征大大超越了基线，包括上限（在 SciGraph 上从头开始训练）。对于标题和图例分类，delta 在不可训练的情况下尤其明显，并且在 FCC_7 中显著增加，FCC_7 使用了预训练的语义嵌入。这包括随机基线和 VGG 基线，这再次说明了与自然图像相比，分析科学图例具有额外的复杂性，即使后者是在一个相当大的数据库（如 ImageNet）上训练的。在 SciGraph 上对整个网络进行微调可以进一步提高精确度。在这种情况下，FCC_6 使用了 FCC 特征，没有额外的预训练嵌入，略优于 FCC_7，这表明从特定任务语料库中学习的余地更大。

表 11.4　标题与图例分类（准确率为百分比）

模型	不可训练	可训练	不可训练	可训练
	标题		图例	
	不可训练	可训练	不可训练	可训练
随机	39.92	78.20	44.19	61.21
VGG16	n/a	n/a	58.43	n/a
FCC_6	61.31	**<u>79.24</u>**	58.57	**<u>63.60</u>**
FCC_7	**67.40**	79.11	**60.19**	63.49

注：下划线粗体的意义对于图例和标题来说绝对最佳。

11.7   教科书问答的多模态机器理解

我们利用 TQA 数据集和文献 [93] 中的基线来评估 FCC 任务在多模态机器理解场景中所学到的特征。我们研究的是 FCC 模型，它最初不是为这项任务而训练的，但在一个非常具有挑战性的数据集中，我们研究它如何与专门针对图表问答和文本阅读理解训练的最新模型进行对比。我们还研究了预训练的语义嵌入如何影响 TQA 任务：首先，通过丰富在 11.2 节所示 FCC 任务中学习的视觉特征，然后使用预训练的语义嵌入来丰富 TQA 语料库中的单词表示。

我们关注多项选择题，这些多项选择题代表了数据集中 73% 的问题。表 11.5 显示了 FCC 模型的效果与文献 [93] 中报告的五个 TQA 基线结果：随机结果，BiDAF（专注于文本机器理解），纯文本（基于 MemoryNet 的 TQA_1），文本 + 图像（TQA_2，VQA），和文本 + 图表（TQA_3，DSDP-NET）。TQA_1 和 TQA_2 的架构被成功地复制，后者也被适配了[⊖]。然后，在完全无监督（表 11.1 中的 FCC_6）并使用预训练的语义嵌入（FCC_7）的情况下，用 FCC 视觉子网络学习的特征代替 TQA_2 中的视觉特征，分别产生 TQA_4 和 TQA_5。

表 11.5   TQA 结果（准确率为百分比）

模型	文本	视觉	单词表达	图像表达	来自	MC_{rest}	MC_{diag}
随机	x	x	n/a	n/a	Random	22.7	25.0
BiDAF	√	x	$\mathbf{w}_k$	n/a	BiDAF[162]	32.2	30.1
TQA_1	√	x	$\mathbf{w}_k$	n/a	MemoryNet[192]	32.9	29.9
TQA_2	√	√		VGG19	VQA[4]	n/a	29.9
TQA_3	√	√		DPG	DSDP-NET[93]	n/a	31.3
TQA_4	√	√		FCC_6	FCC	33.89	34.27
TQA_5	√	√		FCC_7		33.73	33.52
TQA_6	√	x	$[\mathbf{w}_k+\mathbf{l}_{k\_sem}+\mathbf{c}_{k\_sem}]$	n/a	MemoryNet[192]	35.41	34.57
TQA_7	√	√		VGG19	VQA[4]	36.26	32.58
TQA_8	√	√		DPG	DSDP-NET[93]	n/a	n/a
TQA_9	√	√		FCC_6	FCC	**36.56**	**35.30**
TQA_{10}	√	√		FCC_7		35.84	33.94

注：FCC 与 random、BiDAF、MemoryNet、VQA 和 DSDP-NET 基线的对比。粗体值表示最佳列。

然而，TQA_{1-5} 没有使用任何预训练嵌入，TQA_{6-10} 则使用了包括预训练的 Vecsigrafo 语义嵌入。FCC 将预训练的词元嵌入和概念嵌入与任务学习到的词嵌入相结合，而与

⊖ VGG19 生成一个由 512 维图像批量向量组成的 7×7 网格，而我们的可视子网生成的是 512 维向量。为了对齐维度，我们添加了一个 7-max 池化层。

FCC 不同，在 TQA 中元素加法的效果最好。

根据文献 [93] 中的建议，TQA 语料库被预处理为：（1）除了当前的问题之外，还要考虑教科书中以前课程的知识；（2）用一个大的词汇库来处理长问题的上下文等挑战。在文本和图表 MC 中，应用帕累托法则来减少每个问题文本、答案和上下文中最大标记序列的长度，大大提高了准确性。这样就优化了每个问题的文本数量，提高了信噪比。最后，每个问题最相关的段落是通过 tf-idf 获得的[⊖]。模型的训练使用了 10 倍的交叉验证、Adam 优化、10^{-2} 的学习速率和 128 的批次大小。在 LSTM 层中，文本 MC 还使用了 0.5 的 dropout 和循环 dropout。

将多模态数据源装配到单个内存中，FCC 视觉特征的使用明显优于图表 MC 中的所有 TQA 基线。在 TQA 任务的训练过程中，通过预训练的语义嵌入来增强单词表示，可以提高文本 MC 和图表 MC 的准确性。这些都是非常好的结果，因为根据 TQA 数据集 [93] 的作者所说，其中的大多数图表问题通常都需要一个特定的富图解析。

11.8　图例 – 标题对应分析的练习

和前面的章节一样，我们将在 Jupyter Notebook 中说明在本章中所描述的方法。这个 Jupyter Notebook 是围绕以下实验构建的：

1）**FCC 任务的训练和评估**，用于联合学习科学文献中文本和视觉的特征。**这包括使用通过 Vecsigrafo 方法学习的知识图谱中预训练嵌入。**

2）**对产生的特征进行定性分析**，以便读者自己可以看到由该任务所捕获的信息。

3）**图像 – 句子匹配中使用的最新算法与 FCC 任务的比较。**这将使读者更好地理解将最先进的图像 – 句子匹配技术应用于科学领域的局限性。

4）使用图例及其标题作为输入，**在 SciGraph 分类之上进行文本和视觉分类。**

5）在包含文本和图表的 TQA 数据集上的**多模态问答**。

除了这个 Jupyter Notebook，本书中所有用于实验的相关代码和数据都可以在 GitHub 上找到。

11.8.1　预备步骤

首先，我们导入运行实验所需的 Python 库。

```
In [ ]: !pip install scipy==1.1.0

Requirement already satisfied: scipy==1.1.0
```

⊖　未来的工作包括通过语义相似度和语言模型来选择段落。

```
in /usr/local/lib/python3.6/dist-packages (1.1.0)
Requirement already satisfied: numpy>=1.8.2
in /usr/local/lib/python3.6/dist-packages (from scipy==1.1.0) (1.16.5)


In [ ]: import json
        import cv2
        from pandas import DataFrame
        import matplotlib.pyplot as plt
        from tqdm import tqdm
        from PIL import Image
        import numpy as np
        from keras.preprocessing.text import Tokenizer
        from keras.preprocessing.sequence import pad_sequences
        from keras.models import Sequential, Model
        from keras.layers import InputLayer, Conv2D, BatchNormalization,
            MaxPooling2D, Flatten, Embedding, Concatenate,
            Conv1D, MaxPooling1D, Multiply, Dense
        from keras.optimizers import Adam
        from keras.utils import plot_model
        import random
        from sklearn.model_selection import train_test_split
        from sklearn.preprocessing import LabelBinarizer
        from collections import Counter
        from vis.visualization import visualize_cam

Using TensorFlow backend.
```

我们用于训练和评估的数据集是 SciGraph、Semantic Scholar 和 TQA，如 11.3 节所述。出于实际的原因，在 Jupyter Notebook 中，我们使用大小被限制为 400 个图例和标题的数据集来训练 FCC 的任务。不出所料，这不足以训练一个效果较好的模型。因此，在必要的时候，我们使用训练整个语料库得到的权重。

接下来，我们克隆数据集和其他材料的 github 仓库。

```
In [ ]: !git clone https://github.com/hybridnlp/tutorial.git

Cloning into 'tutorial'...
remote: Enumerating objects: 53, done.
remote: Counting objects: 100% (53/53), done.
remote: Compressing objects: 100% (52/52), done.
remote: Total 382 (delta 30), reused 0 (delta 0), pack-reused 329
Receiving objects: 100% (382/382), 450.66 MiB | 11.94 MiB/s, done.
Resolving deltas: 100% (192/192), done.
Checking out files: 100% (92/92), done.
```

解压 zip 文件：

```
In [ ]: !unzip -q tutorial/datasamples/scigraph.zip
        !unzip -q tutorial/datasamples/tqa.zip
```

图例和标题以 Json 文件的形式组织，让我们来看一下：

```
In [ ]: index = 0 #first figure and caption

        with open("./tutorial/datasamples/scigraph_wordnet.json", "r",
            encoding="utf-8", errors="surrogatepass") as file:
                dataset = json.load(file)
```

```python
print("FIGURE PATH: ./scigraph/" + dataset[index]["img_file"])
print("CAPTION: " + dataset[index]["captions"][0])

im = cv2.imread("./scigraph/"+dataset[index]["img_file"])
plt.imshow(im)
plt.show()
```

```
FIGURE PATH: ./scigraph/1752-1947-8-200-Figure2-1.png
CAPTION: Abdominal X-ray revealing several air-fluid levels of the small
         bowel and a large air-fluid level of the sigmoid colon.
```

11.8.2　图例 – 标题的对应分析

正如在 11.2 节里介绍的那样，FCC 是一个二元分类任务，它接收一个图例和一个标题，并确定它们是否对应。正相关对是从科学出版物中实际的一组图例和它们的标题中提取的。负相关对是从图例和其他标题的组合中随机提取的。

11.8.2.1　加载数据集

我们以 SciGraph 语料库为例来说明 FCC 任务的训练。首先，在一个列表中保存所有图例和它们的标题。对于文本部分，我们不仅保留了标记，还保留了源于语义消歧的相关 WordNet 同义词集。这是使用每个标记的语义（词元和同义词集）嵌入来丰富文本特征的必要步骤（如图 11.2 所示）。

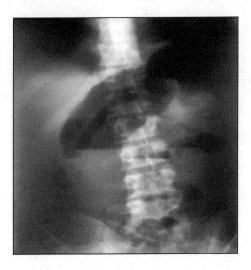

图 11.2　从 FCC 数据集中获得的样本图像，在本例为 SciGraph 中的案例

和以前的 Jupyter Notebook 一样，我们使用 Cogito 来标记文本并把 WordNet 作为语义消歧的知识图谱。对于原始论文 [69] 中的 Sensigrafo，使用 Expert System 公司的专有知识图谱来代替。

```
In [ ]: list_figures_paths = []
        list_captions_tokens = []
        list_captions_synsets = []

        with open("./tutorial/datasamples/scigraph_wordnet.json", "r",
           encoding="utf-8", errors="surrogatepass") as file:
          dataset = json.load(file)

        for doc in dataset:
          list_figures_paths.append("./scigraph/" + doc["img_file"])
          list_captions_tokens.append(doc["captions_tokens"][0])
          list_captions_synsets.append(doc["captions_synsets"][0])

        print("Number of figures = " + str(len(list_figures_paths)))
        print("Number of captions (tokens) = " + str(len(list_figures_paths)))
        print("Number of captions (synsets) = " + str(len(list_figures_paths)))

Number of figures = 400
Number of captions (tokens) = 400
Number of captions (synsets) = 400
```

一旦有了带有图例路径、标题标记和标题同义词集的三个列表, 我们就可以将它们转换为张量。

首先, 我们使用 PIL 库从图例中创建 numpy 数组:

```
In [ ]: figures = []
        for figure_path in tqdm(list_figures_paths,total=len(list_figures_paths)):
          f_img = open(figure_path, 'rb')
          im = Image.open(f_img)
          arr = np.array(im.convert(mode='RGB'))
          im.close()
          f_img.close()
          figures.append(arr)
        figures = np.array(figures)
        print("SHAPE OF FIGURES TENSOR: " + str(np.shape(figures)))

100% 400/400 [00:00<00:00, 1040.83it/s]

SHAPE OF FIGURES TENSOR: (400, 224, 224, 3)
```

然后, 我们:

1) 创建两个 Keras 标记器, 一个用于标题标记, 另一个用于它们的同义词集;

2) 为两种模态创建单词索引;

3) 将标题转换为每个长度为 1000 个标记的序列数组。

```
In [ ]: MAX_SEQ_LEN = 1000

In [ ]: caption_types = [list_captions_tokens, list_captions_synsets]
        tokenizers = []
        captions = []

        for lst_cpt in caption_types:
          tokenizer = Tokenizer(filters='')
          tokenizer.fit_on_texts(lst_cpt)
          tokenizers.append(tokenizer)
          sequences = tokenizer.texts_to_sequences(lst_cpt)
```

```
    data_text = pad_sequences(sequences, maxlen=MAX_SEQ_LEN, padding="post",
      truncating="post")
    captions.append(data_text)
  tokenizer_tokens, tokenizer_synsets = tokenizers
  captions_tokens, captions_synsets = captions

  print("SIZE OF TOKENS VOCABULARY: " + str(len(tokenizer_tokens.word_index)))
  print("SIZE OF SYNSETS VOCABULARY: " + str(len(tokenizer_synsets.word_index)))
  print("SHAPE OF TOKENS SEQUENCES: " + str(np.shape(captions_tokens)))
  print("SHAPE OF SYNSETS SEQUENCES: " + str(np.shape(captions_synsets)))
```

```
SIZE OF TOKENS VOCABULARY: 2934
SIZE OF SYNSETS VOCABULARY: 1559
SHAPE OF TOKENS SEQUENCES: (400, 1000)
SHAPE OF SYNSETS SEQUENCES: (400, 1000)
```

11.8.2.2　语义嵌入

如式（11.1）所述，对于词汇表中的每个单词 w_k，FCC 神经网络学习了一个嵌入 w_k，该 w_k 可以与预训练的单词 w'_k、词元 l_k 和概念 c_k 的嵌入相结合，生成单个向量 t_k。如果没有从外部来源迁移的预训练知识，那么 $t_k = w_k$。式（11.1）中显示的选项包括：

（a）只有通过神经网络在语料库上训练已学习的词嵌入；

（b）已学习和预训练的词嵌入；

（c）已学习的词嵌入和预训练的语义（词元和概念）嵌入。

```
In [ ]: index = 0   #first figure

        caption_token = dataset[index]["captions_tokens"][0]
        caption_synset = dataset[index]["captions_synsets"][0]

        tabl = [list(i) for i in zip(*[caption_token.split(" "), caption_synset.split(" ")])]

        DataFrame(tabl,columns=["tokens","synsets"])
```

```
Out[ ]:          tokens                 synsets
        0       abdominal        wn31_abdominal.a.01
        1           x-ray            wn31_x-ray.v.01
        2       revealing        wn31_bring+out.v.01
        3         several      wn31_respective.a.01
        4             air          wn31_air+out.v.01
        5               -                       None
        6           fluid          wn31_fluent.a.01
        7          levels           wn31_level.n.05
        8              of                       None
        9             the                       None
        10          small           wn31_small.a.01
        11          bowel       wn31_intestine.n.01
        12            and                       None
        13              a                       None
        14          large           wn31_large.a.01
        15            air          wn31_air+out.v.01
        16              -                       None
        17          fluid          wn31_fluent.a.01
        18          level           wn31_level.n.05
        19             of                       None
        20            the                       None
        21   sigmoid+colon   wn31_sigmoid+colon.n.01
        22              .                       None
```

为了行文简洁，这里我们关注选项（c），其中单词、词元和概念嵌入连接在一个300 维的向量中（单词、词元和概念嵌入分别为 100 维）。所有这些嵌入的 .tsv 文件也可以在 GitHub 中找到。

```
In [ ]: EMB_FILE = "./tutorial/datasamples/scigraph_wordnet.tsv"
        DIM = 100
```

首先，我们从 .tsv 文件中提取嵌入，并将它们放入两个字典（embeddings_index_tokens 和 embeddings_index_synsets）中：

```
In [ ]: file = open(EMB_FILE, "r", encoding="utf-8", errors="surrogatepass")
        embeddings_index_tokens = {}
        embeddings_index_synsets = {}

        for line in file:
          values = line.split()
          comp_len = len(values)-DIM
          word = "+".join(values[0:comp_len])
          if (line.startswith("wn31")):
            vector = np.asarray(values[comp_len:], dtype='float32')
            embeddings_index_synsets[word] = vector
          else:
            if (line.startswith("grammar#")):
              continue
            else:
              vector = np.asarray(values[comp_len:], dtype='float32')
              embeddings_index_tokens[word] = vector
        file.close()

        embedding_indexes = \
            [embeddings_index_tokens, embeddings_index_synsets]

        print("NUMBER OF TOKENS IN THE EMBEDDINGS: " +
            str(len(embeddings_index_tokens)))
        print("NUMBER OF SYNSETS IN THE EMBEDDINGS: " +
            str(len(embeddings_index_synsets)))

    NUMBER OF TOKENS IN THE EMBEDDINGS: 19438
    NUMBER OF SYNSETS IN THE EMBEDDINGS: 9232
```

现在，我们提取每个词及其消歧后的同义词集，并从字典中获取它们的预训练嵌入，以构建模型的嵌入矩阵。对于词汇表以外的单词，我们在 FCC 任务的训练期间将标记置为一个全零的数组。

```
In [ ]: embedding_matrices = []
        for tok_i in range(len(tokenizers)):
          embedding_matrix = np.zeros((len(tokenizers[tok_i].word_index) + 1, DIM))
          for word, i in tokenizers[tok_i].word_index.items():
            embedding_vector = embedding_indexes[tok_i].get(word)
            if embedding_vector is not None:
              embedding_matrix[i] = embedding_vector
          embedding_matrices.append(embedding_matrix)
        embedding_matrix_tokens, embedding_matrix_synsets = embedding_matrices

        print("SHAPE OF TOKENS MATRIX: " + str(np.shape(embedding_matrix_tokens)))
        print("SHAPE OF SYNSETS MATRIX: " + str(np.shape(embedding_matrix_synsets)))

    SHAPE OF TOKENS MATRIX: (2935, 100)
    SHAPE OF SYNSETS MATRIX: (1560, 100)
```

11.8.2.3　FCC 的神经网络架构

如 11.1 节所述，我们使用一个双分支的神经网络架构，这个神经网络由三个主要的部分组成：视觉子网络和语言子网络，用于分别提取视觉和文本特征，以及一个融合子网络来评估图例 – 标题的对应分析（图 11.3）。

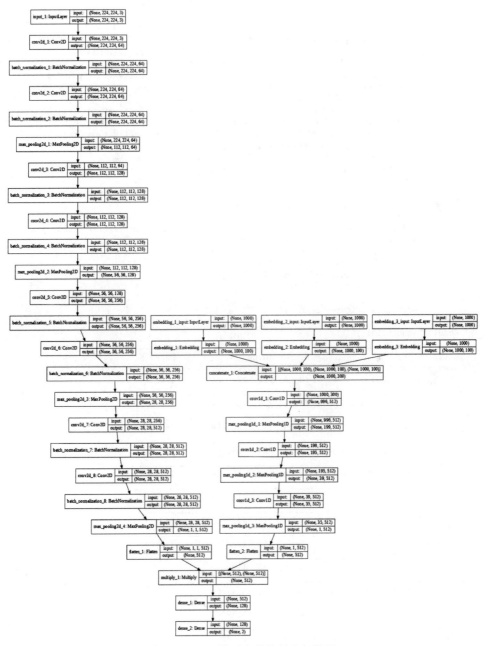

图 11.3　FCC 模型完整的基本架构图

视觉子网络采用 VGG-style[170] 设计，3×3 个卷积过滤器，2×2 个最大聚合层，该层的步长为 2 且没有填充。它包含 conv + conv + pool 层的 4 个块，每块内部的两个卷积层具有相同数量的过滤器，而连续的块具有双倍数量的过滤器（64，128，256，512）。输入层接收 $224 \times 224 \times 3$ 的图像。最后一层在 28×28 最大聚合之后生成一个 512 维向量。每个卷积层之后是批量正规化[83] 和 ReLU 激活层。

```
In [ ]: modelFigures = Sequential()
        modelFigures.add(InputLayer(input_shape=(224,224,3)))
        modelFigures.add(Conv2D(64, (3,3), padding = "same", activation="relu"))
        modelFigures.add(BatchNormalization())
        modelFigures.add(Conv2D(64, (3,3), padding = "same", activation="relu"))
        modelFigures.add(BatchNormalization())
        modelFigures.add(MaxPooling2D(2))
        modelFigures.add(Conv2D(128, (3,3), padding = "same", activation="relu"))
        modelFigures.add(BatchNormalization())
        modelFigures.add(Conv2D(128, (3,3), padding = "same", activation="relu"))
        modelFigures.add(BatchNormalization())
        modelFigures.add(MaxPooling2D(2))
        modelFigures.add(Conv2D(256, (3,3), padding = "same", activation="relu"))
        modelFigures.add(BatchNormalization())
        modelFigures.add(Conv2D(256, (3,3), padding = "same", activation="relu"))
        modelFigures.add(BatchNormalization())
        modelFigures.add(MaxPooling2D(2))
        modelFigures.add(Conv2D(512, (3,3), padding = "same", activation="relu"))
        modelFigures.add(BatchNormalization())
        modelFigures.add(Conv2D(512, (3,3), padding = "same", activation="relu"))
        modelFigures.add(BatchNormalization())
        modelFigures.add(MaxPooling2D((28,28),2))
        modelFigures.add(Flatten())

        print(modelFigures.summary())

Model: "sequential_1"
```

Layer (type)	Output Shape	Param #
conv2d_1 (Conv2D)	(None, 224, 224, 64)	1792
batch_normalization_1 (Batch	(None, 224, 224, 64)	256
conv2d_2 (Conv2D)	(None, 224, 224, 64)	36928
batch_normalization_2 (Batch	(None, 224, 224, 64)	256
max_pooling2d_1 (MaxPooling2	(None, 112, 112, 64)	0
conv2d_3 (Conv2D)	(None, 112, 112, 128)	73856
batch_normalization_3 (Batch	(None, 112, 112, 128)	512
conv2d_4 (Conv2D)	(None, 112, 112, 128)	147584
batch_normalization_4 (Batch	(None, 112, 112, 128)	512
max_pooling2d_2 (MaxPooling2	(None, 56, 56, 128)	0
conv2d_5 (Conv2D)	(None, 56, 56, 256)	295168
batch_normalization_5 (Batch	(None, 56, 56, 256)	1024
conv2d_6 (Conv2D)	(None, 56, 56, 256)	590080

```
batch_normalization_6 (Batch (None, 56, 56, 256)         1024

max_pooling2d_3 (MaxPooling2 (None, 28, 28, 256)          0

conv2d_7 (Conv2D)            (None, 28, 28, 512)         1180160

batch_normalization_7 (Batch (None, 28, 28, 512)         2048

conv2d_8 (Conv2D)            (None, 28, 28, 512)         2359808

batch_normalization_8 (Batch (None, 28, 28, 512)         2048

max_pooling2d_4 (MaxPooling2 (None, 1, 1, 512)            0

flatten_1 (Flatten)          (None, 512)                  0
=================================================================
Total params: 4,693,056
Trainable params: 4,689,216
Non-trainable params: 3,840
_____

None
```

基于文献 [96]，**语言子网络**有三个卷积块，每个卷积块有 512 个过滤器和一个 5 元素窗口大小的 ReLU 激活函数。每个卷积层之后是一个 5-max 聚合层，除了最后一层，它会在 35-max 聚合之后产生一个 512 维的向量。语言子网络在输入端有一个 300 维的嵌入层，标记序列的最大长度为 1000。

```
In [ ]: modelCaptionsScratch = Sequential()
        modelCaptionsScratch.add(Embedding(len(tokenizer_tokens.word_index)+1,
            DIM,embeddings_initializer="uniform", input_length=MAX_SEQ_LEN, trainable=True))
        modelCaptionsVecsiTokens = Sequential()
        modelCaptionsVecsiTokens.add(Embedding(len(tokenizer_tokens.word_index) + 1,
            DIM,weights = [embedding_matrix_tokens], input_length = MAX_SEQ_LEN,
            trainable = False))
        modelCaptionsVecsiSynsets = Sequential()
        modelCaptionsVecsiSynsets.add(Embedding(len(tokenizer_synsets.word_index) + 1,
            DIM,weights = [embedding_matrix_synsets], input_length = MAX_SEQ_LEN,
            trainable = False))
        modelMergeEmbeddings = Concatenate()([modelCaptionsScratch.output,
            modelCaptionsVecsiTokens.output,modelCaptionsVecsiSynsets.output])
        modelMergeEmbeddings = Conv1D(512, 5, activation="relu")(modelMergeEmbeddings)
        modelMergeEmbeddings = MaxPooling1D(5)(modelMergeEmbeddings)
        modelMergeEmbeddings = Conv1D(512, 5, activation="relu")(modelMergeEmbeddings)
        modelMergeEmbeddings = MaxPooling1D(5)(modelMergeEmbeddings)
        modelMergeEmbeddings = Conv1D(512, 5, activation="relu")(modelMergeEmbeddings)
        modelMergeEmbeddings = MaxPooling1D(35)(modelMergeEmbeddings)
        modelMergeEmbeddings = Flatten()(modelMergeEmbeddings)
        modelCaptions = Model([modelCaptionsScratch.input,modelCaptionsVecsiTokens.input,
            modelCaptionsVecsiSynsets.input], modelMergeEmbeddings)

        print(modelCaptions.summary())

Model: "model_1"
_____
Layer (type)                  Output Shape         Param #   Connected to
=================================================================
embedding_1_input (InputLayer) (None, 1000)         0

embedding_2_input (InputLayer) (None, 1000)         0

embedding_3_input (InputLayer) (None, 1000)         0

embedding_1 (Embedding)        (None, 1000, 100)    293500    embedding_1_input[0][0]
```

embedding_2 (Embedding)	(None, 1000, 100)	293500	embedding_2_input[0][0]
embedding_3 (Embedding)	(None, 1000, 100)	156000	embedding_3_input[0][0]
concatenate_1 (Concatenate)	(None, 1000, 300)	0	embedding_1[0][0] embedding_2[0][0] embedding_3[0][0]
conv1d_1 (Conv1D)	(None, 996, 512)	768512	concatenate_1[0][0]
max_pooling1d_1 (MaxPooling1D)	(None, 199, 512)	0	conv1d_1[0][0]
conv1d_2 (Conv1D)	(None, 195, 512)	1311232	max_pooling1d_1[0][0]
max_pooling1d_2 (MaxPooling1D)	(None, 39, 512)	0	conv1d_2[0][0]
conv1d_3 (Conv1D)	(None, 35, 512)	1311232	max_pooling1d_2[0][0]
max_pooling1d_3 (MaxPooling1D)	(None, 1, 512)	0	conv1d_3[0][0]
flatten_2 (Flatten)	(None, 512)	0	max_pooling1d_3[0][0]

```
Total params: 4,133,976
Trainable params: 3,684,476
Non-trainable params: 449,500
```

None

融合子网络计算每个子网最后一块产生的 512 维视觉特征向量和文本特征向量的元素点积。作为一个向量 *r*，产生一个双向分类输出（是否对应）。每个选择的概率是 *r* 的 softmax，例如 $\hat{y} = softmax(r) \in \mathbb{R}^2$。

```
In [ ]: adam = Adam(lr=1e-4,decay=1e-5)

        mergedOut = Multiply()([modelCaptions.output,modelFigures.output])
        mergedOut = Dense(128, activation='relu')(mergedOut)
        mergedOut = Dense(2, activation='softmax')(mergedOut)
        model = Model([modelCaptionsScratch.input,modelCaptionsVecsiTokens.input,
            modelCaptionsVecsiSynsets.input, modelFigures.input], mergedOut)

        model.compile(loss="categorical_crossentropy", optimizer=adam,
            metrics=["categorical_accuracy"])

        plot_model(model, show_shapes=True, to_file='model.png', dpi=60)
```

11.8.2.4 定性分析

FCC 在其训练解决的任务中进行评估：确定一个图例和一个标题是否对应。接下来，我们定义一些超参数：

```
In [ ]: EPOCHS = 4
        BATCH_SIZE = 16
```

接下来的生成器为每一批次引入了 32 个输入，正负相关情况在批次内进行平衡：

- 16 个带有图例及其正确标题的正相关用例。
- 16 个带有相同图例并随机选择标题的负相关用例。

对于标题中的每个单词，我们将考虑三个文本子向量：标记、词元和同义词集。

```
In [ ]: def generator(indexes):
            while True:
                np.random.shuffle(indexes)
                for i in range(0, len(indexes), BATCH_SIZE):
                    batch_indexes = indexes[i:i+BATCH_SIZE]
                    batch_indexes.sort()

                    bx,by = get_batches(batch_indexes)

                    yield (bx, by)

        def get_batches(batch_indexes):
            tuples_to_shuffle = []
            for batch_ind in batch_indexes:
              tuple1 = []
              tuple1.append(captions_tokens[batch_ind])
              tuple1.append(captions_tokens[batch_ind])
              tuple1.append(captions_synsets[batch_ind])
              tuple1.append(figures[batch_ind])
              tuple1.append(np.array([0,1]))
              tuples_to_shuffle.append(tuple1)
              rand_ind = random.choice([x for x in range(len(captions_tokens))
                  if x != batch_ind])
              tuple2 = []
              tuple2.append(captions_tokens[rand_ind])
              tuple2.append(captions_tokens[rand_ind])
              tuple2.append(captions_synsets[rand_ind])
              tuple2.append(figures[batch_ind])
              tuple2.append(np.array([1,0]))
              tuples_to_shuffle.append(tuple2)
            random.shuffle(tuples_to_shuffle)
            bx0 = []
            bx1 = []
            bx2 = []
            bx3 = []
            y = []
            for tup in tuples_to_shuffle:
              bx0.append(tup[0])
              bx1.append(tup[1])
              bx2.append(tup[2])
              bx3.append(tup[3])
              y.append(tup[4])

        return [np.array(bx0),np.array(bx1),np.array(bx2),np.array(bx3)], np.array(y)
```

在对模型进行训练之前，我们随机选择训练和测试的指标。我们选择整个数据集的 90% 用于训练，余下的 10% 用于测试。

```
In [ ]: train, test = train_test_split(range(len(captions_tokens)), test_size=0.1)
```

最后，我们对 FCC 模型进行训练。根据 Jupyter Notebook 中提供的语料和超参数，训练时间应在 2 分钟左右。由于我们选择了非常小的数据子集作为输入，结果很可能会与论文中的那些数据非常不同。

```
In [ ]: model.fit_generator(generator(train), epochs=EPOCHS,
            validation_data=generator(test),
            steps_per_epoch=len(train)//BATCH_SIZE,
```

```
        validation_steps=len(test)//BATCH_SIZE)
modelFigures.save_weights("modelFigures_weights.h5")
modelCaptions.save_weights("modelCaptions_weights.h5")
model.save_weights("model_weights.h5")

Epoch 1/4
  22/22 [==============================] - 37s 2s/step - loss: 0.7349 -
  categorical_accuracy: 0.4659 - val_loss: 0.7147 -
  val_categorical_accuracy: 0.4844
Epoch 2/4
  22/22 [==============================] - 27s 1s/step - loss: 0.7063 -
  categorical_accuracy: 0.4646 - val_loss: 0.7369 -
  val_categorical_accuracy: 0.3750
Epoch 3/4
  22/22 [==============================] - 22s 1s/step - loss: 0.6925 -
  categorical_accuracy: 0.5057 - val_loss: 0.7157 -
  val_categorical_accuracy: 0.4583
Epoch 4/4
  22/22 [==============================] - 23s 1s/step - loss: 0.6833 -
  categorical_accuracy: 0.5201 - val_loss: 0.7366 -
  val_categorical_accuracy: 0.2812
```

由于在这个 Jupyter Notebook 中使用的训练集规模有限，结果（约 50% 的准确率）只能是证明性的。

一旦读者对 FCC 任务进行了训练，将拥有三个文件，其中包含了文本特征和视觉特征的结果，以及模型的权重。这些特征可以用于 Jupyter Notebook 中提出的迁移学习任务。

然而，由于效果受到使用的数据量较少的限制，这些特征在迁移学习任务中的实际用途非常有限。为了克服这个问题，**我们在 Jupyter Notebook 的其余部分使用了之前从一个更大的 SciGraph 选集（82 000 个图例和标题）学习的 FCC 特征**。读者可以尝试不同的选择，并检查结果。

```
In [ ]: from tutorial.scripts import lre_aux

        !tar -zxvf tutorial/datasamples/model_weights.tar.gz

        captions_tokens, captions_synsets = lre_aux.get_captions(list_captions_tokens,
            list_captions_synsets)
        model = lre_aux.get_model()[2]
```

model_weights_BIG.h5

11.8.2.5 定性分析

现在，我们检查 FCC 任务所学习的特征，以便更深入地理解图例和标题表达所捕获的句法和语义模式（如图 11.4～图 11.9 所示）。

视觉特征

该分析针对的是 SciGraph 的各种表格、图表和自然图像，没有图例类型或科学领域的过滤。为了获得 FCC 网络学习的代表性样本，我们重点研究了融合子网之前最后一个卷积块所产生的 512 维向量。

```
In [ ]: modelF = lre_aux.get_figure_vis_model()
```

让我们选择整个数据集中最显著的激活特征，然后选择激活它们最多的图例并显示其热度图。我们优先考虑的特征是，相对于平均激活值，有更高的最大激活值的特征：

```
In [ ]: feat_n = 2
        img_n = 2
```

下面的代码可以生成热度图：

```
In [ ]: features = modelF.predict(figures[test])

        diff_list = []
        for i in range(512):
            media = np.mean(features[:,i])
            maximo = np.amax(features[:,i])
            diff_list.append(maximo-media)
        arr = np.array(diff_list)
        feats = arr.argsort()[-feat_n:][::-1]
        for feat in feats:
            args = list(features[:,feat].argsort()[-img_n:][::-1])
            count = 0
            for arg in args:
                count = count +1
                print("feat"+str(feat)+"-top"+str(count)+".png: \n" +
                        list_captions_tokens[test[arg]] +"\n\n")
                data = figures[test[arg],:,:,:]
                img = Image.fromarray(data, 'RGB')
                grads= visualize_cam(modelF, -1, feat, data)
                cam = cv2.applyColorMap(np.uint8(255*grads), cv2.COLORMAP_JET)
                cam = np.float32(cam) + np.float32(img)
                cam = 255 * cam / np.max(cam)
                cv2.imwrite("./scigraph/"+str(feat)+"-top"+str(count)+".png", cam)
                im = cv2.imread(list_figures_paths[test[arg]])
                plt.imshow(im)
                plt.show()
                im = cv2.imread("./scigraph/"+str(feat)+"-top"+str(count)+".png")
                plt.imshow(im)
                plt.show()
```

一名 61 岁男性在手术治疗时的第一颗前槽牙断裂线，如图 11.4 与图 11.5 所示。

分图上图：左上颌＋下颌的牙科 X 光照片显示，第一颗前磨牙的垂直牙根呈放射状骨折（箭头），接近牙根填充。根尖已被切除（大箭头），牙周膜增大（小箭头）。

分图下图：左上颌放大的 ct 轴向扫描（原始放大，34）显示第一前槽牙的牙根自颊向舌地骨折（大箭头），从牙齿外表面延伸到面向口腔的表面。相邻部分被很大程度上地分开，牙周膜增大（小箭头）。

寄宿学校在流感爆发期间受感染个体的比例分别为 _=1.66/ 天和 _=0.4545/ 天（keeling 和 rohani，2008 年），如图 11.6 与图 11.7 所示。在每个图中，黑色实线是具有适当阶段数的模型（1）的数值解，虚线是指数增长曲线，其速率由等式（4）确定，显示在对数刻度上。图 a 一阶段模型为 _ _ 1.2055，图 b 二阶段模型为 _ _ 1.4035，图 c 三阶段模型为 _ _ 1.4762，图 d 五阶段模型为 _ _ 1.534。在每种情况下，都表明在最早期阶段的指数近似值与感染曲线几乎相同。

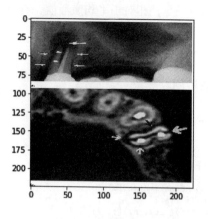

图 11.4 样本图像

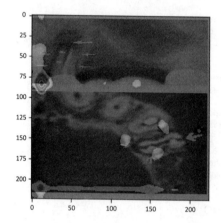

图 11.5 激活的样本图像。高亮意味着更高的激活，集中在图像下半部的箭头上

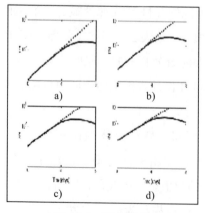

图 11.6 样本图像

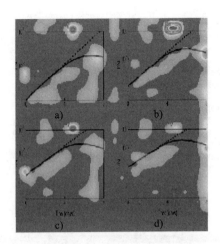

图 11.7　激活的样本图像。在识别每一个图的曲线和字符时，激活作用更强。同
　　　　　时，最强激活出现在图像的右边缘

文本特征

类似于视觉特征，我们从语言子网络的最后一个块中选择激活度最高的特征，并
显示它的热度图。

```
In [ ]: modelEmbeddings, modelVisualize, modelC = lre_aux.get_caption_vis_model()
```

对于读者想分析的每个特征，通过以下参数可以更改图例或标题数量。

```
In [ ]: feat_n = 2
        capt_n = 1
```

下面执行单元中的代码可以生成热度图：

```
In [ ]: features = modelC.predict([captions_tokens[test],
        captions_tokens[test],captions_synsets[test]])

        diff_list = []
        for i in range(512):
            media = np.mean(features[:,i])
            maximo = np.amax(features[:,i])
            diff_list.append(maximo-media)
        arr = np.array(diff_list)
        feats = arr.argsort()[-feat_n:][::-1]
        for feat in feats:
            args = list(features[:,feat].argsort()[-capt_n:][::-1])
            count = 0
            for arg in args:
                count = count +1
                data = modelEmbeddings.predict([
                        np.expand_dims(captions_tokens[test[arg]],axis=0),
                        np.expand_dims(captions_tokens[test[arg]],axis=0),
                        np.expand_dims(captions_synsets[test[arg]],axis=0)])
                grads = lre_aux.grad_cam(modelVisualize,data,feat,-2)
                res = np.sum(np.array(grads),axis=1)
```

```
question_len = len(list_captions_tokens[test[arg]].split(' '))
alphaX = [list_captions_tokens[test[arg]].split(' ')[j]
        for j in range(question_len)]

fig = plt.figure(figsize=(21, 12), dpi= 80,
    facecolor='w', edgecolor='k')
ax = fig.add_subplot(211)
ax.matshow(np.expand_dims(res[0:question_len],axis=0),
    cmap='jet', vmin=0., vmax=55.)
ax.set_xticks(list(range(-1,question_len+1)))
ax.set_xticklabels([' ']+alphaX, rotation = 90, ha="right")
ax.set_yticks(list(range(1)))
ax.set_yticklabels([' '])
plt.savefig("feat"+str(feat)+"-top"+str(count)+".png")
```

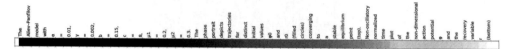

图 11.8　关注一个样本标题的每个单词（颜色越深，激活程度越高）：Aliev-Panfilov 模型中，$\alpha = 0.01$、$\gamma = 0.002$、$b = 0.15$、$c = 8$、$\mu1 = 0.2$、$\mu2 = 0.3$。相图描绘了不同初始值 $\phi 0$ 和 $r 0$ 的轨迹（实心圆）收敛到稳定平衡点（顶部）。无量纲动作势 ϕ 以及回收率变量 r 的非振荡归一化时间图（底部）

图 11.9　关注一个样本标题的每个单词（颜色越深，激活程度越高）：小鼠股四头肌中泛素 – 蛋白质缀合物的相对蛋白质水平。小鼠喂食对照饮食（0 mg 肉碱 /kg 饲料；对照），或添加 1250 mg 肉碱 /kg 饮食的饮食（肉碱）。（a）每组 3 只动物的代表性的免疫印迹显示了对泛素的特异性，其他动物的免疫印迹显示了类似的结果。用丽春红对硝化纤维素膜进行可逆染色，发现蛋白质的负载量相等。（b）条形图表示密度分析的数据并表示平均值 ±SD（n = 6/ 组），条形图的表达与对照组的蛋白质水平有关（=1.00）。* 表明与对照组有显著差异（$P < 0.05$）

11.8.3　图像 – 句子匹配

接下来，我们演示如何对一个 Scigraph 的小样本（40 个图例和标题）运行双向检索（标题 -> 图例和图例 -> 标题）任务。当然，结果将不同于 11.5 节中的表格。实际上，正如读者将看到的，因为搜索空间小得多，它们表现得更好。

11.8.3.1 最佳基线

从基线开始，我们使用作者提供的代码成功地复现了最佳基线（DSVE-loc），并在 SciGraph 上对其进行了训练。下载及安装运行 DSVE-loc 测试的材料大约需要 **15 分钟**，我们将跳过这一步，但读者可以自己运行它。

```
In [ ]: !pip install --upgrade torch
        !pip install --upgrade visual_genome
        !pip install --upgrade sru[cuda]
        !pip install --upgrade scipy
        !pip install --upgrade torchvision
        !pip install --upgrade pycocotools
        !pip install --upgrade nltk
        !pip install --upgrade gdown
        !pip install --upgrade opencv-python
        !pip install numpy==1.16.1

        import nltk
        nltk.download('punkt')
```

首先，我们克隆原始的 DSVE-loc 在 github 上的仓库和必要的资料：

```
In [ ]: !git clone https://github.com/technicolor-research/dsve-loc.git
        !wget http://www.cs.toronto.edu/~rkiros/models/utable.npy
        !wget http://www.cs.toronto.edu/~rkiros/models/dictionary.txt
```

接下来，我们下载一个 DSVE-loc 模型，该模型在整个 82 000 个 SciGraph 样本上进行了离线预训练，并随机选择 40 个新的 DSVE-loc 兼容格式的 SciGraph 样本进行评估：

```
In [ ]: !gdown https://drive.google.com/uc?id=1xQkYpeeAxK_bx0t1tIvKL5lp4hfKQGSV
        !unzip -o tutorial/datasamples/dsve-loc.zip
```

现在，我们运行双向检索任务。结果是两个数组，其值为召回率 @1、5 和 10。第一个数组包含图例检索（给定一个标题，获取相应的图例）结果，而第二个数组包含标题检索结果。

```
In [ ]: !python ./dsve-loc/eval_retrieval.py -p "best_scigraph.pth.tar" -te

Loading model from: best_scigraph.pth.tar
Error when loading pretrained resnet weldon
Dataset size:  200
### Beginning of evaluation ###

best_scigraph.pth.tar test [array([12.5, 12.5, 22.5]),
                            array([12.5, 45. , 65. ]), 27.5, 5.0]
```

11.8.3.2 基于 FCC 的双向检索

为了评估这个任务，我们实现了以下算法：

1）选取每个图例及其标题；

2）选取 FCC 模型基于对应概率返回的评分，将其表示为一个 one-hot 向量 [0，1]；

3）将标题与其他标题（如果任务是图例检索的话，指的是图例）获得的分数进行比较：如果标题/图例少于 10 个，而且分数高于正确的标题/图例，这意味着我们还有一个 recall@10 分。recall@5（小于 5）和 recall@1（只有 1）与之类似。

最终计数除以测试分拆的样本数，得出最终的召回值。

```
In [ ]: r_at_1 = 0
        r_at_5 = 0
        r_at_10 = 0
        for i in tqdm(test,total=len(test)):
            bx = []
            bx.append(np.expand_dims(captions_tokens[i],axis=0))
            bx.append(np.expand_dims(captions_tokens[i],axis=0))
            bx.append(np.expand_dims(captions_synsets[i],axis=0))
            bx.append(np.expand_dims(figures[i],axis=0))
            count_cand = 0
            good_pred = model.predict(bx)
            for j in test:
              if i == j:
                continue
              bx[-1] = np.expand_dims(figures[j],axis=0)
              cand_pred = model.predict(bx)
              if cand_pred[:,1] > good_pred[:,1]:
                count_cand = count_cand + 1
              if count_cand >= 10:
                break
            if count_cand < 10:
              r_at_10 = r_at_10 + 1
            if count_cand < 5:
              r_at_5 = r_at_5 + + 1
            if count_cand < 1:
              r_at_1 = r_at_1 + 1

        print("\n")
        print ("FIGURE RETRIEVAL (r@1: {}% r@5: {}% r@10: {}%"
               .format((r_at_1*100)/(len(test)),
               (r_at_5*100)/(len(test)),
               (r_at_10*100)/(len(test))))

100%| 40/40 [00:38<00:00,  1.00it/s]


FIGURE RETRIEVAL (r@1: 17.5% r@5: 45.0% r@10: 77.5%)

In [ ]: r_at_1 = 0
        r_at_5 = 0
        r_at_10 = 0
        for i in tqdm(test,total=len(test)):
            bx = []
            bx.append(np.expand_dims(captions_tokens[i],axis=0))
            bx.append(np.expand_dims(captions_tokens[i],axis=0))
            bx.append(np.expand_dims(captions_synsets[i],axis=0))
            bx.append(np.expand_dims(figures[i],axis=0))
            count_cand = 0
            good_pred = model.predict(bx)
            for j in test:
              if i == j:
                continue
              bx[0] = np.expand_dims(captions_tokens[j],axis=0)
              bx[1] = np.expand_dims(captions_tokens[j],axis=0)
              bx[2] = np.expand_dims(captions_synsets[j],axis=0)
              cand_pred = model.predict(bx)
              if cand_pred[:,1] > good_pred[:,1]:
                count_cand = count_cand + 1
```

```
            if count_cand >= 10:
                break
        if count_cand < 10:
            r_at_10 = r_at_10 + 1
        if count_cand < 5:
            r_at_5 = r_at_5 + + 1
        if count_cand < 1:
            r_at_1 = r_at_1 + 1

print("\n")
print ("CAPTION RETRIEVAL (r@1: {}% r@5: {}% r@10: {}%"
        .format((r_at_1*100)/(len(test)),
        (r_at_5*100)/(len(test)),
        (r_at_10*100)/(len(test))))
```

```
100%| 40/40 [00:35<00:00,  1.03it/s]

CAPTION RETRIEVAL (r@1: 12.5% r@5: 50.0% r@10: 67.5%)
```

11.8.4 标题 / 图例分类

我们利用训练 FCC 任务所得到的预训练的文本和视觉特征，并使用语言子网络和视觉子网络的架构来训练分类器以适应 SciGraph 分类法。注意，这里使用来自 SciGraph 的 400 个样本子集对整个模型进行微调，因此结果将不同于在 11.6 节中描述的结果。

第一步是从数据集文件中获取每个图例和标题的类别：

```
In [ ]: categories = []

        for doc in dataset:
            categories.append(doc["category"])

        lb = LabelBinarizer()
        labels = lb.fit_transform(categories)


        print("SHAPE OF LABELS = " + str(np.shape(labels)))
SHAPE OF LABELS = (400, 5)
```

11.8.4.1 标题分类

为了完成这个任务，我们用 128 个批次的 5 个时期来训练这个模型：

```
In [ ]: EPOCHS = 5
        BATCH_SIZE = 128
```

然后，我们使用已经加载了权重的模型（modelCaption），并添加两个全连接层，将输入分成我们之前选择的 5 个不同类别（卫生、工程、数学、生物和计算机科学）。

```
In [ ]: modelCaptions = lre_aux.get_model()[1]

        modelCaptionsClassOut = Dense(128, activation='relu') (modelCaptions.output)
        modelCaptionsClassOut = Dense(5, activation='softmax') (modelCaptionsClassOut)
        modelCaptionsClass = Model(modelCaptions.inputs, modelCaptionsClassOut)

        print(modelCaptionsClass.summary())
```

```
Model: "model_10"
_____
Layer (type)                   Output Shape         Param #      Connected to
=========================================================================================
embedding_13_input (InputLayer) (None, 1000)         0
_____
embedding_14_input (InputLayer) (None, 1000)         0
_____
embedding_15_input (InputLayer) (None, 1000)         0
_____
embedding_13 (Embedding)        (None, 1000, 100)    10236300     embedding_13_input[0][0]
_____
embedding_14 (Embedding)        (None, 1000, 100)    10236300     embedding_14_input[0][0]
_____
embedding_15 (Embedding)        (None, 1000, 100)    2281700      embedding_15_input[0][0]
_____
concatenate_5 (Concatenate)     (None, 1000, 300)    0            embedding_13[0][0]
                                                                  embedding_14[0][0]
                                                                  embedding_15[0][0]
_____
conv1d_13 (Conv1D)              (None, 996, 512)     768512       concatenate_5[0][0]
_____
max_pooling1d_13 (MaxPooling1D) (None, 199, 512)     0            conv1d_13[0][0]
_____
conv1d_14 (Conv1D)              (None, 195, 512)     1311232      max_pooling1d_13[0][0]
_____
max_pooling1d_14 (MaxPooling1D) (None, 39, 512)      0            conv1d_14[0][0]
_____
conv1d_15 (Conv1D)              (None, 35, 512)      1311232      max_pooling1d_14[0][0]
_____
max_pooling1d_15 (MaxPooling1D) (None, 1, 512)       0            conv1d_15[0][0]
_____
flatten_9 (Flatten)             (None, 512)          0            max_pooling1d_15[0][0]
_____
dense_9 (Dense)                 (None, 128)          65664        flatten_9[0][0]
_____
dense_10 (Dense)                (None, 5)            645          dense_9[0][0]
=========================================================================================
Total params: 26,211,585
Trainable params: 13,693,585
Non-trainable params: 12,518,000
_____

None
```

最后，我们对 FCC 任务的数据集进行相同的训练和测试分割来训练模型。这将执行大约 10 秒的时间。

```
In [ ]: adam = Adam()

        modelCaptionsClass.compile(loss="categorical_crossentropy",
            optimizer=adam, metrics=["categorical_accuracy"])
        modelCaptionsClass.fit([captions_tokens[train], captions_tokens[train],
            captions_synsets[train]],labels[train], epochs=EPOCHS,
            batch_size=BATCH_SIZE, validation_data=[[captions_tokens[test],
            captions_tokens[test], captions_synsets[test]],labels[test]])

Train on 360 samples, validate on 40 samples
Epoch 1/5
360/360 [==============================] - 7s 18ms/step - loss: 1.3672 -
categorical_accuracy: 0.4111 - val_loss: 1.0357 -
val_categorical_accuracy: 0.5500
Epoch 2/5
360/360 [==============================] - 1s 3ms/step - loss: 0.9989 -
categorical_accuracy: 0.5667 - val_loss: 0.9662 -
```

```
val_categorical_accuracy: 0.6000
Epoch 3/5
360/360 [==============================] - 1s 3ms/step - loss: 0.7514 -
categorical_accuracy: 0.7694 - val_loss: 0.7769 -
val_categorical_accuracy: 0.7500
Epoch 4/5
360/360 [==============================] - 1s 3ms/step - loss: 0.5679 -
categorical_accuracy: 0.8306 - val_loss: 0.6897 -
val_categorical_accuracy: 0.7000
Epoch 5/5
360/360 [==============================] - 1s 3ms/step - loss: 0.4117 -
categorical_accuracy: 0.8667 - val_loss: 0.6567 -
val_categorical_accuracy: 0.7250
```

11.8.4.2　图例分类

在这个例子中，我们用 6 个时期来训练这个模型，批量大小为 32：

```
In [ ]: EPOCHS = 6
        BATCH_SIZE = 32
```

然后我们从 FCC 任务中加载权重，并添加两个全连接层把输入分为 5 个不同的类别。

```
In [ ]: modelFiguresClass = lre_aux.get_model()[0]
        modelFiguresClass.add(Dense(128, activation='relu'))
        modelFiguresClass.add(Dense(5, activation='softmax'))

        modelFiguresClass.summary()
```

Model: "sequential_22"

Layer (type)	Output Shape	Param #
conv2d_41 (Conv2D)	(None, 224, 224, 64)	1792
batch_normalization_41 (Batc	(None, 224, 224, 64)	256
conv2d_42 (Conv2D)	(None, 224, 224, 64)	36928
batch_normalization_42 (Batc	(None, 224, 224, 64)	256
max_pooling2d_21 (MaxPooling	(None, 112, 112, 64)	0
conv2d_43 (Conv2D)	(None, 112, 112, 128)	73856
batch_normalization_43 (Batc	(None, 112, 112, 128)	512
conv2d_44 (Conv2D)	(None, 112, 112, 128)	147584
batch_normalization_44 (Batc	(None, 112, 112, 128)	512
max_pooling2d_22 (MaxPooling	(None, 56, 56, 128)	0
conv2d_45 (Conv2D)	(None, 56, 56, 256)	295168
batch_normalization_45 (Batc	(None, 56, 56, 256)	1024
conv2d_46 (Conv2D)	(None, 56, 56, 256)	590080
batch_normalization_46 (Batc	(None, 56, 56, 256)	1024

```
max_pooling2d_23 (MaxPooling  (None, 28, 28, 256)      0

conv2d_47 (Conv2D)            (None, 28, 28, 512)      1180160

batch_normalization_47 (Batc  (None, 28, 28, 512)      2048

conv2d_48 (Conv2D)            (None, 28, 28, 512)      2359808

batch_normalization_48 (Batc  (None, 28, 28, 512)      2048

max_pooling2d_24 (MaxPooling  (None, 1, 1, 512)        0

flatten_10 (Flatten)          (None, 512)              0

dense_13 (Dense)              (None, 128)              65664

dense_14 (Dense)              (None, 5)                645
=================================================================
Total params: 4,759,365
Trainable params: 4,755,525
Non-trainable params: 3,840
```

最后，我们对 FCC 任务的数据集进行相同的训练和测试分割来训练模型。可能需要 45 秒左右。

```
In [ ]: adam = Adam(lr=1e-4,decay=1e-5)

        modelFiguresClass.compile(loss="categorical_crossentropy",
            optimizer=adam, metrics=["categorical_accuracy"])
        modelFiguresClass.fit(figures[train],labels[train], epochs=EPOCHS,
            batch_size=BATCH_SIZE, validation_data=[figures[test],labels[test]])

Train on 360 samples, validate on 40 samples
Epoch 1/6
360/360 [==============================] - 15s 42ms/step - loss: 3.8686 -
categorical_accuracy: 0.3278 - val_loss: 1.1655 -
val_categorical_accuracy: 0.6250
Epoch 2/6
360/360 [==============================] - 10s 29ms/step - loss: 1.3191 -
categorical_accuracy: 0.7028 - val_loss: 1.0230 -
val_categorical_accuracy: 0.7000
Epoch 3/6
360/360 [==============================] - 10s 29ms/step - loss: 0.7367 -
categorical_accuracy: 0.7611 - val_loss: 0.8064 -
val_categorical_accuracy: 0.7000
Epoch 4/6
360/360 [==============================] - 10s 29ms/step - loss: 0.4728 -
categorical_accuracy: 0.8278 - val_loss: 0.7028 -
val_categorical_accuracy: 0.7250
Epoch 5/6
360/360 [==============================] - 10s 29ms/step - loss: 0.3348 -
categorical_accuracy: 0.9139 - val_loss: 0.6324 -
val_categorical_accuracy: 0.8000
Epoch 6/6
360/360 [==============================] - 10s 29ms/step - loss: 0.2425 -
categorical_accuracy: 0.9417 - val_loss: 0.7058 -
val_categorical_accuracy: 0.6750
```

11.8.5　教科书问答

我们利用 Kembhavi 等人开发的 TQA 数据集[注]来评估 FCC 任务在多模态机器理解场景中学习的文本特征和视觉特征，这个场景包括面向文本和图表的多项选择问答。接下来，我们将通过不同的步骤来训练和评估使用 FCC 特征和语义嵌入（TQA10）的 TQA 模型。

11.8.5.1　加载数据集

在这个 Jupyter Notebook 中，我们关注 TQA 语料库中 401 个图表问题的一个子集。首先，我们将这个子集的所有图像和文本（标记和同义词集）保存在一个列表中。TQA 数据集包括六种文本信息（段落、问题、答案 A、答案 B、答案 C 和答案 D）和两种视觉信息（段落图像和问题图像）。同时，我们将每个问题的正确答案保存为一个 one-hot 向量（图 11.10）。

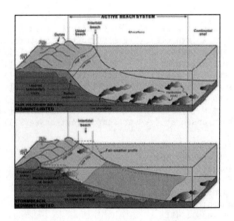

图 11.10　来自 TQA 数据集的图表问题示例

```python
text_tokens = [[] for _ in range(6)]
text_synsets = [[] for _ in range(6)]
image_paths = [[] for _ in range(2)]
correct_answers = []

with open("./tutorial/datasamples/tqa_wordnet.json", "r") as file:
  dataset = json.load(file)
for doc in dataset:
  text_tokens[0].append(doc["paragraph_tokens"])
  text_synsets[0].append(doc["paragraph_synsets"])
  if doc["paragraph_img"] == "":
    image_paths[0].append(doc["paragraph_img"])
  else:
    image_paths[0].append("./tqa/"+doc["paragraph_img"])
  text_tokens[1].append(doc["question_tokens"])
  text_synsets[1].append(doc["question_synsets"])
  if doc["question_img"] == "":
```

```
      image_paths[1].append(doc["question_img"])
    else:
      image_paths[1].append("./tqa/"+doc["question_img"])
    text_tokens[2].append(doc["answer_a_tokens"])
    text_synsets[2].append(doc["answer_a_synsets"])
    text_tokens[3].append(doc["answer_b_tokens"])
    text_synsets[3].append(doc["answer_b_synsets"])
    text_tokens[4].append(doc["answer_c_tokens"])
    text_synsets[4].append(doc["answer_c_synsets"])
    text_tokens[5].append(doc["answer_d_tokens"])
    text_synsets[5].append(doc["answer_d_synsets"])
    correct_answer = doc["correct_answer"]
    correct_array = np.zeros(4)
    letter_list=["a","b","c","d"]
    for i in range(4):
      if letter_list[i]==correct_answer:
        correct_array[i]=1
    correct_answers.append(correct_array)
correct_answers = np.array(correct_answers)

print("Number of paragraphs (tokens): " + str(len(text_tokens[0])))
print("Number of paragraphs (synsets): " + str(len(text_synsets[0])))
print("Number of paragraph images: " + str(len(image_paths[0])))
print("Number of questions (tokens): " + str(len(text_tokens[1])))
print("Number of questions (synsets): " + str(len(text_synsets[1])))
print("Number of question images: " + str(len(image_paths[1])))
print("Number of answers A (tokens): " + str(len(text_tokens[2])))
print("Number of answers A (synsets): " + str(len(text_synsets[2])))
print("Number of answers B (tokens): " + str(len(text_tokens[3])))
print("Number of answers B (synsets): " + str(len(text_synsets[3])))
print("Number of answers C (tokens): " + str(len(text_tokens[4])))
print("Number of answers C (synsets): " + str(len(text_synsets[4])))
print("Number of answers D (tokens): " + str(len(text_tokens[5])))
print("Number of answers D (synsets): " + str(len(text_synsets[5])))
print("Number of correct_answers: " + str(len(correct_answers)))

Number of paragraphs (tokens): 401
Number of paragraphs (synsets): 401
Number of paragraph images: 401
Number of questions (tokens): 401
Number of questions (synsets): 401
Number of question images: 401
Number of answers A (tokens): 401
Number of answers A (synsets): 401
Number of answers B (tokens): 401
Number of answers B (synsets): 401
Number of answers C (tokens): 401
Number of answers C (synsets): 401
Number of answers D (tokens): 401
Number of answers D (synsets): 401
Number of correct_answers: 401
```

让我们来看一下语料库。读者可以更改索引变量以检索不同的样本。

```
index = 4

print("PARAGRAPH: " + text_tokens[0][index])
try:
  im = cv2.imread(image_paths[0][index])
  plt.imshow(im)
  plt.show()
except:
  print("No paragraph image\n")

print("QUESTION: " + text_tokens[1][index])
```

```
im = cv2.imread(image_paths[1][index])
plt.imshow(im)
plt.show()


print("ANSWERS:\n")
print("a. " + text_tokens[2][index])
print("b. " + text_tokens[3][index])
print("c. " + text_tokens[4][index])
print("d. " + text_tokens[5][index]+"\n")

print("CORRECT ANSWER: "+ str(correct_answers[index]))
```

PARAGRAPH:
eventually , the sediment in ocean water is deposited . deposition occurs
where waves and other ocean motions slow . the smallest particles ,
such+as silt and clay , are deposited away from shore . this is where
water is calmer . larger particles are deposited on the beach . this is
where waves and other motions are strongest .
QUESTION: where is eroded intertidal beach sediment deposited in a storm
weather beach system ?

ANSWERS:
a. dunes
b. continental+shelf
c. shoreface
d. intertidal beach

CORRECT ANSWER: [0. 0. 0. 1.]

接下来，我们将这些列表转换为张量。我们将图像转换成 numpy 数组，然后用预
训练的模型处理后提取特征：

```
modelImages = lre_aux.get_model()[0]

images = [[] for _ in range(2)]
for i, img_path_type in enumerate(image_paths):
  for img_path in tqdm(img_path_type,total=len(img_path_type)):
    f_img = open(figure_path, 'rb')
    im = Image.open(f_img)
    arr = np.array(im.convert(mode='RGB'))
    im.close()
    f_img.close()
    feat = modelImages.predict(np.expand_dims(arr,axis=0))
    images[i].extend(feat)
images[0] = np.array(images[0])
images[1] = np.array(images[1])
print("\nSHAPE OF PARAGRAPH IMAGES TENSOR: " + str(np.shape(images[0])))
print("SHAPE OF QUESTION IMAGES TENSOR: " + str(np.shape(images[1])))

100%| 401/401 [00:10<00:00, 38.95it/s]
100%| 401/401 [00:09<00:00, 43.80it/s]


SHAPE OF PARAGRAPH IMAGES TENSOR: (401, 512)
SHAPE OF QUESTION IMAGES TENSOR: (401, 512)
```

我们为标题的标记集和同义词集生成标记器：

```
text_types = [text_tokens, text_synsets]
tokenizers = []

for lst_txt in text_types:
  text_full = []
  for elem in lst_txt:
    text_full.extend(elem)
  tokenizer = Tokenizer(filters='')
  tokenizer.fit_on_texts(text_full)
  tokenizers.append(tokenizer)

tokenizer_tokens, tokenizer_synsets = tokenizers

print("SIZE OF TOKENS VOCABULARY: " + str(len(tokenizer_tokens.word_index)))
print("SIZE OF SYNSETS VOCABULARY: " + str(len(tokenizer_synsets.word_index)))

SIZE OF TOKENS VOCABULARY: 3509
SIZE OF SYNSETS VOCABULARY: 1375
```

接下来，我们将标题转换为每个具有不同长度的序列数组。我们应用帕累托法则来选择最佳的最大长度，对于每种类型的文本信息，覆盖数据集中 80% 的标记。

```
txt_tokens = [[] for _ in range(6)]
txt_synsets = [[] for _ in range(6)]
max_lens = []
txt = [txt_tokens,txt_synsets]

for i, lst_txt in enumerate(text_types):
  for j, elem in enumerate(lst_txt):
    dict_count = Counter([len(x.split(" ")) for x in elem])
    threshold = 0.8*sum([len(x.split(" ")) for x in elem])
    sorted_by_key = sorted(dict_count.items(), key=lambda kv: kv[0])
    count = 0
    for e in sorted_by_key:
      if count >= threshold:
        break
      else:
        max_len = e[0]
        count = count + e[0]*e[1]
    sequences = tokenizers[i].texts_to_sequences(elem)
    txt[i][j] = pad_sequences(sequences, maxlen=max_len,
        padding="post", truncating="post")
    max_lens.append(max_len)

print("SHAPE OF PARAGRAPH TOKENS SEQUENCES: " + str(np.shape(txt_tokens[0])))
print("SHAPE OF QUESTION TOKENS SEQUENCES: " + str(np.shape(txt_tokens[1])))
print("SHAPE OF ANSWER A TOKENS SEQUENCES: " + str(np.shape(txt_tokens[2])))
print("SHAPE OF ANSWER B TOKENS SEQUENCES: " + str(np.shape(txt_tokens[3])))
print("SHAPE OF ANSWER C TOKENS SEQUENCES: " + str(np.shape(txt_tokens[4])))
print("SHAPE OF ANSWER D TOKENS SEQUENCES: " + str(np.shape(txt_tokens[5])))
print("SHAPE OF PARAGRAPH SYNSETS SEQUENCES: " + str(np.shape(txt_synsets[0])))
print("SHAPE OF QUESTION SYNSETS SEQUENCES: " + str(np.shape(txt_synsets[1])))
print("SHAPE OF ANSWER A SYNSETS SEQUENCES: " + str(np.shape(txt_synsets[2])))
print("SHAPE OF ANSWER B SYNSETS SEQUENCES: " + str(np.shape(txt_synsets[3])))
print("SHAPE OF ANSWER C SYNSETS SEQUENCES: " + str(np.shape(txt_synsets[4])))
print("SHAPE OF ANSWER D SYNSETS SEQUENCES: " + str(np.shape(txt_synsets[5])))

SHAPE OF PARAGRAPH TOKENS SEQUENCES: (401, 230)
SHAPE OF QUESTION TOKENS SEQUENCES: (401, 15)
SHAPE OF ANSWER A TOKENS SEQUENCES: (401, 6)
SHAPE OF ANSWER B TOKENS SEQUENCES: (401, 7)
SHAPE OF ANSWER C TOKENS SEQUENCES: (401, 6)
SHAPE OF ANSWER D TOKENS SEQUENCES: (401, 6)
```

```
SHAPE OF PARAGRAPH SYNSETS SEQUENCES: (401, 230)
SHAPE OF QUESTION SYNSETS SEQUENCES: (401, 15)
SHAPE OF ANSWER A SYNSETS SEQUENCES: (401, 6)
SHAPE OF ANSWER B SYNSETS SEQUENCES: (401, 7)
SHAPE OF ANSWER C SYNSETS SEQUENCES: (401, 6)
SHAPE OF ANSWER D SYNSETS SEQUENCES: (401, 6)
```

11.8.5.2　构建模型

我们采用文本 + 图像基线，用 FCC 视觉子网络学习的视觉特征替换原本的视觉特征，并像前面的实验一样，加入了预训练的 Vecsigrafo 语义嵌入。在这种情况下，我们使用元素加法将预训练的词元嵌入和概念嵌入与神经网络学习的词嵌入相结合。

首先，我们像 FCC 任务那样加载嵌入矩阵：

```
embedding_matrices = []
for tok_i in range(len(tokenizers)):
  embedding_matrix = np.zeros((len(tokenizers[tok_i].word_index) + 1, DIM))
  for word, i in tokenizers[tok_i].word_index.items():
    embedding_vector = embedding_indexes[tok_i].get(word)
    if embedding_vector is not None:
      embedding_matrix[i] = embedding_vector
  embedding_matrices.append(embedding_matrix)
embedding_matrix_tokens, embedding_matrix_synsets = embedding_matrices

print("SHAPE OF TOKENS MATRIX: " + str(np.shape(embedding_matrix_tokens)))
print("SHAPE OF SYNSETS MATRIX: " + str(np.shape(embedding_matrix_synsets)))

SHAPE OF TOKENS MATRIX: (3510, 100)
SHAPE OF SYNSETS MATRIX: (1376, 100)
```

由于我们的 TQA 模型相当大[⊖]，所以使用 lre_aux 库（也在 GitHub 仓库中）来加载它。为了编译该模型，我们使用了学习速率为 0.01 的 Adam 优化算法。在这个实验中我们没有使用提前终止的方式。

```
dout = 0.0            #dropout
rdout = 0.0           #recurrent dropout
adam = Adam(lr=1e-2)

tqa_model = lre_aux.get_TQAmodel(DIM,embedding_matrix_tokens,
    embedding_matrix_synsets,dout, rdout, tokenizers, max_lens)
tqa_model.compile(loss="categorical_crossentropy", optimizer=adam,
    metrics=['categorical_accuracy'])
```

11.8.5.3　训练与评估

在这个例子中，我们用 5 个时期来训练模型，多项选择题的批量大小为 128：

```
BATCH_SIZE = 128
EPOCHS = 5
```

我们按照模型的结构来构建输入的数据：

```
train, test = train_test_split(range(np.shape(txt_tokens[0])[0]), test_size=0.1)
X_train = []
X_test = []
```

⊖　在我们的 TQA 模型中参数的确切数量如下。总参数：1 287 668，可训练参数：799 068，不可训练参数：488 600。

```
for x in range(6):
    X_train.append(txt_tokens[x][train])
    X_train.append(txt_tokens[x][train])
    X_train.append(txt_synsets[x][train])
    if (x <= 1):
        X_train.append(images[x][train])
    X_test.append(txt_tokens[x][test])
    X_test.append(txt_tokens[x][test])
    X_test.append(txt_synsets[x][test])
    if (x <= 1):
        X_test.append(images[x][test])
y_train = correct_answers[train]
y_test = correct_answers[test]
```

最后，我们训练模型，准备回答 TQA 的问题！

```
tqa_model.fit(X_train, y_train, batch_size=BATCH_SIZE, epochs=EPOCHS,
    validation_data=(X_test, y_test), verbose=1)

Train on 360 samples, validate on 41 samples
Epoch 1/5
360/360 [==============================] - 9s 26ms/step - loss: 1.4496 -
categorical_accuracy: 0.2417 - val_loss: 1.3862 -
val_categorical_accuracy: 0.2927
Epoch 2/5
360/360 [==============================] - 2s 5ms/step - loss: 1.3237 -
categorical_accuracy: 0.3722 - val_loss: 1.5633 -
val_categorical_accuracy: 0.1951
Epoch 3/5
360/360 [==============================] - 2s 5ms/step - loss: 1.1962 -
categorical_accuracy: 0.4889 - val_loss: 1.4156 -
val_categorical_accuracy: 0.2439
Epoch 4/5
360/360 [==============================] - 2s 5ms/step - loss: 1.0357 -
categorical_accuracy: 0.6250 - val_loss: 2.2010 -
val_categorical_accuracy: 0.2683
Epoch 5/5
360/360 [==============================] - 2s 5ms/step - loss: 0.8948 -
categorical_accuracy: 0.6111 - val_loss: 1.9704 -
val_categorical_accuracy: 0.1951
```

11.9   本章小结

科学文献中有着丰富的知识，而其中只有一小部分是文本。然而，理解科学图例对于机器来说是一项具有挑战性的任务，这超出了它们处理自然图像的能力。

在这一章中，我们展示了这方面的实验证据。在图文一致性任务（FCC）中，从大量科学图例及其标题中对文本特征和视觉特征进行无监督的协同训练，无疑是克服这种复杂性的一种有效、灵活而优雅的方法。如上所示，这些特征可以通过遵循本书中描述的方法和技术的附加信息来显著丰富。的确，FCC 使用知识图谱进行特征丰富可以提供最大的效果提升，其结果通常超出了当前的最新水平。

沿着自然语言处理（和计算机视觉，如本文所示）混合方法的道路，进一步的研究将是有趣的，包括不同知识图谱显式表示的语义概念之间的相互作用、上下文嵌入（例如 SciBERT[19]），以及在 FCC 任务中学习文本特征和视觉特征。此外，在撰写本书的时候，我们对这些特征中捕获的知识获得授权仍然是一项应该完成的任务。

展望自然语言处理的未来

摘要：从理论到方法再到代码实现，这是一个漫长的过程。我们希望这本书尽可能多地带给读者轻松的实践和真正的 NLP 练习，并且读者能像我们一样享受它。现在，是收尾的时候了。在这里，我们为混合自然语言处理的未来方向提供了指南，并分享我们最终的评论、额外的想法和愿景。另外，本章还包括了一些专家对混合自然语言处理相关主题的个人观点。我们请他们评论其愿景、实现愿景中可预见的障碍以及实现愿景的途径，包括有前途的研究领域以及工业应用领域的机遇和挑战。现在，一切由你。希望这本书能够给读者提供必要的工具，以构建强大的自然语言处理系统。使用它们！

12.1 最终的评论、想法和愿景

人工智能技术的最新突破使自然语言处理领域发生了革命性的变化。神经网络的语言模型就是一个很好的例子（第 3 章）。在对人类语言或语言与世界的实用学一无所知的情况下，通过训练大量的数据集，BERT、ELMo、GPT 以及其他一些方法在许多 NLP 任务 [178] 上迅速地提高了技术水平，比如阅读理解、机器翻译、问答和文本摘要。

语言模型带来的进步是不可否认的。然而，为了全面实现人类层次的理解，仍然需要进一步的抽象层次：像 GPT-2 这样的语言模型可以用来生成完全有效的文本，并继续提供一个提示句。然而，尽管在词汇和句法上是正确的，输出结果在语义上可能仍然是不正确的，或者是违背常识的⊖。Aristo 是一个获取并推理科学知识的系统，采用了语言模型，在纽约州 8 年级的高中会考科学考试中取得了惊人的成功，在非图表、多项选择题上的得分超过了 90%，而 3 年前最好的系统的得分不到 60%。然而，在涉

⊖ 对于使用 GPT-2 语言模型的示例集合，参见：https://thegradient.pub/gpt2- and-the-nature-of-intelligence/。

及离散推理、数学知识或机器阅读理解等某些类型的问题上，系统仍然有待完善。

我们相信，神经网络和基于知识图谱的结合将成为在自然语言处理领域中下一个飞跃的关键，通过支持推理且可靠表示的意义来应对这些挑战。知识图谱在这方面起着关键作用。在许多公共机构和企业中，它们已经成为一种有价值的资产，可以通过可表达的、机器操作的方式构建信息。另外，采用知识图谱嵌入越来越多，对开发新的、更有效的创建、管理、查询和对齐知识图谱的方法产生了显著的影响（第9章），加速了知识图谱的使用。类似于从文本中获取信息的词嵌入的影响（第2章和第4章），在密集向量空间中知识图谱的表达能力（第5章）为在神经网络NLP架构中开发结构化知识奠定了基础。

在这种思想的指导下，在神经网络的NLP架构中使用结构化知识图谱是一种可行的，在中期甚至可能是直截了当的方法，会带来切实的收益。正如整本书所示，像HolE和Vecsigrafo这样的方法（第6章）证明了在知识图谱中显式表达的信息可以用来提高不同NLP任务的精确度。与以往的知识图谱嵌入算法不同，Vecsigrafo产生的语义嵌入不仅可以从图谱中学习，还可以从文本语料库中学习，从而使领域的覆盖范围超出了图谱的实际范围。此外，根据不同的策略（第8章）处理训练集、协同训练词嵌入、词元嵌入和概念嵌入，提高了可表示结果的质量，超出了当前最新的单词和知识图谱嵌入算法所能单独学习的水平。

与语言模型不同，Vecsigrafo提供了与每个单词的词义消歧相关的嵌入，因此是上下文相关的。除了Vecsigrafo之外，还有像LMMS以及像Transigrafo这样的扩展（在第6章中也有讨论）展示了语言模型与现有知识图谱相结合的优点。这些方法已经显示出明显的实用优势，这些优势来自语言模型和知识图谱在自然语言处理任务中的集成，比如语义消歧的处理任务，包括更高的准确性以及更少的训练时间和硬件基础设施。

我们发现特别有趣的是，语言模型和知识图谱的结合使用打开了NLP架构的大门，在这种架构中，语言和知识表示方面可以完全地彼此分离，因此有可能允许独立的、无关的团队进行并行开发。语言模型抓住了人类语言的本质和句子是如何构造的，而知识图谱则包含了目标领域中实体和关系的人工概念化。因此，语言模型和知识图谱可以看作是机器为了以类似于人类理解的方式理解文本所需要的主要模块。由此产生的模型可以反过来与其他处理模块进行扩展，例如数学推理或符号推理。我们对这一研究方向在人工智能和自然语言处理方面的突破性进展感到非常兴奋。可以预见，在不久的将来，使用知识图谱对语言模型进行微调是可能的，在语言模型的表示中，像知识图谱所捕获的那样，可以在一个领域上注入特定的视觉和语义信息。

为了方便起见，我们在本书中使用的大多数知识图谱都是词法－语义数据库，如

WordNet 或 Sensigrafo。然而，将本文描述的方法应用于其他类型的知识图谱，如 DBpedia 或 Wikidata，以及特定领域的图谱或专有的图谱，同样是可行的，我们期待看到结果，这可能需要不同的 NLP 任务和领域。我们也渴望看到基于企业图谱的未来应用，并测量它们在实际 NLP 任务中的影响。

我们的研究已经证明了混合自然语言处理系统在虚假信息分析等领域（第 10 章）和在多模态机器阅读理解问答系统（第 11 章）中的优势，混合方法已经被证明超越了当前的技术水平。书中还提供了评估结果表示质量的方法（第 7 章）。比效果提高更重要的可能是结构化知识的使用如何有助于提高模型的表达能力。另一种方法是：利用知识图谱中的概念和关系，为模型中捕获的意义提供一个显式的表示基础。在未来几年里，以可利用的方式创造这种基础，例如提高解释模型的能力，都将值得具体研究。

我们期待在结果解释能力和偏差检测等领域产生进一步的影响，在那些领域，知识图谱应该对解释 NLP 模型的结果有着决定性的帮助。捕获常识并用常识进行推理是语言理解的另一个关键领域。在这两种场景中，我们只是刚刚开始看到未来的挑战。然而，基于一些常识性的知识图谱，如 ConceptNet 和 ATOMIC，神经网络模型可以获得一些常识性的能力并推理先前不可见的事件。另一方面，成功采用这种类型的资源也可能改变当今知识图谱表示的方式。例如，ATOMIC 将常识语句表示为文本句子，而不是像现在大多数知识图谱那样以某种逻辑形式表示。

我们生活在一个跨越人工智能不同分支的激动人心的时代，NLP 和许多其他领域的当前的和未来的挑战提供了越来越多的讨论机会和研究机会。我们希望这本书已经帮助读者获得了必要的知识，结合神经网络和知识图谱，可以成功地解决越来越具有挑战性的自然语言处理问题。

12.2　趋势是什么？社会各界的意见

接下来，我们将分享从专家们那里得到的关于混合自然语言处理系统未来的反馈，这种混合 NLP 系统包括数据驱动、神经网络架构和结构化知识图谱的组合。按照字母表的顺序，让我们看看他们说了什么：

Agnieszka Lawrynowicz（波兹南工业大学）：我强烈支持书中提出的思想和解决方案。目前最流行的自然语言处理方法是处理数十亿字节的原始数据，因此输入量过大，有时会出现不一致、矛盾或不正确的情况，而知识图谱对最重要的事实有非常严密的表示，这更容易处理，因此知识建模不正确的可能性要小得多。我认为文本和知识图谱的联合嵌入是正确的方法。

实现本书中设想情景的障碍之一可能是人力资源，因为传统上分散的社区致力于符号学方法和统计方法，这些社区在很大程度上独立发展，开发自己的方法论、工具等。然而，随着包括深度学习在内的统计方法越来越多，这种情况正在改变。另一个障碍是，即使在混合环境中，神经网络的方法也需要大量的计算资源。此外，许多工作都是在只使用一个词的上下文的词嵌入中进行的，在处理多义词的情况下也存在一个挑战，即多义嵌入。有趣的是，这一挑战也出现在开放领域知识图谱和本体论中，其中一些概念可能根据领域具有略微不同的含义——解决这一问题的一种方法是微观理论，即只处理子领域。实体链指也是一个非常大的挑战，例如，有一个领域的知识图谱，但我们想要使用来自开放领域的非结构化数据。然后，如果我们想要将一个资源从知识图谱链接到文本中一些提及的内容，就需要处理歧义。

在小样本学习和转移学习方面，我看到了一些有希望的方向，例如，在少量的训练例子上学习并尝试重复使用已经获得的先验知识。另一个趋势是可解释人工智能（XAI）。对于来自非结构化数据的机器学习来说，XAI方法尤其重要，例如在产生黑盒模型的文本时，以及在使用数值、分布表示时。一个有趣的趋势可能是利用自然语言的解释来支持更有效的机器学习过程以及生成可理解的解释。我还认为，将知识图谱与基于神经网络的自然语言处理相结合可以更好地应用于自然语言推理。

Frank van Harmelen（阿姆斯特丹自由大学）：符号方法和神经网络模型的集成越来越被视为人工智能研究和应用中下一代突破的关键。因此，这本书是非常重要且及时的，它以"实用指南"形式提供的实践方法将对研究人员和从业人员都更易于理解和应用。

Georg Rehm（德国人工智能研究中心，DFKI）：几年来，神经网络技术已经定义了各种自然语言处理和自然语言理解任务的最新水平。另一方面，作为符号方法、知识图谱以及其他更传统和更成熟的表示知识的方法，如本体论、分类法和其他类型的层次化知识结构，它们具有明显的优势，即它们是直观且易于理解的。它们不仅是机器可读的，而且是人类可读的，还是人类可编辑的。

在我们的一个研究项目中，面临着以下挑战：知识工作者们，我们也可以称他们为内容管理员，日复一日地与不断增加的各种类型、长度、复杂性和语言的数字内容打交道。这个研究项目正在开发几种方法来支持这些内容管理者的日常内容管理任务，以便他们最终能够在更短的时间内生产更多的内容，甚至可能是更高质量的内容。当涉及人工智能和NLP/NLU的时候，内容管理员是外行，这就是为什么我们不能直接让他们面对处理数据和训练分类器的任务的原因。我们想要实现的是一个让内容管理者能够操作一个知识图谱的方法，这个图谱代表了不同文字形式、类型或者不同类别的文本，包括它们的定义特征，这也可以被认为是人类可理解的描述性元数据。之后，在一个基于最新神经网络技术的分类系统中，很可能利用到这种符号化的内容，包括额外的数据集。通过这种方式，我们希望将易于使用的符号方法与当前次符号方法的最高水平结合起来。

尽管如何完成这个具有挑战性的配置仍然是开放的，我们希望这本书将为我们的研究团队提供足够的食粮来思考，至少解决最初的步骤。

Ivan Vulic（剑桥大学）：结合数据驱动，例如神经网络方法和知识图谱为基础的混合方法导致了一个自然的协同作用，当涉及知识编码、提取，或在这两个范式内应用的时候，这两种方法往往是互补的。然而，虽然它们的"合作"在高层次上确实是自然的，但要使这种混合办法发挥作用，还有许多概念的和实际的挑战需要克服。一个实际的障碍是，不同的研究团体经常"说不同的语言"，这妨碍了有效地分享想法、资源和知识。因此，我希望这本书将成功地实现这些主要目标：（1）提供一套与这种混合方法（即协同方法）相关的实用指南和实例；（2）提供关键的实战和挑战的系统性概述，以便不同的研究团体开始相互学习。

这本书可以作为一个桥梁，使知识的共享更加顺畅。作为一名 NLP 研究人员，我期待着更多地了解本体论的内部工作和知识谱图的创建，以及如何利用这些信息来提高我们数据驱动的自然语言处理算法，能够在一个地方以简洁的方式总结这一点是很棒的。这种混合方法可以在未来带来巨大突破的一个主要应用领域是跨语言学习与迁移学习。在处理大量的语言、方言、任务和领域时，我们必须具备创造力，并提出利用不同的和互补的数据和知识来源的解决方案，我相信只有通过这种混合方法，才能在广泛的语言变体和领域中推进我们目前的方法。对任何有兴趣进入神秘的混合自然语言处理的人而言，这本书将是一个极其有用且非常实用的切入点。

Jacob Eisenstein（谷歌研究）和 Yuval Pinter（佐治亚理工学院）：最近的研究表明，通过训练神经网络来"填补空白"，可以从原始文本中获取知识。现在一个经典的例子是 BERT，它是一个深度的自注意力网络，被训练来重建文本，其中 15% 的标记被掩盖。值得注意的是，BERT 和相关的模型能够学习很多关于语言和世界的知识，比如：

- 英语中的主语和动词必须一致 [66]。
- 甜甜圈是人可以吃的东西。
- 但丁出生于佛罗伦萨 [141]。
- 蒂姆·库克（Tim Cook）是苹果的首席执行官。

这些事实都有自己的认识论地位：主谓一致在标准英语中是一个常量，但也有不同句法限制的方言 [71]；想象一个甜甜圈被用来做其他食物的世界是可能的（虽然令人悲伤）；有一个特定的"但丁"出生在一个特定的"佛罗伦萨"，但如果提到但丁·史密斯或新泽西州的佛罗伦萨，这个说法是不正确的；2020 年蒂姆·库克是苹果公司的 CEO，但这在过去是不正确的，在未来的某个时刻也将不再正确。由于神经网络的语言模型没有意识到这些区别，它们过于自信，对环境的适应性不足，无法推理反事实或历史情况——所有这些都是敏感应用面临的潜在关键障碍。

因此，自然语言处理的未来工作应该开发混合表示法，以实现这种元认知能力。将自然语言处理与知识图谱集成起来是实现这一目标的一种有前途的方法，但是实现这一愿景还存在一些挑战。从技术角度来看，图结构的任意性和动态性使得它们很难与最先进的自然语言处理神经网络方法相集成，后者强调静态表示的高吞吐量计算。从建模的角度来看，需要采用新的方法来创建网络级的概括，例如"动词往往来自更抽象的名词"，这些概括迄今为止只对通过手工工程的特征进行了整合 [142]。最重要的是，这一研究议程要求制定基准，以准确衡量各种系统的进展情况，这些系统不仅知道在一系列文本中的事实断言，而且了解这些事实如何相互关联以及它们与外部世界的关系。

Núria Bel（庞培法布拉大学）：自然语言处理依赖于所谓的语言资源。语言资源是系统所处理的语言数据以及为该领域选择的数据。NLP 引擎是通用的，但是它们需要信息来处理特定语言的特定单词和句子。这些语言信息是以字典和基于规则的组件形式提供的。这些资源是结构化的知识表示，它们的目的是向引擎提供已经捕获的抽象的表示，以泛化一种语言的任何综合样本。

在最近成功的深层神经网络方法中，最引人注目的事实是，它们主要使用的语言资源只是原始文本。他们似乎不需要一个中间的表示形式来概括数据。然而，为了达到大多数 NLP 基准测试排行榜一致显示的惊人准确性，他们依赖于非常大量的原始文本。例如，BERT 已经接受了 30 亿个单词的训练，GPT-2 已经接受了 40GB 的网络文本（800 万个网页）的训练，最新的神经网络对话模型已经接受了 341GB 文本（400 亿个单词）的训练。

这种对大量数据的依赖性使得我们很难将这些深度学习引擎应用到特定的场景中。当只有小数据集可用的时候，当前的深度学习系统并没有打败统计或知识推理系统，在许多特定领域和语言中都是如此。因此，将深度学习和基于知识图谱的方法结合起来是一个必要的步骤，我们可以利用深度学习的巨大成功为各种各样的应用提供服务，否则就不可能收集到足够的数据。基于知识图谱的技术为减轻深度学习方法中的数据依赖性提供了必要的泛化能力。

Oscar Corcho（马德里理工大学）：近年来，自然语言处理领域发生了迅猛的变化，为工业界、政府和学术界提供了一系列处理大量文本的可能性，这些文本是他们共同积累的，或者是在网络上和专业文档库中免费获得的。最新进展的一个重要部分与神经网络方法的使用有关，这些方法已经被证明比传统方法有更好的执行能力，科研机构和公司的大部分工作正朝着这个方向发展，他们试图对一系列问题进行研究并采用自然语言处理。

这就是我们与记者协会和政府机构一起打击腐败的工作，在这项工作中，我们将重点放在对各种文件的命名实体识别上，以便更好地了解授权在合同等文件中的作用，对文件应用自动匿名技术。我们的工作重点是根据文档之间共享的主题检测文档之间的相似性，组织大型多语种文本语料库（例如，专利数据库、科学文献、项目建议书）。在所有这些情况下，传统方法和基于神经网络方法的智能结合，结合现有知识图谱的使用，是获得最佳结果的关键。

Paul Groth（阿姆斯特丹大学）：基于神经网络的深度学习技术和海量知识图谱的结合，已经成为现代系统中需要使用和理解文本的核心组成部分。知识图谱提供了不易在文本中找到的额外背景信息（例如，常识知识、统计信息等）。另外，知识图谱在某种意义上可以作为利益相关者之间的沟通机制，无论他们是人还是机器。作为一个重要的实体，一个组织有什么共识？我们一致认同的重要特征是什么？

接下来的一个关键问题是我们的知识应该如何表示？本书中描述的大规模语言模型的出现是这个问题的重要推动力。一个语言模型能成为我们的知识图谱吗？知识图谱是否可以只用文本来表示？什么应该是文本，什么应该表示为结构化的图谱形式？在这本书中提出的观点认为需要一种混合的方法似乎是自然的，但是我们需要继续探索什么样的文本、逻辑或嵌入表示的组合能够最好地服务于这些重要的应用程序。

Marco Rospocher（维罗纳大学）：虽然如今可机器处理的数据已经发布，但是网络上仍然有大量非结构化的内容（文本、图像、音频/视频材料）供人们消费。同一个网页可能包含关于某一事件或世界某些实体的知识，并以不同的形式呈现：例如，考虑一个新闻节目，其中可能包括与图像和视频相结合的文字说明。

虽然这些不同的信号都是关于相同内容的，但每个信号都可能包含一些在其他信号中找不到的补充的、独特的信息（例如，文本不可能用自然语言描述视觉层面，而这些视觉层面可以更好地显示在随附的图像中），因此，它们的联合解释和处理，可能要根据一些已经可用的背景知识进行处理，以便为某些软件代理提供对页面实际知识内容的完全访问。

因此，要解决这样一个具有挑战性的问题，就需要开发新的、混合的、跨学科的、以知识为基础的技术，这些技术必须结合不同领域的研究成果，如知识表示和推理、自然语言处理、图像处理、音频处理和视频处理。

Marco Varone（Expert System 公司总裁和 CTO）：我在 NLP 领域工作超过了 25 年，致力于设计先进的技术并以可测量的投资回报率解决实际的业务问题，可以肯定的是，解决所有 NLP 问题的神奇技术并不存在，也永远不会存在。我们需要继续改进现有的技术并寻找新的技术，但很明显，未来属于以务实且具有成本效益的方式结合不同技术的混合方法：目标是解决现实世界的问题，而不是将实验基准的结果提高 0.5%。

Philipp Cimiano（比勒弗尔德大学，Cognitive Interaction Technology Excellence Cluster，CITEC）：我们试图解决越来越复杂的自然语言处理任务，纯粹由数据催生的系统和模型的效果将很快达到一个停滞期。对于实际应用，收集和标记大量的训练数据是不可行的，因此限制了深度学习方法的适用性和泛化能力，而深度学习方法通常是极端的数据饥渴。

如果我们希望机器能够更快地进行泛化，能够适应新的领域，避免犯对于人类专家来说显而易见的错误，并且在人类能够理解的理性层面上解释和证明他们的决定，那么领域知识的整合就是基础。按照这些思路，本书正在解决一个非常及时且重要的挑战，即如何设计混合系统，从学习方法的鲁棒性和模式学习的能力中受益，并结合以知识图谱的形式表示和建模领域知识的能力。将这些方法结合起来的能力将最终决定人工智能系统是否适用于现实世界的任务，在这些任务中，机器需要成为有能力的伙伴，支持决策，而不是预先理性的机器，解决它们不理解的任务，以及它们不能真正解释的解决方案，因为它们缺乏相应的概念化。

Richard Benjamins（西班牙电信数据和人工智能大使）：这本书是一个很好的例子，我们需要更多的研究类型，数据驱动的人工智能和知识驱动的人工智能相结合，以提高技术水平。目前人工智能的成功主要归功于数据驱动的人工智能（即深度学习）的进步，但这种技术能够取得的成就是有限的，为了向通用人工智能迈进，需要有新的突破。这样的突破可能来自一种混合方法，在这种方法中，两种技术相互促进。

Rudi Studer（卡尔斯鲁厄理工学院）：近年来，人工智能的巨大发展在很大程度上取决于机器学习，尤其是深度学习在各种应用场景中的成功，例如分类任务或机器翻译，这些场景中有大量可用的训练数据。因此，许多人将人工智能等同于（亚符号化）机器学习，从而忽略了符号知识建模领域，当今最突出的是知识图谱的概念。反之亦然，来自知识建模领域的人们通常不熟悉（亚符号化）机器学习领域的最新发展。

因此，本书是一本急需的书，它在这些仍然部分独立的社区之间提供了一座桥梁，并展示了整合符号和亚符号方法的好处，本书在自然语言处理领域中进行了说明。此外，作为一本更注重实际的教科书，本书可以让从业者和广大读者接触到这些方面的整合。我也很欣赏那些仍然需要很大改进的方法，即对于多语种和多模态的讨论。

我绝对相信，混合方法是非常有前途的，不仅在自然语言处理领域，而且在那些纯粹的亚符号化机器学习方法缺乏可解释性的其他领域也需要，例如，对医学应用的思考，或许，纯知识图谱的方法缺乏通过机器学习使它们变得更完整或更具时代感。

Vinay Chaudhri（斯坦福大学）：知识获取的一个重要目标是为一个领域创建明确的知识表示，该领域与人类的理解相匹配，并能用它进行精确的推理。尽管在搜索、推荐、翻译等领域，对人类的理解和精确性的要求并不是很高，但在许多领域，这些要求是必不可少的。一些例子包括：所得税计算的法律知识、教学生学习某一学科领域的知识、使计算机能够自动执行合同的知识等。创造一种既能让人理解又能进行精确推理的知识的明确表示，仍然是一项以人工劳动为主的工作。这是因为，当前这一代自然语言处理方法要么牺牲精确度，要么牺牲人类的理解能力，从而才能实现规模化。结果表明，对于不需要明确的人类可理解的知识表示或对推理结果没有严格的精确要求的问题，该方法能够很好地解决这些问题。在不牺牲精确性和明确的人类可理解的知识表示目标的前提下，利用自然语言处理的自动化和规模化特性进行研究是必要的。

我们需要在多个领域进行实验，以产生明确的人类可理解的知识表示，支持精确推理，同时利用自动化。在有些情况下，自然语言处理的输出是如此的嘈杂，以至于纠正输出的成本大于手工知识工程的成本。在另一些情况下，所需的表示并没有外部化到自然语言文本中，任何数量的自然语言处理都不会产生一个人正在寻求的知识表示。我们需要更好地描述由自然语言处理提供的自动化导致创建的知识表示成本净减少的任务和情况。我们需要基准和任务，这些基准和任务可以提供关于任务的定量数据，例如：提取关键词，提取关键词之间的关系，以及将关系组合成一个全局的整体算法。由于最终的目标是使表达能够被人理解，我们需要开发新的模型来获得人类的输入。这样的方法可能涉及专门的领域专家，众包人员，或自动质量检查算法。

实现这一愿景的一个主要障碍是：研究社区中知识工程不可衡量而自然语言处理可衡量的叙述问题。这种说法是基于对自然语言处理任务的错误角色塑造，没有考虑到一些最广泛使用的资源，如 WordNet 是手工设计的。网络规模方法的成功在很大程度上取决于以超链接、点击数据或显式用户反馈的形式进行的人工输入。在技术方面，有三个主要的挑战：推进语义分析技术，从自然语言处理中产生更高质量的输出；开发高质量的知识工程资源，可以作为自然语言处理的训练数据；开发结合自动化、人员验证和知识集成能力的综合开发环境。

参 考 文 献

1. Agirre, E., Alfonseca, E., Hall, K., Kravalova, J., Pas, M., Soroa, A.: A study on similarity and relatedness using distributional and WordNet-based approaches. Human Language Technologies: The 2009 Annual Conference of the North American Chapter of the ACL (June), 19–27 (2009). https://doi.org/10.3115/1620754.1620758
2. Aker, A., Derczynski, L., Bontcheva, K.: Simple Open Stance Classification for Rumour Analysis (2017). https://doi.org/10.26615/978-954-452-049-6_005
3. Ammar, W., Groeneveld, D., Bhagavatula, C., Beltagy, I., Crawford, M., Downey, D., Dunkelberger, J., Elgohary, A., Feldman, S., Ha, V., Kinney, R., Kohlmeier, S., Lo, K., Murray, T., Ooi, H., Peters, M., Power, J., Skjonsberg, S., Wang, L., Wilhelm, C., Yuan, Z., van Zuylen, M., Etzioni, O.: Construction of the literature graph in semantic scholar. In: NAACL-HTL (2018)
4. Antol, S., Agrawal, A., Lu, J., Mitchell, M., Batra, D., Zitnick, C., Parikh, D.: Vqa: Visual question answering. 2015 IEEE International Conference on Computer Vision (ICCV) pp. 2425–2433 (2015)
5. Arandjelovic, R., Zisserman, A.: Look, listen and learn. 2017 IEEE International Conference on Computer Vision (ICCV) pp. 609–617 (2017)
6. Asher, N., Lascarides, A.: Strategic conversation. Semantics and Pragmatics **6**(2), 1–62 (2013). https://doi.org/10.3765/sp.6.2
7. Auer, S., Bizer, C., Kobilarov, G., Lehmann, J., Cyganiak, R., Ives, Z.G.: Dbpedia: A nucleus for a web of open data. In: ISWC/ASWC (2007)
8. Augenstein, I., Rocktäschel, T., Vlachos, A., Bontcheva, K.: Stance Detection with Bidirectional Conditional Encoding. In: EMNLP (2016)
9. Babakar, M., Moy, W.: The State of Automated Factchecking -. Tech. rep. (2016). URL https://fullfact.org/blog/2016/aug/automated-factchecking/
10. Bader, S., Hitzler, P.: Dimensions of neural-symbolic integration — a structured survey. In: S. Artemov, H. Barringer, A.S.d. Garcez, L.C. Lamb, J. Woods (eds.) We Will Show Them: Essays in Honour of Dov Gabbay, vol. 1, pp. 167–194. King's College Publications (2005)
11. Bahdanau, D., Cho, K., Bengio, Y.: Neural machine translation by jointly learning to align and translate. arXiv e-prints **abs/1409.0473** (2014). URL https://arxiv.org/abs/1409.0473. Presented at the 7th International Conference on Learning Representations, 2015
12. Baker, C.F., Fillmore, C.J., Lowe, J.B.: The Berkeley Framenet project. In: Proceedings of the 17th International Conference on Computational Linguistics - Volume 1, COLING '98, pp. 86–90. Association for Computational Linguistics, Stroudsburg, PA, USA (1998). https://doi.org/10.3115/980451.980860.

13. Baker, S., Reichart, R., Korhonen, A.: An unsupervised model for instance level subcategorization acquisition pp. 278–289 (2014). https://doi.org/10.3115/v1/D14-1034. URL https://www.aclweb.org/anthology/D14-1034

14. Balažević, I., Allen, C., Hospedales, T.M.: Tucker: Tensor factorization for knowledge graph completion. arXiv preprint arXiv:1901.09590 (2019)

15. Baroni, M., Dinu, G., Kruszewski, G.: Don't count, predict! a systematic comparison of context-counting vs. context-predicting semantic vectors. In: Proceedings of the 52nd Annual Meeting of the Association for Computational Linguistics (Volume 1: Long Papers), pp. 238–247. Association for Computational Linguistics, Baltimore, Maryland (2014). https://doi.org/10.3115/v1/P14-1023. URL https://www.aclweb.org/anthology/P14-1023

16. Baroni, M., Lenci, A.: Distributional memory: A general framework for corpus-based Semantics. Computational Linguistics **36**(4), 673–721 (2010)

17. Barriere, C.: Natural language understanding in a semantic web context, 1st edn. Springer International Publishing (2016)

18. Belinkov, Y., Durrani, N., Dalvi, F., Sajjad, H., Glass, J.: What do neural machine translation models learn about morphology? In: Proceedings of the 55th Annual Meeting of the Association for Computational Linguistics (Volume 1: Long Papers), pp. 861–872. Association for Computational Linguistics, Vancouver, Canada (2017). https://doi.org/10.18653/v1/P17-1080. URL https://www.aclweb.org/anthology/P17-1080

19. Beltagy, I., Cohan, A., Lo, K.: Scibert: Pretrained contextualized embeddings for scientific text (2019)

20. Bender, E.M.: 100 things you always wanted to know about semantics & pragmatics but were afraid to ask. Tech. rep., Melbourne, Australia (2018). URL https://www.aclweb.org/anthology/P18-5001

21. Bengio, Y., Ducharme, R., Vincent, P., Janvin, C.: A neural probabilistic language model. J. Mach. Learn. Res. **3**, 1137–1155 (2003). URL http://dl.acm.org/citation.cfm?id=944919.944966

22. Blum, A., Mitchell, T.: Combining labeled and unlabeled data with co-training. In: COLT (1998)

23. Bojanowski, P., Grave, E., Joulin, A., Mikolov, T.: Enriching word vectors with subword information. Transactions of the Association for Computational Linguistics **5**, 135–146 (2016)

24. Bordes, A., Glorot, X., Weston, J., Bengio, Y.: A semantic matching energy function for learning with multi-relational data. Machine Learning **94**(2), 233–259 (2014)

25. Bordes, A., Usunier, N., Weston, J., Yakhnenko, O.: Translating embeddings for modeling multi-relational data. Advances in NIPS **26**, 2787–2795 (2013). https://doi.org/10.1007/s13398-014-0173-7.2

26. Bruni, E., Boleda, G., Baroni, M., Tran, N.K.: Distributional semantics in technicolor. Proceedings of the 50th Annual Meeting of the Association for Computational Linguistics **1**(July), 136–145 (2012). https://doi.org/10.1109/ICRA.2016.7487801

27. Burns, G., Shi, X., Wu, Y., Cao, H., Natarajan, P.: Towards evidence extraction: Analysis of sci. figures from studies of molecular interactions. In: SemSci@ISWC (2018)

28. Camacho-Collados, J., Pilehvar, M.T., Collier, N., Navigli, R.: Semeval-2017 task 2: Multilingual and cross-lingual semantic word similarity. In: SemEval@ACL (2017)

29. Camacho-Collados, J., Pilehvar, M.T., Navigli, R.: NASARI: Integrating explicit knowledge and corpus statistics for a multilingual representation of concepts and entities. Artificial Intelligence **240**, 36–64 (2016). https://doi.org/10.1016/j.artint.2016.07.005

30. Chang, L., Zhu, M., Gu, T., Bin, C., Qian, J., Zhang, J.: Knowledge graph embedding by dynamic translation. IEEE Access **5**, 20898–20907 (2017)

31. Chen, X., Liu, Z., Sun, M.: A unified model for word sense representation and disambiguation. In: the 2014 Conference on Empirical Methods in Natural Language Processing, pp. 1025–1035 (2014)

32. Cho, K., van Merrienboer, B., Bahdanau, D., Bengio, Y.: On the properties of neural machine translation: encoder–decoder approaches. In: Proceedings of SSST-8, Eighth Workshop on Syntax, Semantics and Structure in Statistical Translation, pp. 103–111. Association for Computational Linguistics, Doha, Qatar (2014). https://doi.org/10.3115/v1/W14-4012. URL https://www.aclweb.org/anthology/W14-4012

33. Cimiano, P., Unger, C., McCrae, J.: Ontology-Based Interpretation of Natural Language. Morgan and Claypool (2014). URL https://ieeexplore.ieee.org/document/6813475

34. Clark, C., Divvala, S.: Pdffigures 2.0: Mining figures from research papers. 2016 IEEE/ACM Joint Conference on Digital Libraries (JCDL) pp. 143–152 (2016)

35. Clark, K., Khandelwal, U., Levy, O., Manning, C.D.: What does BERT look at? An analysis of BERT's attention. ArXiv **abs/1906.04341** (2019)

36. Collobert, R., Weston, J.: A unified architecture for natural language processing: Deep neural networks with multitask learning. In: Proceedings of the 25th International Conference on Machine Learning, ICML '08, pp. 160–167. ACM, New York, NY, USA (2008). https://doi.org/10.1145/1390156.1390177. URL http://doi.acm.org/10.1145/1390156.1390177

37. Conneau, A., Lample, G., Ranzato, M., Denoyer, L., Jégou, H.: Word Translation Without Parallel Data. arXiv preprint (2017). http://dx.doi.org/10.1111/j.1540-4560.2007.00543.x. URL https://arxiv.org/pdf/1710.04087.pdf http://arxiv.org/abs/1710.04087

38. Delobelle, P., Winters, T., Berendt, B.: Robbert: a Dutch RoBERTa-based language model (2020)

39. Denaux, R., Gomez-Perez, J.: Vecsigrafo: Corpus-based word-concept embeddings. Semantic Web pp. 1–28 (2019). https://doi.org/10.3233/SW-190361

40. Denaux, R., Gomez-Perez, J.M.: Towards a Vecsigrafo: Portable semantics in knowledge-based text analytics. In: International Workshop on Hybrid Statistical Semantic Understanding and Emerging Semantics @ISWC17, CEUR Workshop Proceedings. CEUR-WS.org (2017). URL http://ceur-ws.org/Vol-1923/article-04.pdf

41. Denaux, R., Gomez-Perez, J.M.: Assessing the Lexico-semantic relational knowledge captured by word and concept embeddings. In: Proceedings of the 10th International Conference on Knowledge Capture, pp. 29–36. ACM (2019)

42. Deng, J., Dong, W., Socher, R., Li, L.J., Li, K., Fei-Fei, L.: ImageNet: A Large-Scale Hierarchical Image Database. In: CVPR09 (2009)

43. Dettmers, T., Minervini, P., Stenetorp, P., Riedel, S.: Convolutional 2d knowledge graph embeddings. In: Thirty-Second AAAI Conference on Artificial Intelligence (2018)

44. Devlin, J., Chang, M., Lee, K., Toutanova, K.: BERT: pre-training of deep bidirectional transformers for language understanding. CoRR **abs/1810.04805** (2018). URL http://arxiv.org/abs/1810.04805

45. Dinu, G., Lazaridou, A., Baroni, M.: Improving zero-shot learning by mitigating the hubness problem. arXiv preprint arXiv:1412.6568 (2014)

46. Domingos, P.: A few useful things to know about machine learning. Commun. ACM **55**(10), 78–87 (2012). https://doi.org/10.1145/2347736.2347755

47. Duong, L., Kanayama, H., Ma, T., Bird, S., Cohn, T.: Learning crosslingual word embeddings without bilingual corpora. In: Proceedings of the 2016 Conference on Empirical Methods in Natural Language Processing, pp. 1285–1295. Association for Computational Linguistics, Austin, Texas (2016). https://doi.org/10.18653/v1/D16-1136. URL https://www.aclweb.org/anthology/D16-1136

48. Ebisu, T., Ichise, R.: Toruse: Knowledge graph embedding on a lie group. In: Thirty-Second AAAI Conference on Artificial Intelligence (2018)

49. Ebisu, T., Ichise, R.: Graph pattern entity ranking model for knowledge graph completion. arXiv preprint arXiv:1904.02856 (2019)

50. Eisenschtat, A., Wolf, L.: Linking image and text with 2-way nets. 2017 IEEE Conf. on Computer Vision and Pattern Recognition (CVPR) (2017)

51. Eisenstein, J.: Introduction to natural language processing, 1st edn. Adaptive Computation and Machine Learning series, The MIT Press (2019)

52. Emmert-Streib, F., Dehmer, M., Shi, Y.: Fifty years of graph matching, network alignment and network comparison. Information Sciences **346**, 180–197 (2016)

53. Engilberge, M., Chevallier, L., Pérez, P., Cord, M.: Finding beans in burgers: Deep semantic-visual embedding with localization. 2018 IEEE/CVF Conference on Computer Vision and Pattern Recognition (2018)

54. Fader, A., Zettlemoyer, L., Etzioni, O.: Open question answering over curated and extracted knowledge bases. In: Proceedings of the 20th ACM SIGKDD international conference on Knowledge discovery and data mining, pp. 1156–1165. ACM (2014)

55. Faghri, F., Fleet, D., Kiros, J., Fidler, S.: Vse++: Improving visual-semantic embeddings with hard negatives. In: BMVC (2017)

56. Fallis, D.: A Conceptual Analysis of Disinformation. iConference pp. 30–31 (2009). https://doi.org/10.1111/j.1468-5914.1984.tb00498.x

57. Fan, M., Zhou, Q., Chang, E., Zheng, T.F.: Transition-based knowledge graph embedding with relational mapping properties. In: Proceedings of the 28th Pacific Asia Conference on Language, Information and Computing, pp. 328–337 (2014)

58. Feigenbaum, E.A.: The art of artificial intelligence: Themes and case studies of knowledge engineering. Tech. rep., Stanford, CA, USA (1977)

59. Fellbaum, C.: Wordnet : an electronic lexical database (2000)

60. Finkelstein, L., Gabrilovich, E., Matias, Y., Rivlin, E., Solan, Z., Wolfman, G., Ruppin, E.: Placing search in context: the concept revisited. ACM Transactions on Information Systems **20**(1), 116–131 (2002). https://doi.org/10.1145/503104.503110

61. Gábor, D.: Associative holographic memories. IBM Journal of Research and Development **13**(2), 156–159 (1969)

62. Garcia, A., Gomez-Perez, J.: Not just about size - A study on the role of distributed word representations in the analysis of scientific publications. In: 1st ws. on Deep Learning for Knowledge Graphs (DL4KGS) co-located with ESWC (2018)

63. Garcia-Silva, A., Berrio, C., Gómez-Pérez, J.M.: An empirical study on pre-trained embeddings and language models for bot detection. In: Proceedings of the 4th Workshop on Representation Learning for NLP (RepL4NLP-2019), pp. 148–155. Association for Computational Linguistics, Florence, Italy (2019). https://doi.org/10.18653/v1/W19-4317. URL https://www.aclweb.org/anthology/W19-4317

64. Gerz, D., Vulić, I., Hill, F., Reichart, R., Korhonen, A.: SimVerb-3500: A large-scale evaluation set of verb similarity. In: Proceedings of the 2016 Conference on Empirical Methods in Natural Language Processing, pp. 2173–2182. Association for Computational Linguistics, Austin, Texas (2016). https://doi.org/10.18653/v1/D16-1235. URL https://www.aclweb.org/anthology/D16-1235

65. Gilani, Z., Kochmar, E., Crowcroft, J.: Classification of twitter accounts into automated agents and human users. In: Proceedings of the 2017 IEEE/ACM International Conference on Advances in Social Networks Analysis and Mining 2017, ASONAM '17, pp. 489–496. ACM, New York, NY, USA (2017). https://doi.org/10.1145/3110025.3110091. URL http://doi.acm.org/10.1145/3110025.3110091

66. Goldberg, Y.: Assessing bert's syntactic abilities. CoRR **abs/1901.05287** (2019). URL http://arxiv.org/abs/1901.05287

67. Goldberg, Y., Hirst, G.: Neural Network Methods in Natural Language Processing. Morgan and Claypool Publishers (2017)

68. Gómez-Pérez, A., Fernández-López, M., Corcho, Ó.: Ontological engineering: With examples from the areas of knowledge management, e-commerce and the semantic web. In: Advanced Information and Knowledge Processing (2004)

69. Gomez-Perez, J.M., Ortega, R.: Look, read and enrich - learning from scientific figures and their captions. In: Proceedings of the 10th International Conference on Knowledge Capture, K-CAP '19, p. 101–108. Association for Computing Machinery, New York, NY, USA (2019). URL https://doi.org/10.1145/3360901.3364420

70. Grave, E., Joulin, A., Berthet, Q.: Unsupervised alignment of embeddings with Wasserstein procrustes. arXiv preprint arXiv:1805.11222 (2018)

71. Green, L.J.: African American English: A linguistic introduction (2002)

72. Gunning, D., Chaudhri, V.K., Clark, P., Barker, K., Chaw, S.Y., Greaves, M., Grosof, B.N., Leung, A., McDonald, D.D., Mishra, S., Pacheco, J., Porter, B.W., Spaulding, A., Tecuci, D., Tien, J.: Project halo update - progress toward digital Aristotle. AI Magazine **31**, 33–58 (2010)

73. Hammond, T., Pasin, M., Theodoridis, E.: Data integration and disintegration: Managing springer nature SciGraph with SHACL and OWL. In: N. Nikitina, D. Song, A. Fokoue, P. Haase (eds.) International Semantic Web Conference (Posters, Demos and Industry Tracks), *CEUR Workshop Proceedings*, vol. 1963. CEUR-WS.org (2017). URL http://dblp.uni-trier.de/db/conf/semweb/iswc2017p.html#HammondPT17

74. Han, L., L. Kashyap, A., Finin, T., Mayfield, J., Weese, J.: UMBC_EBIQUITY-CORE: Semantic textual similarity systems. In: Second Joint Conference on Lexical and Computational Semantics (*SEM), Volume 1: Proceedings of the Main Conference and the Shared Task: Semantic Textual Similarity, pp. 44–52. Association for Computational Linguistics, Atlanta, Georgia, USA (2013). URL https://www.aclweb.org/anthology/S13-1005

75. Hancock, J.T., Curry, L.E., Goorha, S., Woodworth, M.: On lying and being lied to: A linguistic analysis of deception in computer-mediated communication. Discourse Processes **45**(1), 1–23 (2007). URL https://doi.org/10.1080/01638530701739181

76. Heinzerling, B., Strube, M.: BPEmb: Tokenization-free pre-trained subword embeddings in 275 languages. In: Proceedings of the Eleventh International Conference on Language Resources and Evaluation (LREC 2018). European Language Resources Association (ELRA), Miyazaki, Japan (2018). URL https://www.aclweb.org/anthology/L18-1473

77. Hill, F., Reichart, R., Korhonen, A.: Simlex-999: Evaluating semantic models with (genuine) similarity estimation. Computational Linguistics **41**, 665–695 (2015)

78. Hitzler, P., Bianchi, F., Ebrahimi, M., Sarker, M.K.: Neural-symbolic integration and the semantic web a position paper (2019)

79. Hochreiter, S., Schmidhuber, J.: Long short-term memory. Neural Comput. **9**(8), 1735–1780 (1997). URL http://dx.doi.org/10.1162/neco.1997.9.8.1735

80. Hodosh, M., Young, P., Hockenmaier, J.: Framing image description as a ranking task: Data, models and evaluation metrics. In: J.AI Res. (2013)

81. Howard, J., Ruder, S.: Fine-tuned language models for text classification. CoRR **abs/1801.06146** (2018). URL http://arxiv.org/abs/1801.06146

82. Iacobacci, I., Pilehvar, M.T., Navigli, R.: SENSEMBED: Learning sense embeddings for word and relational similarity. In: 53rd Annual Meeting of the ACL, pp. 95–105 (2015). https://doi.org/10.3115/v1/P15-1010

83. Ioffe, S., Szegedy, C.: Batch normalization: Accelerating deep network training by reducing internal covariate shift. In: ICML 2015 (2015)

84. Jawahar, G., Sagot, B., Seddah, D.: What does BERT learn about the structure of language? In: Proceedings of the 57th Annual Meeting of the Association for Computational Linguistics, pp. 3651–3657. Association for Computational Linguistics, Florence, Italy (2019). https://doi.org/10.18653/v1/P19-1356. URL https://www.aclweb.org/anthology/P19-1356

85. Ji, G., Liu, K., He, S., Zhao, J.: Knowledge graph completion with adaptive sparse transfer matrix. In: Thirtieth AAAI Conference on Artificial Intelligence (2016)

86. Jiang, W., Wang, G., Bhuiyan, M.Z.A., Wu, J.: Understanding graph-based trust evaluation in online social networks: Methodologies and challenges. ACM Computing Surveys (CSUR) **49**(1), 10 (2016)

87. Jozefowicz, R., Vinyals, O., Schuster, M., Shazeer, N., Wu, Y.: Exploring the limits of language modeling. arXiv preprint arXiv:1602.02410 (2016)

88. Jurafsky, D., Martin, J.H.: Speech and Language Processing (2Nd Edition). Prentice-Hall, Inc., Upper Saddle River, NJ, USA (2009)

89. Kalchbrenner, N., Blunsom, P.: Recurrent continuous translation models. In: Proceedings of the 2013 Conference on Empirical Methods in Natural Language Processing, pp. 1700–1709. Association for Computational Linguistics, Seattle, Washington, USA (2013). URL https://www.aclweb.org/anthology/D13-1176

90. Kazemi, S.M., Poole, D.: Simple embedding for link prediction in knowledge graphs. In: Advances in Neural Information Processing Systems, pp. 4284–4295 (2018)

91. Kejriwal, M.: Domain-specific knowledge graph construction. In: SpringerBriefs in Computer Science (2019)

92. Kembhavi, A., Salvato, M., Kolve, E., Seo, M., Hajishirzi, H., Farhadi, A.: A diagram is worth a dozen images. In: ECCV (2016)

93. Kembhavi, A., Seo, M., Schwenk, D., Choi, J., Farhadi, A., Hajishirzi, H.: Are you smarter than a sixth grader? textbook question answering for multimodal machine comprehension. 2017 IEEE Conference on Computer Vision and Pattern Recognition (CVPR) pp. 5376–5384 (2017)

94. Keskar, N.S., McCann, B., Varshney, L.R., Xiong, C., Socher, R.: Ctrl: A conditional transformer language model for controllable generation. ArXiv **abs/1909.05858** (2019)

95. Khot, T., Sabharwal, A., Clark, P.: Scitail: A textual entailment dataset from science question answering. In: Proceedings of the 32nd AAAI Conference on Artificial Intelligence (2018)

96. Kim, Y.: Convolutional neural networks for sentence classification. In: Proceedings of the 2014 Conference on Empirical Methods in Natural Language Processing (EMNLP), pp. 1746–1751. Association for Computational Linguistics, Stroudsburg, PA, USA (2014). https://doi.org/10.3115/v1/D14-1181

97. Kingma, D., Ba, J.: Adam: A method for stochastic optimization. CoRR **abs/1412.6980** (2014)

98. Koehn, P.: Europarl : A parallel corpus for statistical machine translation. MT Summit **11**, 79–86 (2005). https://doi.org/10.3115/1626355.1626380

99. Lacroix, T., Usunier, N., Obozinski, G.: Canonical tensor decomposition for knowledge base completion. arXiv preprint arXiv:1806.07297 (2018)

100. LeCun, Y., Bottou, L., Bengio, Y., Haffner, P.: Gradient-based learning applied to document recognition. Proceedings of the IEEE **86**(11), 2278–2324 (1998)

101. Lenat, D.B.: Cyc: A large-scale investment in knowledge infrastructure. Commun. ACM **38**, 32–38 (1995)

102. Levy, O., Goldberg, Y.: Linguistic regularities in sparse and explicit word representations. In: Proceedings of the Eighteenth Conference on Computational Natural Language Learning, pp. 171–180. Association for Computational Linguistics, Ann Arbor, Michigan (2014). https://doi.org/10.3115/v1/W14-1618. URL https://www.aclweb.org/anthology/W14-1618

103. Levy, O., Goldberg, Y., Dagan, I.: Improving distributional similarity with lessons learned from word embeddings. Transactions of the Association for Computational Linguistics **3**(0), 211–225 (2015)

104. Lin, T., Maire, M., Belongie, S., Bourdev, L., Girshick, R., Hays, J., Perona, P., Ramanan, D., Dollár, P., Zitnick, C.: Microsoft coco: Common objects in context. In: ECCV (2014)

105. Lin, Y., Liu, Z., Luan, H., Sun, M., Rao, S., Liu, S.: Modeling relation paths for representation learning of knowledge bases. arXiv preprint arXiv:1506.00379 (2015)

106. Lin, Y., Liu, Z., Sun, M., Liu, Y., Zhu, X.: Learning entity and relation embeddings for knowledge graph completion. In: Twenty-ninth AAAI conference on artificial intelligence (2015)

107. Liu, P.J., Saleh, M., Pot, E., Goodrich, B., Sepassi, R., Kaiser, L., Shazeer, N.: Generating wikipedia by summarizing long sequences. CoRR **abs/1801.10198** (2018). URL http://arxiv.org/abs/1801.10198

108. Liu, V., Curran, J.R.: Web text corpus for natural language processing. In: 11th Conference of the European Chapter of the Association for Computational Linguistics (2006). URL https://www.aclweb.org/anthology/E06-1030

109. Loureiro, D., Jorge, A.: Language modelling makes sense: Propagating representations through WordNet for full-coverage word sense disambiguation. In: Proceedings of the 57th Annual Meeting of the Association for Computational Linguistics, pp. 5682–5691. Association for Computational Linguistics, Florence, Italy (2019). https://doi.org/10.18653/v1/P19-1569. URL https://www.aclweb.org/anthology/P19-1569

110. Luo, Y., Wang, Q., Wang, B., Guo, L.: Context-dependent knowledge graph embedding. In: Proceedings of the 2015 Conference on Empirical Methods in Natural Language Processing, pp. 1656–1661. Association for Computational Linguistics, Lisbon, Portugal (2015). https://doi.org/10.18653/v1/D15-1191. URL https://www.aclweb.org/anthology/D15-1191

111. Luong, T., Socher, R., Manning, C.: Better word representations with recursive neural networks for morphology. In: Proceedings of the Seventeenth Conference on Computational Natural Language Learning, pp. 104–113. Association for Computational Linguistics, Sofia, Bulgaria (2013). URL https://www.aclweb.org/anthology/W13-3512

112. Mancini, M., Camacho-Collados, J., Iacobacci, I., Navigli, R.: Embedding words and senses together via joint knowledge-enhanced training. In: Proceedings of the 21st Conference on Computational Natural Language Learning (CoNLL 2017), pp. 100–111. Association for Computational Linguistics, Vancouver, Canada (2017). https://doi.org/10.18653/v1/K17-1012. URL https://www.aclweb.org/anthology/K17-1012

113. Manning, C.D., Raghavan, P., Schütze, H.: Introduction to Information Retrieval. Cambridge University Press, New York, NY, USA (2008)

114. Manning, C.D., Schütze, H.: Foundations of Statistical Natural Language Processing. MIT Press, Cambridge, MA, USA (1999)

115. Martin, L., Muller, B., Ortiz Suárez, P.J., Dupont, Y., Romary, L., Villemonte de la Clergerie, É., Seddah, D., Sagot, B.: CamemBERT: a Tasty French Language Model. arXiv e-prints arXiv:1911.03894 (2019)

116. Melamud, O., Goldberger, J., Dagan, I.: Context2vec: Learning generic context embedding with bidirectional LSTM. In: Proceedings of The 20th SIGNLL Conference on Computational Natural Language Learning, pp. 51–61. Association for Computational Linguistics, Berlin, Germany (2016). https://doi.org/10.18653/v1/K16-1006. URL https://www.aclweb.org/anthology/K16-1006

117. Mikolov, T., Chen, K., Corrado, G., Dean, J.: Efficient estimation of word representations in vector space. CoRR **abs/1301.3781** (2013). URL http://arxiv.org/abs/1301.3781

118. Mikolov, T., Grave, E., Bojanowski, P., Puhrsch, C., Joulin, A.: Advances in pre-training distributed word representations. In: Proceedings of the 11th Language Resources and Evaluation Conference. European Language Resource Association, Miyazaki, Japan (2018). URL https://www.aclweb.org/anthology/L18-1008

119. Mikolov, T., Karafiát, M., Burget, L., Černocký, J., Khudanpur, S.: Recurrent neural network based language model. In: Eleventh annual conference of the international speech communication association (2010)

120. Mikolov, T., Le, Q.V., Sutskever, I.: Exploiting Similarities among Languages for Machine Translation. Tech. rep., Google Inc. (2013). https://doi.org/10.1162/153244303322533223

121. Mikolov, T., Sutskever, I., Chen, K., Corrado, G., Dean, J.: Distributed representations of words and phrases and their compositionality. In: Advances in Neural Information Processing Systems, vol. cs.CL, pp. 3111–3119 (2013). https://doi.org/10.1162/jmlr.2003.3.4-5.951

122. Miller, G.A., Charles, W.G.: Contextual correlates of semantic similarity. Language and Cognitive Processes **6**(1), 1–28 (1991). https://doi.org/10.1080/01690969108406936

123. Navigli, R.: Word Sense Disambiguation: A Survey. ACM Comput. Surv **41**(10) (2009). https://doi.org/10.1145/1459352.1459355

124. Newell, A.: The knowledge level. Artificial Intelligence **18**(1), 87–127 (1982). https://doi.org/10.1016/0004-3702(82)90012-1

125. Nguyen, D.Q.: An overview of embedding models of entities and relationships for knowledge base completion. arXiv preprint arXiv:1703.08098 (2017)

126. Nguyen, D.Q., Nguyen, T.D., Nguyen, D.Q., Phung, D.: A novel embedding model for knowledge base completion based on convolutional neural network. arXiv preprint arXiv:1712.02121 (2017)
127. Nguyen, D.Q., Sirts, K., Qu, L., Johnson, M.: Neighborhood mixture model for knowledge base completion. arXiv preprint arXiv:1606.06461 (2016)
128. Nguyen, D.Q., Vu, T., Nguyen, T.D., Nguyen, D.Q., Phung, D.: A capsule network-based embedding model for knowledge graph completion and search personalization. arXiv preprint arXiv:1808.04122 (2018)
129. Nickel, M., Murphy, K., Tresp, V., Gabrilovich, E.: A review of relational machine learning for knowledge graphs. Proceedings of the IEEE **104**(1), 11–33 (2016)
130. Nickel, M., Rosasco, L., Poggio, T.: Holographic embeddings of knowledge graphs. In: Proceedings of the Thirtieth AAAI Conference on Artificial Intelligence, AAAI'16, pp. 1955–1961. AAAI Press (2016). URL http://dl.acm.org/citation.cfm?id=3016100.3016172
131. Nickel, M., Tresp, V., Kriegel, H.P.: A three-way model for collective learning on multi-relational data. In: ICML, vol. 11, pp. 809–816 (2011)
132. Olah, C., Mordvintsev, A., Schubert, L.: Feature visualization. Distill (2017). https://doi.org/10.23915/distill.00007. Https://distill.pub/2017/feature-visualization
133. Ott, M., Cardie, C., Hancock, J.T.: Negative deceptive opinion spam. In: Proceedings of the 2013 conference of the north american chapter of the association for computational linguistics: human language technologies, pp. 497–501 (2013)
134. Ott, M., Choi, Y., Cardie, C., Hancock, J.T.: Finding Deceptive Opinion Spam by Any Stretch of the Imagination. In: 49th ACL, pp. 309–319 (2011). https://doi.org/10.1145/2567948.2577293. URL https://arxiv.org/pdf/1107.4557.pdf
135. Pan, J.Z., Vetere, G., Gomez-Perez, J.M., Wu, H.: Exploiting Linked Data and Knowledge Graphs in Large Organisations, 1st edn. Springer International Publishing (2017)
136. Pan, S.J., Yang, Q.: A survey on transfer learning. IEEE Trans. on Knowl. and Data Eng. **22**(10), 1345–1359 (2010). URL http://dx.doi.org/10.1109/TKDE.2009.191
137. Parikh, A., Täckström, O., Das, D., Uszkoreit, J.: A decomposable attention model for natural language inference. In: Proceedings of the 2016 Conference on Empirical Methods in Natural Language Processing, pp. 2249–2255. Association for Computational Linguistics, Austin, Texas (2016). https://doi.org/10.18653/v1/D16-1244. URL https://www.aclweb.org/anthology/D16-1244
138. Pennington, J., Socher, R., Manning, C.: Glove: Global vectors for word representation. In: Proceedings of the 2014 Conference on Empirical Methods in Natural Language Processing (EMNLP), pp. 1532–1543. Association for Computational Linguistics, Doha, Qatar (2014). https://doi.org/10.3115/v1/D14-1162. URL https://www.aclweb.org/anthology/D14-1162
139. Peters, M., Neumann, M., Iyyer, M., Gardner, M., Clark, C., Lee, K., Zettlemoyer, L.: Deep contextualized word representations. In: Proceedings of the 2018 Conference of the North American Chapter of the Association for Computational Linguistics: Human Language Technologies, Volume 1 (Long Papers), pp. 2227–2237. Association for Computational Linguistics, New Orleans, Louisiana (2018). https://doi.org/10.18653/v1/N18-1202. URL https://www.aclweb.org/anthology/N18-1202
140. Peters, M.E., Neumann, M., IV, R.L.L., Schwartz, R., Joshi, V., Singh, S., Smith, N.A.: Knowledge enhanced contextual word representations (2019)
141. Petroni, F., Rocktäschel, T., Riedel, S., Lewis, P., Bakhtin, A., Wu, Y., Miller, A.: Language models as knowledge bases? In: Proceedings of the 2019 Conference on Empirical Methods in Natural Language Processing and the 9th International Joint Conference on Natural Language Processing (EMNLP-IJCNLP), pp. 2463–2473. Association for Computational Linguistics, Hong Kong, China (2019). https://doi.org/10.18653/v1/D19-1250. URL https://www.aclweb.org/anthology/D19-1250
142. Pinter, Y., Eisenstein, J.: Predicting semantic relations using global graph properties. In: Proceedings of the 2018 Conference on Empirical Methods in Natural Language Processing, pp. 1741–1751. Association for Computational Linguistics, Brussels, Belgium (2018). https://doi.org/10.18653/v1/D18-1201. URL https://www.aclweb.org/anthology/D18-1201

143. Pires, T., Schlinger, E., Garrette, D.: How multilingual is multilingual bert? In: ACL (2019)

144. Polignano, M., Basile, P., de Gemmis, M., Semeraro, G., Basile, V.: AlBERTo: Italian BERT language understanding model for NLP challenging tasks based on tweets (2019)

145. Porter, S., Ten Brinke, L.: The truth about lies: What works in detecting high-stakes deception? Legal and Criminological Psychology **15**(1), 57–75 (2010). https://doi.org/10.1348/135532509X433151

146. Radford, A., Narasimhan, K., Salimans, T., Sutskever, I.: Improving language understanding by generative pre-training. URL https://s3-us-west-2.amazonaws.com/openai-assets/research-covers/languageunsupervised/languageunderstandingpaper.pdf (2018)

147. Radford, A., Wu, J., Child, R., Luan, D., Amodei, D., Sutskever, I.: Language models are unsupervised multitask learners. OpenAI Blog **1**(8) (2019)

148. Radinsky, K., Agichtein, E., Gabrilovich, E., Markovitch, S.: A word at a time. In: Proceedings of the 20th international conference on World wide web - WWW '11, p. 337. ACM Press, New York, New York, USA (2011). https://doi.org/10.1145/1963405.1963455

149. Raffel, C., Shazeer, N., Roberts, A., Lee, K., Narang, S., Matena, M., Zhou, Y., Li, W., Liu, P.J.: Exploring the limits of transfer learning with a unified text-to-text transformer (2019)

150. Resnik, P.: Using information content to evaluate semantic similarity in a taxonomy. In: Proceedings of the 14th International Joint Conference on Artificial Intelligence - Volume 1, IJCAI'95, pp. 448–453. Morgan Kaufmann Publishers Inc., San Francisco, CA, USA (1995). URL http://dl.acm.org/citation.cfm?id=1625855.1625914

151. Riedel, S., Yao, L., McCallum, A., Marlin, B.M.: Relation extraction with matrix factorization and universal schemas. In: HLT-NAACL (2013)

152. Ristoski, P., Paulheim, H.: RDF2Vec: RDF graph embeddings for data mining. In: International Semantic Web Conference, vol. 9981 LNCS, pp. 498–514 (2016)

153. Rothe, S., Schütze, H.: AutoExtend: Extending word embeddings to embeddings for synsets and lexemes. In: Proceedings of the 53rd Annual Meeting of the Association for Computational Linguistics and the 7th International Joint Conference on Natural Language Processing (Volume 1: Long Papers), pp. 1793–1803. Association for Computational Linguistics, Beijing, China (2015). https://doi.org/10.3115/v1/P15-1173. URL https://www.aclweb.org/anthology/P15-1173

154. Rubenstein, H., Goodenough, J.B.: Contextual correlates of synonymy. Commun. ACM **8**(10), 627–633 (1965). https://doi.org/10.1145/365628.365657

155. dos Santos, C., Gatti, M.: Deep convolutional neural networks for sentiment analysis of short texts. In: Proceedings of COLING 2014, the 25th International Conference on Computational Linguistics: Technical Papers, pp. 69–78 (2014)

156. Sap, M., Bras, R.L., Allaway, E., Bhagavatula, C., Lourie, N., Rashkin, H., Roof, B., Smith, N.A., Choi, Y.: ATOMIC: an atlas of machine commonsense for if-then reasoning. In: The Thirty-Third AAAI Conference on Artificial Intelligence, AAAI 2019, The Thirty-First Innovative Applications of Artificial Intelligence Conference, IAAI 2019, The Ninth AAAI Symposium on Educational Advances in Artificial Intelligence, EAAI 2019, Honolulu, Hawaii, USA, January 27 - February 1, 2019., pp. 3027–3035 (2019). URL https://doi.org/10.1609/aaai.v33i01.33013027

157. Schlichtkrull, M.S., Kipf, T.N., Bloem, P., van den Berg, R., Titov, I., Welling, M.: Modeling relational data with graph convolutional networks (2018). URL https://doi.org/10.1007/978-3-319-93417-4_38

158. Schnabel, T., Labutov, I., Mimno, D., Joachims, T.: Evaluation methods for unsupervised word embeddings. In: Proceedings of the 2015 Conference on Empirical Methods in Natural Language Processing, pp. 298–307. Association for Computational Linguistics, Lisbon, Portugal (2015). https://doi.org/10.18653/v1/D15-1036. URL https://www.aclweb.org/anthology/D15-1036

159. Schuster, M., Nakajima, K.: Japanese and Korean voice search. In: 2012 IEEE International Conference on Acoustics, Speech and Signal Processing (ICASSP), pp. 5149–5152. IEEE (2012)

160. Sennrich, R., Haddow, B., Birch, A.: Neural machine translation of rare words with subword units. arXiv preprint arXiv:1508.07909 (2015)

161. Seo, M., Hajishirzi, H., Farhadi, A., Etzioni, O.: Diagram understanding in geometry questions. In: AAAI (2014)

162. Seo, M.J., Kembhavi, A., Farhadi, A., Hajishirzi, H.: Bidirectional attention flow for machine comprehension. In: 5th International Conference on Learning Representations, ICLR 2017, Toulon, France, April 24-26, 2017, Conference Track Proceedings. OpenReview.net (2017). URL https://openreview.net/forum?id=HJ0UKP9ge

163. Shang, C., Tang, Y., Huang, J., Bi, J., He, X., Zhou, B.: End-to-end structure-aware convolutional networks for knowledge base completion. In: Proceedings of the AAAI Conference on Artificial Intelligence, vol. 33, pp. 3060–3067 (2019)

164. Shazeer, N., Doherty, R., Evans, C., Waterson, C.: Swivel: Improving embeddings by noticing what's missing. CoRR **abs/1602.02215** (2016). URL http://arxiv.org/abs/1602.02215

165. Shen, Y., Huang, P.S., Chang, M.W., Gao, J.: Link prediction using embedded knowledge graphs. arXiv preprint arXiv:1611.04642 (2016)

166. Sheth, A., Perera, S., Wijeratne, S., Thirunarayan, K.: Knowledge will propel machine understanding of content: extrapolating from current examples. In: Proceedings of the International Conference on Web Intelligence, WI '17, pp. 1–9. ACM, New York, NY, USA (2017). https://doi.org/10.1145/3106426.3109448

167. Shi, B., Weninger, T.: Proje: Embedding projection for knowledge graph completion. Proceedings of the 32nd AAAI Conference on Artificial Intelligence (2018). URL http://par.nsf.gov/biblio/10054090

168. Shoham, Y.: Why knowledge representation matters. Commun. ACM **59**(1), 47–49 (2015). https://doi.org/10.1145/2803170

169. Shortliffe, E.H.: Mycin: A knowledge-based computer program applied to infectious diseases. In: Proceedings of the Annual Symposium on Computer Application in Medical Care, pp. 66–74. PubMed Central (1977)

170. Simonyan, K., Zisserman, A.: Very deep convolutional networks for large-scale image recognition. CoRR **abs/1409.1556** (2014)

171. Socher, R., Chen, D., Manning, C.D., Ng, A.: Reasoning with neural tensor networks for knowledge base completion. In: Advances in neural information processing systems, pp. 926–934 (2013)

172. Socher, R., Ganjoo, M., Sridhar, H., Bastani, O., Manning, C., Ng, A.: Zero-shot learning through cross-modal transfer. In: NIPS (2013)

173. Speer, R., Chin, J., Havasi, C.: Conceptnet 5.5: An open multilingual graph of general knowledge. In: Proceedings of the Thirty-First AAAI Conference on Artificial Intelligence, AAAI'17, pp. 4444–4451. AAAI Press (2017). URL http://dl.acm.org/citation.cfm?id=3298023.3298212

174. Sun, Z., Deng, Z.H., Nie, J.Y., Tang, J.: Rotate: Knowledge graph embedding by relational rotation in complex space. arXiv preprint arXiv:1902.10197 (2019)

175. Sutskever, I., Vinyals, O., Le, Q.V.: Sequence to sequence learning with neural networks. In: Proceedings of the 28th Conference on Neural Information Processing Systems (2014)

176. Szegedy, C., Vanhoucke, V., Ioffe, S., Shlens, J., Wojna, Z.: Rethinking the inception architecture for computer vision. 2016 IEEE Conference on Computer Vision and Pattern Recognition (CVPR) pp. 2818–2826 (2015)

177. Tchechmedjiev, A., Fafalios, P., Boland, K., Gasquet, M., Zloch, M., Zapilko, B., Dietze, S., Todorov, K.: Claimskg: A knowledge graph of fact-checked claims. In: International Semantic Web Conference, pp. 309–324. Springer (2019)

178. Tenney, I., Das, D., Pavlick, E.: BERT rediscovers the classical NLP pipeline. In: Proceedings of the 57th Annual Meeting of the Association for Computational Linguistics, pp. 4593–4601. Association for Computational Linguistics, Florence, Italy (2019). https://doi.org/10.18653/v1/P19-1452. URL https://www.aclweb.org/anthology/P19-1452

179. Thoma, S., Rettinger, A., Both, F.: Towards holistic concept representations: Embedding relational knowledge, visual attributes, and distributional word semantics. In: International Semantic Web Conference (2017)

180. Toutanova, K., Chen, D., Pantel, P., Poon, H., Choudhury, P., Gamon, M.: Representing text for joint embedding of text and knowledge bases pp. 1499–1509 (2015). https://doi.org/10.18653/v1/D15-1174. URL https://www.aclweb.org/anthology/D15-1174

181. Trouillon, T.P., Bouchard, G.M.: Complex embeddings for simple link prediction (2017). US Patent App. 15/156,849

182. Vaswani, A., Shazeer, N., Parmar, N., Uszkoreit, J., Jones, L., Gomez, A.N., Kaiser, L., Polosukhin, I.: Attention is all you need. CoRR **abs/1706.03762** (2017). URL http://arxiv.org/abs/1706.03762

183. Vrandecic, D., Krötzsch, M.: Wikidata: a free collaborative knowledgebase. Commun. ACM **57**, 78–85 (2014)

184. de Vries, W., van Cranenburgh, A., Bisazza, A., Caselli, T., van Noord, G., Nissim, M.: Bertje: A dutch bert model (2019)

185. Wang, A., Pruksachatkun, Y., Nangia, N., Singh, A., Michael, J., Hill, F., Levy, O., Bowman, S.R.: Superglue: A stickier benchmark for general-purpose language understanding systems. arXiv preprint arXiv:1905.00537 (2019)

186. Wang, A., Singh, A., Michael, J., Hill, F., Levy, O., Bowman, S.R.: Glue: A multi-task benchmark and analysis platform for natural language understanding. arXiv preprint arXiv:1804.07461 (2018)

187. Wang, L., Li, Y., Huang, J., Lazebnik, S.: Learning two-branch neural networks for image-text matching tasks. IEEE Transactions on Pattern Analysis and Machine Intelligence **41**, 394–407 (2018)

188. Wang, Q., Mao, Z., Wang, B., Guo, L.: Knowledge graph embedding: A survey of approaches and applications. IEEE Transactions on Knowledge and Data Engineering **29**(12), 2724–2743 (2017)

189. Wang, S., Manning, C.D.: Baselines and bigrams: Simple, good sentiment and topic classification. In: Proceedings of the 50th Annual Meeting of the Association for Computational Linguistics: Short Papers - Volume 2, ACL '12, pp. 90–94. Association for Computational Linguistics, Stroudsburg, PA, USA (2012). URL http://dl.acm.org/citation.cfm?id=2390665.2390688

190. Wang, Z., Zhang, J., Feng, J., Chen, Z.: Knowledge graph embedding by translating on hyperplanes. In: Twenty-Eighth AAAI conference on artificial intelligence (2014)

191. Weston, J., Bordes, A., Yakhnenko, O., Usunier, N.: Connecting language and knowledge bases with embedding models for relation extraction. CoRR **abs/1307.7973** (2013). URL http://dblp.uni-trier.de/db/journals/corr/corr1307.html#WestonBYU13

192. Weston, J., Chopra, S., Bordes, A.: Memory networks. CoRR **abs/1410.3916** (2014)

193. Yang, B., Yih, W.t., He, X., Gao, J., Deng, L.: Embedding entities and relations for learning and inference in knowledge bases. arXiv preprint arXiv:1412.6575 (2014)

194. Yang, D., Powers, D.M.W.: Verb similarity on the taxonomy of WordNet. 3rd International WordNet Conference pp. 121–128 (2006)

195. Yang, Z., Dai, Z., Yang, Y., Carbonell, J., Salakhutdinov, R., Le, Q.V.: XLNet: Generalized Autoregressive Pretraining for Language Understanding (2019). URL http://arxiv.org/abs/1906.08237

196. Yao, L., Mao, C., Luo, Y.: Kg-bert: Bert for knowledge graph completion (2019)

197. Yin, W., Kann, K., Yu, M., Schütze, H.: Comparative study of CNN and RNN for natural language processing (2017)

198. Young, P., Lai, A., Hodosh, M., Hockenmaier, J.: From image descriptions to visual denotations: New similarity metrics for semantic inference over event descriptions. Trans. of the Assoc. for Computational Linguistics **2**, 67–78 (2014)

199. Zhang, W., Paudel, B., Zhang, W., Bernstein, A., Chen, H.: Interaction embeddings for prediction and explanation in knowledge graphs. In: Proceedings of the Twelfth ACM International Conference on Web Search and Data Mining, pp. 96–104. ACM (2019)

200. Zhang, X., Zhao, J., LeCun, Y.: Character-level convolutional networks for text classification. In: Proceedings of the 28th International Conference on Neural Information Processing Systems - Volume 1, NIPS'15, pp. 649–657. MIT Press, Cambridge, MA, USA (2015). URL http://dl.acm.org/citation.cfm?id=2969239.2969312

201. Ziegler, C.N., Lausen, G.: Spreading activation models for trust propagation. In: Proceedings - 2004 IEEE International Conference on e-Technology, e-Commerce and e-Service, EEE 2004, pp. 83–97 (2004). https://doi.org/10.1109/EEE.2004.1287293

202. Ziemski, M., Junczys-Dowmunt, M., Pouliquen, B.: The united nations parallel corpus v1.0. In: N.C.C. Chair), K. Choukri, T. Declerck, S. Goggi, M. Grobelnik, B. Maegaard, J. Mariani, H. Mazo, A. Moreno, J. Odijk, S. Piperidis (eds.) Proceedings of the Tenth International Conference on Language Resources and Evaluation (LREC 2016). European Language Resources Association (ELRA), Paris, France (2016)

推荐阅读

自然语言处理的认知方法

作者: [英] 伯纳黛特·夏普 [法] 弗洛伦斯·赛德斯 [波兰] 维斯拉夫·卢巴泽斯基编著
译者: 徐金安 等 ISBN: 978-7-111-63199-6 定价: 99.00元

本书探讨了自然语言处理与认知科学之间的关系,以及计算机科学对于这两个领域的贡献。共10章,每章都由相关领域的专家撰写,内容涵盖自然语言理解、自然语言生成、单词关联、词义消歧、单词预测、文本生成和著述属性等领域,从多个视角阐述了自然语言的产生、识别、加工和理解过程,不仅包含大量算法和研究成果,而且分享了前沿学者的宝贵经验。

基于深度学习的自然语言处理

作者: [以色列] 约阿夫·戈尔德贝格 译者: 车万翔 郭江 张伟男 刘铭 译 刘挺 主审
ISBN: 978-7-111-59373-7 定价: 69.00元

本书系统阐述将深度学习技术应用于自然语言处理的方法和技术,深入浅出地介绍了深度学习的基本知识及各种常用的网络结构,并重点介绍了如何使用这些技术处理自然语言。

本书的作者和译者都是国内外NLP领域非常活跃的青年学者,作者Yoav Goldberg博现为以色列巴伊兰大学计算机科学系高级讲师,曾任Google Research研究员,译者是哈尔滨工业大学NLP核心团队。